Linux Shell
核心编程指南

丁明一 著

電子工業出版社
Publishing House of Electronics Industry
北京•BEIJING

内 容 简 介

在 IT 产业链中开源的理念已成为绝大多数企业的共识。随着开源技术的不断进步与创新，云计算也逐步深入到了每个互联网企业的内部。但是，随之而来的便是管理成本的提高，大量的物理或者虚拟主机需要管理与维护，如何能够更好地实现自动化运维，成为企业需要迫切解决的问题。行业中自动化运维的软件很多，Puppet、Saltstack、Ansible 等让我们在云时代依然可以轻松管理和维护设备与业务，然而像 Ansible 这样的自动化工具，虽然已经内置了很多模块，但是在解决每个企业的个性化需求时还需要编写自动化脚本。本书将围绕 Linux 系统中最常用的 Shell 脚本语言，讲解如何通过 Shell 编写自动化、智能化脚本。全书以案例贯穿，对每个知识点都可以找到与之对应的案例，完成本书中的每个案例对于未来在企业中的实际应用极具意义。另外，在本书中配套有很多游戏案例，通过编写游戏脚本可以极大地提升学习的乐趣。

本书中的代码可以在 https://github.com/jacobproject/shell_scripts 下载，现在的商业环境是一个充满竞争的环境，很多企业的业务量在不断地增长，对服务质量的要求也越来越高。特别是互联网企业为了满足客户更高的需求，提升用户使用体验，IT 部门需要维护的设备数量从早期的几台，发展到了目前的数以万计，如此庞大的服务器维护量，通常会让 IT 管理人员头疼不已。本书介绍的自动化运维内容可以让我们快速掌握大规模批量处理的简单方法。

本书从基础知识讲到数据分析、数据过滤等高级应用，适合 Linux 运维人员、Shell 编程爱好者阅读，可作为 Linux 运维人员的一本优秀的案头书。

图书在版编目（CIP）数据

Linux Shell 核心编程指南 / 丁明一著. —北京：电子工业出版社，2019.11
ISBN 978-7-121-37571-2

Ⅰ. ①L… Ⅱ. ①丁… Ⅲ. ①Linux 操作系统－程序设计 Ⅳ. ①TP316.85

中国版本图书馆 CIP 数据核字（2019）第 218683 号

责任编辑：董 英
印　　刷：北京捷迅佳彩印刷有限公司
装　　订：北京捷迅佳彩印刷有限公司
出版发行：电子工业出版社
北京市海淀区万寿路 173 信箱　　邮编：100036
开　　本：787×980　1/16　印张：28.25　字数：620 千字
版　　次：2019 年 11 月第 1 版
印　　次：2024 年 1 月第 9 次印刷
定　　价：89.00 元

凡所购买电子工业出版社图书有缺损问题，请向购买书店调换。若书店售缺，请与本社发行部联系，联系及邮购电话：（010）88254888，88258888。

质量投诉请发邮件至 zlts@phei.com.cn，盗版侵权举报请发邮件至 dbqq@phei.com.cn。

本书咨询联系方式：010-51260888-819，faq@phei.com.cn。

推荐序 1

非常高兴得知好友丁明一老师的新书《Linux Shell 核心编程指南》即将出版。同时有幸第一时间拜读了本书的电子版。本书所有内容皆源于丁老师的日常工作积累，作为一个有着十多年行业经验的一线 Linux 专家级讲师，丁老师将多年的教学与实践经验进行了总结，融会贯通，皆为精华。本书不单讲解 Shell 的各种语法及功能，还包含大量的有趣案例，都是丁老师在教学中积累的，极具参考价值。

目前市场上的 IT 类书籍琳琅满目，但许多是翻译国外现有书籍或赶工之作，在内容的专业性及文笔上或有欠缺，甚至让人产生更多的困惑。这也是很多专家和老师推荐直接阅读和学习外文原版书籍的原因，当然这对学员的科技英文阅读能力是小小的挑战。如今，有口皆碑的 IT 类书籍无不来自于作者在本专业的长期研究和思考，所幸《Linux Shell 核心编程指南》即属于此类浓缩作者经验的书籍，这也是我在此郑重推荐这本书的原因。

如今的 IT 领域，掌握自动化运维技能真的相当重要。无论是基础的 Linux，还是云平台，运维、开发和测试人员均以 DevOps 思想来指导和开展工作，各种自动化运维工具如 Python、Perl、Ansible、Puppet 等不断涌现，但是 Shell 永远是一切的基础。Shell 可以将 Linux 中的每条专注而高效的任务命令组合起来，从而完成复杂而美妙的事务。每位 Linux 工程师和学员皆明白脚本的重要性，尤其是在这个对自动化运维及运维开发工程师需求日益强烈的时代。Shell 可以很简单，更可以很高效。类似于所有编程语言，如想掌握 Shell 编程的精华，一是要非常熟悉 Linux 中的各种命令参数，二是要勤于实践，三是要参考大师写的代码实例。初学者可在阅读本书的基础上，先模拟老师的案例代码，然后通过记忆来复现，最后举一反三，融会贯通。有经验的工程师则可以从本书中直接产生共鸣，获取灵感。

我相信，每位读者皆可以从本书中觅得惊喜。希望大家都能由此爱上 Shell 编程，爱上 Linux，爱上开源。最后，再次衷心感谢丁明一老师对开源事业的辛勤付出！

贺正刚
红帽中国技术交付经理、高级认证考官

推荐序2

多年来，一直希望工作在IT运维或培训第一线的技术人员能不断总结经验，将其写成实用的小段子，甚至整理成书籍出版。今天很高兴看到了丁老师的书稿。

计算机技术既有高深的理论，又有非常强的实践性，很多相关操作必须自己动手做实验，甚至要经过多次失败才能够达到自己理想的目标。本书所涉及的Shell是既古老又年轻的技术。从UNIX、Linux使用的初始阶段，Shell就伴随着用户。而今在IT市场充斥着数字化转型等新名词的阶段，Shell脚本仍然在诸多方面起到至关重要的作用。

本书的特点是深入浅出，注重实用和实例。作为开源培训领域的资深讲师，丁老师在循序渐进地讲解技术方面有着多年的成功经验。与学院派的风格不同，职业教育更注重每项技术、技能在实际工作场合中的用途，相信读者在边读边做的过程中会有自己的切身体会。

淮晋阳

红帽中国培训渠道客户经理

推荐序 3

很多刚开始学习 Shell 脚本编程的人，在学习了基本语法后，都会因为缺乏脚本案例而没有编写脚本的思路，很多人还没有开始真正的编程就已经放弃，这也是目前市面上其他类似图书的缺陷。而本书的亮点是既讲解了 Shell 的语法格式，又能让读者通过大量案例脚本，验证所学知识，构建编写脚本的思路，难能可贵。

周华飞

达内集团 Python 人工智能教学研发总监

推荐序4

以云计算、大数据、物联网和人工智能为代表的ICT技术在过去20年取得了巨大的进步，今天云化IT基础设施已经成为很多企业的选择，极大地降低了企业的创新门槛和业务成本。大数据分析技术也在科技、商业、制造领域得到广泛应用，通过对海量数据的分析，我们对这个世界的运行方式有了更深入的理解。图像识别、语音识别在很多场景下都得到了广泛应用，各种智能机器人也从工业领域走向日常生活，让我们的生活变得越来越智慧和便捷。

信息技术的发展，以及和行业的深入结合，让行业的智能化水平不断提升，生产效率快速提高，可以毫不夸张地说，ICT技术已经成为行业发展的动力引擎。

Linux是信息世界最重要的基础技术之一，也是云计算的关键技术，掌握Linux这个工具对于进一步探索智能世界有着极为重要的作用和意义。丁老师的作品《Linux Shell核心编程指南》深入浅出地介绍了Linux Shell编程技术，通过许多精心设计的小游戏把枯燥的技术变得生动有趣，大量的实战案例让读者获得真实的生产经验，相信这本书无论是对于初学者还是对于系统管理员和设计维护人员，都有极大的帮助。

信息技术和各行各业的结合仅仅是一个开始，未来几十年的发展必然会更加精彩和激动人心，未来已来，快抓紧Linux这把钥匙，踏上信息技术的高速列车，迎接未来的新时代吧！

陆海翔

华为云教育行业解决方案总经理

推荐序 5

在当下的智能数据时代，无论是出于对效率的提升，还是出于对大规模系统的运维，自动化、智能化已是企业的必然选择。Shell 脚本也成为每一位工程师必备的技能之一。

这本书是作者继《Linux 运维之道》之后的又一力作，作者的著作我都详细阅读过，内容通俗易懂，实用性强，让人受益匪浅。《Linux Shell 核心编程指南》也不例外，本书从 Shell 脚本的编写规范、基础理论，再到对 Shell 脚本执行过程的深度剖析，由浅入深、层次清晰，让读者能够知其因，晓其理；同时配备了大量适用于生产的实战案例，可见作者心思缜密，为本书费尽心血。

很多人会说，学了 Shell 和 Linux 相关技术，不知道怎么将其应用到企业中。那么我想说，这是一本可以从中获取答案的著作。初学者（新手）能从本书中系统地学习与掌握如何规范编写和使用 Shell 脚本，以及如何通过现有的知识点结合实战案例举一反三，应用到生产环境中，少走弯路。对于老司机们，本书系统阐述了 Shell 的知识点与大量实战案例，可以帮助你们获取新的启发与指导，让你们更高效、更智能化、更自动化地完成自己的工作，这是一本难得的且值得经常翻阅的工具书。书中内容读起来丰富精彩、层次有序、干货十足，值得各个层次的工程师阅读。

罗俊
亚马逊（Amazon）云架构师

前　言

撰写本书的起因

云计算时代的到来，为企业带来了新的机遇与挑战。有了云计算，所有的资源都可以按需购买，类似于订火车票这样的问题迎刃而解。但是，云计算也给我们带来了新的难题，那就是如何更好地实现自动化运维、智能化运维！我们可以通过 Shell、Python、Perl 等脚本语言编写自动化脚本实现这样的目标。虽然 Python 在一些大的自动化项目中已经得到了充分的历练，但是作为 Linux 自动化运维的主流编程语言，Shell 脚本依然不可替代，大量的自动化运维脚本依然需要使用 Shell 编写。而目前市面上常见的 Shell 脚本书籍，绝大多数还停留在讲解语法格式、知识点这个层面，很多读者读完类似 Shell 脚本的图书，发现语法格式学会了，但是在实际编写脚本时却又无从下手。编写本书的出发点就是希望在简单、直观地展现语法格式的同时，通过大量、深入的应用案例，帮助读者朋友们锻炼实际编写脚本的能力，培养思考问题、解决问题的能力。

Shell 是一门非常容易上手且功能强大的编程语言，很多 Linux 系统维护者在工作中都会经常使用 Shell 脚本，但并不是每个人都擅长编写 Shell 脚本，一旦掌握了编写 Shell 脚本的规则与技巧，未来你的工作会更加轻松、更加高效！从 1991 年起至今，Linux 已经快速成长为企业服务器产品的首选操作系统，越来越多的 IT 企业采用 Linux 作为其服务器端平台操作系统，为客户提供高性能、高可用的业务服务。本书在选择操作系统发行版本时，综合了各个发行版本的特点，最终选择了 CentOS 作为本书的基础系统平台。CentOS 是众多 Linux 发行版本之一，但因为其源自 RedHat 框架，同时该版本完全开源，包括开放的软件 YUM 源，可以为用户带来更加方便的升级方法。另外，目前国内很多企业对于 CentOS 发行版也非常热衷，这也增加了本书的实用性。

本书结构

本书分为 7 章。

第 1 章主要讲述编写 Shell 脚本的基本格式及执行脚本的各种方式，如何通过脚本处理变量、使用正则过滤数据、在脚本中进行算术运算。

主要内容包括：

- 脚本的书写格式、执行脚本的各种方式。
- 数据的输入与输出、如何正确使用变量。
- 数据过滤与正则表达式。
- 算术运算。

第 2 章主要讨论如何让脚本变得更加智能，通过判断语句对各种业务可能出现的状况做出分析与判断，并根据判断结果进行相应的处理。本章会通过大量的案例展示如何编写一个更加健全、智能的自动化脚本。

主要内容包括：

- 如何在脚本中实现各种测试和判断。
- if 语句与 case 语句的基本语法格式。
- 模式匹配、通配符与扩展通配符。
- 编写行业项目案例。

第 3 章主要讲解如何使用循环避免人为执行工作中大量重复性的任务，大量且重复的机械式任务更适合让机器来完成。当人们找到解决问题的思路和方法后，机器可以更加高效地按照人类的思路和方法处理数据，最终获得我们需要的结果。

主要内容包括：

- for 与 while 循环的基本语法格式。
- 解决猴子吃香蕉的问题。
- 神奇的循环嵌套。

- 猜随机数字的游戏。
- until 和 select 的基本语法格式。
- 循环的中断与退出。
- 机选双色球。

第 4 章主要讲解数组、子 Shell 与函数。讲解数组在实际业务中的应用案例，分析子 Shell 对脚本的影响，讲解函数式编程思想，使用 Shell 脚本分析目前主流的排序算法。

主要内容包括：

- 斐波那契数列。
- 网站日志分析脚本。
- 启动进程的若干种方式。
- 函数与变量的作用域。
- 多进程脚本。
- 文件描述符与命名管道。
- 排序算法。

第 5 章主要讲解日常工作中编写脚本的一些技巧与方法，利用 Shell 的众多功能特性，可以让我们更加轻松地编写功能完善的脚本。本章还通过案例介绍了 Shell 脚本排错的方法与技巧。

主要内容包括：

- Shell 的扩展功能。
- Shell 解释器的属性与初始化命令行终端。
- trap 信号捕获。
- 脚本排错技巧。
- xargs 与 shift。
- 编写行业项目案例。

第 6 章主要讲解文本编辑器 sed，脚本借助于 sed 可以实现非交互编辑文件。在云计算运维工作中，我们经常需要修改或查看配置文件，本章通过大量案例演示如何通过脚本非交互地修改各种服务的配置文件。我们通过 sed 还可以在海量的数据中过滤需要的数据，可以编写网络爬虫脚本。

主要内容包括：

- sed 语法格式。
- 自动配置 FTP、DHCP、SSH 等网络服务。
- 自动化克隆与修改 KVM 虚拟机。
- 网络爬虫。
- 抽奖器。

第 7 章主要讲解 awk 编程语言，我们可以通过 awk 在脚本中实现更加灵活的数据过滤功能，可以通过 awk 进行数据统计工作，使用 awk 编写网络爬虫脚本。

主要内容包括：

- awk 基本语法格式。
- 监控主机网络连接状态。
- 性能监控脚本。
- 数据库监控脚本。
- 网络爬虫。

排版说明

关于本书中的排版，对于需要读者输入的命令，书中将使用等比例黑体加粗显示；对于计算机命令的返回结果，书中将使用等比例斜体字显示。当需要在文件中编写脚本时，对于打开及修改文本文件中的内容，书中会把文件中的内容放置于方框中排版和书写；对于需要读者注意的地方，书中会给出明确的注意提示。

本书读者

本书可以作为学习 Shell 编程的一本指南，主要针对具有 Linux 相关经验的从业人员，本书可以指导我们编写工作中需要的自动化运维脚本。另外，本书可以作为计算机培训参考教材。

关于配置文件及代码

本书部分主要的配置文件及代码可以在 GitHub 下载，地址为：https://github.com/jacobproject/shell_scripts。

勘误

作者在编写本书的过程中已经花了大量的时间对内容进行审核与校验，但因为时间紧迫、精力有限，书中难免出现一些错漏，敬请广大专家和读者批评、指正。

关于本书，您有任何意见或建议，都可以发送邮件至 ydh0011@163.com 或使用博客平台 https://blog.51cto.com/manual 与我交流。

致谢

由于本书是我利用业余时间编写的，占用了大量本应该和家人在一起的欢乐时光，在此感谢家人对我的支持与勉励，感谢我的儿子（子墨）和女儿（紫悦）给家庭带来的无限欢乐。感谢我所有的同事对此项任务的全力配合与支持。感谢我的学生对本书的期待，是他们的无形支持促成了我编写本书。感谢生活中所有给予我帮助的朋友，是他们的支持让我不断地进步与创新，不管是工作中还是生活中，好朋友都是我成功的坚实后盾。感谢电子工业出版社的董英编辑为本书的出版提供的大力支持。感谢赵瑞杰为本书的修订提供的建议。

丁明一 · 北京

读者服务

微信扫码回复：37571

- 获取本书配套素材
- 获取更多技术专家分享视频与学习资源
- 加入读者交流群，与更多读者互动

特别鸣谢

策 划 人：周华飞

团队讲师：王 凯　　牛 犇　　张志刚

李 欣　　李佳宇　　庞丽静

曾 晔**（以姓氏笔画为序）**

他们为本书的策划提供了意见，并且在编写过程中提供了许多素材，在此特别鸣谢！

目　录

第 1 章　从这里开始，起飞了 1

1.1　脚本文件的书写格式 1
1.2　脚本文件的各种执行方式 3
1.3　如何在脚本文件中实现数据的输入与输出 6
1.4　输入与输出的重定向 17
1.5　各种引号的正确使用姿势 24
1.6　千变万化的变量 28
1.7　数据过滤与正则表达式 33
1.8　各式各样的算术运算 40

第 2 章　人工智能，很人工、很智能的脚本 46

2.1　智能化脚本的基础之测试 46
2.2　字符串的判断与比较 47
2.3　整数的判断与比较 49
2.4　文件属性的判断与比较 51
2.5　探究[[]]和[]的区别 55
2.6　实战案例：系统性能监控脚本 60
2.7　实战案例：单分支 if 语句 62
2.8　实战案例：双分支 if 语句 68
2.9　实战案例：如何监控 HTTP 服务状态 72

2.10 实战案例：多分支 if 语句 81
2.11 实战案例：简单、高效的 case 语句 87
2.12 实战案例：编写 Nginx 启动脚本 92
2.13 揭秘模式匹配与通配符、扩展通配符 94
2.14 Shell 小游戏之石头剪刀布 100

第 3 章 根本停不下来的循环和中断控制 104

3.1 玩转 for 循环语句 104
3.2 实战案例：猴子吃香蕉的问题 114
3.3 实战案例：进化版 HTTP 状态监控脚本 116
3.4 神奇的循环嵌套 117
3.5 非常重要的 IFS 124
3.6 实战案例：while 循环 130
3.7 Shell 小游戏之猜随机数字 134
3.8 实战案例：如何通过 read 命令读取文件中的数据 136
3.9 until 和 select 循环 140
3.10 中断与退出控制 143
3.11 Shell 小游戏之机选双色球 149

第 4 章 请开始你的表演，数组、Subshell 与函数 152

4.1 强悍的数组 152
4.2 实战案例：斐波那契数列 157
4.3 实战案例：网站日志分析脚本 159
4.4 常犯错误的 SubShell 164
4.5 启动进程的若干种方式 172
4.6 非常实用的函数功能 176
4.7 变量的作用域与 return 返回值 179
4.8 实战案例：多进程的 ping 脚本 185
4.9 控制进程数量的核心技术——文件描述符和命名管道 187
4.10 实战案例：一键源码部署 LNMP 的脚本 197
4.11 递归函数 204
4.12 排序算法之冒泡排序 206

4.13　排序算法之快速排序 209
4.14　排序算法之插入排序 213
4.15　排序算法之计数排序 215
4.16　Shell 小游戏之单词拼接 puzzle 218

第 5 章　一大波脚本技巧正向你走来 221

5.1　Shell 八大扩展功能之花括号 221
5.2　Shell 八大扩展功能之波浪号 223
5.3　Shell 八大扩展功能之变量替换 224
5.4　Shell 八大扩展功能之命令替换 234
5.5　Shell 八大扩展功能之算术替换 234
5.6　Shell 八大扩展功能之进程替换 236
5.7　Shell 八大扩展功能之单词切割 238
5.8　Shell 八大扩展功能之路径替换 239
5.9　实战案例：生成随机密码的若干种方式 240
5.10　Shell 解释器的属性与初始化命令行终端 247
5.11　trap 信号捕获 257
5.12　实战案例：电子时钟 259
5.13　Shell 小游戏之抓住小老鼠算你赢 263
5.14　实战案例：脚本排错技巧 267
5.15　实战案例：Shell 版本的进度条功能 270
5.16　再谈参数传递之 xargs 276
5.17　使用 shift 移动位置参数 280
5.18　实战案例：Nginx 日志切割脚本 281

第 6 章　上古神兵利器 sed 285

6.1　sed 基本指令 285
6.2　sed 高级指令 305
6.3　实战案例：自动化配置 vsftpd 脚本 318
6.4　实战案例：自动化配置 DHCP 脚本 325
6.5　实战案例：自动化克隆 KVM 虚拟机脚本 329
6.6　实战案例：通过 libguestfs 管理 KVM 虚拟机脚本 337

6.7 实战案例：自动化配置 SSH 安全策略脚本 343
6.8 实战案例：基于 GRUB 配置文件修改内核启动参数脚本 345
6.9 实战案例：网络爬虫脚本 348
6.10 Shell 小游戏之点名抽奖器 354

第 7 章 不可思议的编程语言 awk 356

7.1 awk 基础语法 356
7.2 awk 条件判断 374
7.3 awk 数组与循环 379
7.4 awk 函数 388
7.5 实战案例：awk 版网站日志分析 398
7.6 实战案例：监控网络连接状态 403
7.7 实战案例：获取 SSH 暴力破解攻击黑名单列表 412
7.8 实战案例：性能监控脚本 418
7.9 实战案例：数据库监控脚本 420
7.10 实战案例：awk 版网络爬虫 429

1

第1章 从这里开始，起飞了

1.1 脚本文件的书写格式

什么是Shell脚本文件？简单来说就是将Linux或类UNIX系统的命令写入一个文件中，这个文件就是一个Shell脚本文件。所以我们编写的Shell脚本文件必须在Linux或类UNIX操作系统中运行，本书所采用的操作系统平台是CentOS，给予脚本文件执行权限并运行脚本文件后，计算机就会从上往下顺序执行脚本文件内容中的命令。相对于在命令行手动执行系统命令而言，脚本文件的优势是一旦编写完成，以后就可以自动完成脚本文件中的所有命令（效率更高）。而且，相同的脚本文件可以被反复调用并执行，避免了不必要的手动重复输入命令的工作。

脚本就是一个文件，那么我们使用什么工具来创建这个文件呢？其实，脚本文件就是一个普通的文本文件，所以使用任何一款文本编辑器软件都可以创建脚本文件。如 VIM、gedit、Emacs、Notepad++、Sublime、Atom 等工具，在后面章节的案例中我们使用的是 VIM 编辑器。新建文件时推荐使用.sh 作为文件的扩展名，让人一看便知该文件是一个 Shell 脚本文件。

脚本文件又有哪些书写格式要求呢？首先，脚本文件第一行要求使用 shebang(#!)符号指定一个脚本的解释器，如#!/bin/bash、#!/bin/sh、#!/usr/bin/env python 等，该行被#注释，所以不会被当作命令来执行，但计算机通过该注释信息得知应该使用什么解释器来解释整个脚本文件中的所有有效代码（本书案例中使用的解释器是/bin/bash）。其次，脚本文件使用#或<<符号实现单行或多行注释，被注释的关键词或代码将不被执行，注释主要是给人看的！通过阅读注释我们可以快速了解脚本文件的功能、版本、作者联系方式等，核心作用还是对脚本文件或代码块的功能进行说明。最后，最重要的内容就是代码部分，一般一行代码是一条命令，按从上往下的顺序执行脚本文件中所有有效的代码命令。

下面我们来编写第一个脚本文件，看看脚本文件的构成。

```
[root@centos7 ~]# vim first.sh
```

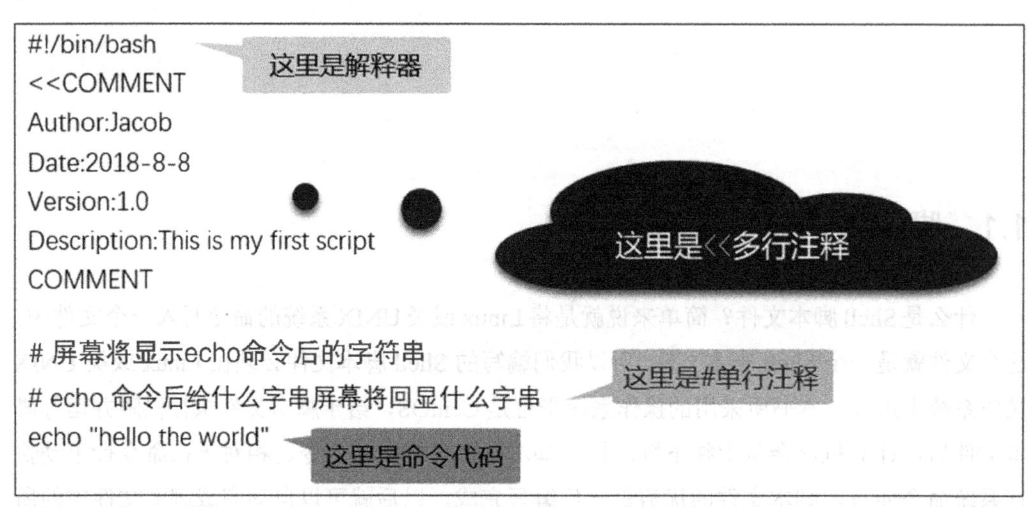

> **注意** <<符号后面的关键词可以是任意字符串，但前面使用什么关键词，结束注释时必须使用相同的关键词。如果从<<ABC 开始注释，则结束注释信息时也必须使用 ABC（字母区分大小写）。

1.2　脚本文件的各种执行方式

编写好脚本文件后，接下来就是执行了。执行脚本文件的方式有很多种，有需要执行权限的方式、有不需要执行权限的方式、有开启子进程的方式、有不开启子进程的方式。

1）脚本文件自身没有可执行权限

如果暂时还没有给脚本文件可执行的权限，那么默认脚本是无法直接执行的，但 bash 或 sh 这样的解释器，可以将脚本文件作为参数（读取脚本文件中的内容）来执行脚本文件。

```
[root@centos7 ~]# ./first.sh
-bash: ./first.sh: 权限不够
[root@centos7 ~]# bash  first.sh
hello the world
[root@centos7 ~]# sh  first.sh
hello the world
```

通过以上 3 条命令的输出信息，我们可以看到，在没有执行权限的情况下，执行./（当前目录）下的 first.sh 脚本文件会出现报错信息，而使用 bash 和 sh 将 first.sh 脚本作为参数执行，就可以输出正确的信息“hello the world”。

2）脚本文件具有可执行权限

通过 chmod 命令可以给脚本文件分配执行权限，脚本文件一旦有了执行权限，就可以使用绝对路径或相对路径执行了。以下假设某个脚本文件，绝对路径为/root/first.sh，则执行脚本文件效果如下。

```
[root@centos7 ~]# chmod +x first.sh                     #分配可执行权限
[root@centos7 ~]# ./first.sh                            #使用相对路径执行（当前工作目录）
hello the world
[root@centos7 ~]# /root/first.sh                        #使用绝对路径执行
hello the world
```

3）开启子进程执行的方式

关于是否开启子进程，我们首先要了解什么是子进程，一般可以通过 pstree 命令来查看进程树，了解进程之间的关系。

```
[root@centos7 ~]# pstree                                    #进程树查看器
systemd-+-ModemManager---2*[{ModemManager}]
        |-NetworkManager---2*[{NetworkManager}]
        |-atd
        |-chronyd
        |-crond
        |-irqbalance
        |-libvirtd---16*[{libvirtd}]
        |-lsmd
        |-lvmetad
        |-qemu-kvm---26*[{qemu-kvm}]
├─sshd─┬─sshd───bash───pstree
│      └─sshd───bash
```

通过以上输出，我们可以看到计算机启动的第一个进程是 systemd，然后在这个进程下启动了 *N* 个子进程，如 NetworkManager、atd、chronyd、sshd 这些都是 systemd 的子进程。而在 sshd 进程下又有 2 个 sshd 的子进程，在 2 个 sshd 子进程下又开启了 bash 解释器子进程，而且在其中一个 bash 进程下面还执行了一条 pstree 命令。对于刚才我们说的不管是直接执行脚本，还是使用 bash 或 sh 这样的解释器执行脚本，都是会开启子进程的。下面通过一个脚本文件演示效果。

首先，打开一个命令终端，在该命令终端中编写脚本文件，并执行脚本文件。

```
[root@centos7 ~]# vim sleep.sh
    #!/bin/bash
    sleep 1000
[root@centos7 ~]# chmod +x sleep.sh
[root@centos7 ~]# ./sleep.sh
```

然后，开启一个命令终端，在这个终端中通过 pstree 命令观察进程树。

```
[root@centos7 ~]# pstree
systemd-+-ModemManager---2*[{ModemManager}]
        |-NetworkManager---2*[{NetworkManager}]
… …
├─sshd─┬─sshd───bash───sleep.sh───sleep
│      └─sshd───bash───pstree
```

通过输出可以看到，在 bash 终端下开启了一个子进程脚本文件，通过脚本文件执行了一条 sleep 命令。

回到第一个终端，使用 Ctrl+C 组合键终止前面执行的脚本文件，使用 bash 命令再次执行该脚本。

```
[root@centos7 ~]# bash sleep.sh
```

最后，在第二个终端上使用 pstree 命令观察实验结果。

```
[root@centos7 ~]# pstree
systemd-+-ModemManager---2*[{ModemManager}]
        |-NetworkManager---2*[{NetworkManager}]
… …
├─sshd─┬─sshd──bash──bash──sleep
│      └─sshd──bash──pstree
```

结果类似，在 bash 进程下开启了一个 bash 子进程，在 bash 子进程下执行了一条 sleep 命令。

4）不开启子进程的执行方式

下面我们来看看不开启子进程的执行方式的案例，与之前的实验类似，我们需要开启两个命令终端。

首先，打开第一个终端，这次使用 source 或.（点）命令来执行脚本文件。

```
[root@centos7 ~]# source sleep.sh
```

或者

```
[root@centos7 ~]# .  sleep.sh
```

然后，我们再打开第二个终端，通过 pstree 命令观察结果。

```
[root@centos7 ~]# pstree
```

```
systemd-+-ModemManager---2*[{ModemManager}]
        |-NetworkManager---2*[{NetworkManager}]
… …
├─sshd─┬─sshd──bash──sleep
|      └─sshd──bash──pstree
```

通过实验结果可以看到，脚本文件中的 sleep 命令是直接在 bash 终端下执行的。

最后，我们编写一个特殊的脚本文件，内容如下。

```
[root@centos7 ~]# vim exit.sh
    #!/bin/bash
    exit
```

对于这个脚本文件，分别使用开启子进程和不开启子进程的方式执行。

```
[root@centos7 ~]# bash exit.sh
[root@centos7 ~]# source exit.sh
```

你可能已经发现了，source 命令不开启子进程执行脚本文件会导致整个终端被关闭，而 bash 命令开启子进程的方式执行脚本文件却不受任何影响，为什么呢？希望大家可以自己思考这个问题！

1.3 如何在脚本文件中实现数据的输入与输出

在 Linux 系统中使用 echo 命令和 printf 命令都可以实现信息的输出功能，下面我们分别看这两个命令的应用案例。

1）使用 echo 命令创建一个脚本文件菜单

功能描述：echo 命令主要用来显示字符串信息。

echo 命令的语法格式如下。

```
echo [选项] 字符串
[root@centos7 ~]# vim echo_menu.sh
    #!/bin/bash
```

```
#version:1.0
#这个脚本仅演示菜单输出，菜单没有实现具体的功能（后面章节会实现具体功能）

echo "1.查看网卡信息"
echo "2.查看内存信息"
echo "3.查看磁盘信息"
4.查看 CPU 信息
5.查看账户信息
```

从上面的脚本文件中可以看到，echo 命令可以实现任意字符串消息的输出，可以使用多个 echo 命令输出多条信息，也可以使用一个 echo 命令，利用引号将多条信息一起输出。但这些输出信息都使用默认的黑色字体，也无法居中显示，而当我们需要醒目地显示信息以提示用户注意时，这种输出可能略显单调。echo 命令支持-e 选项，使用该选项可以让 echo 命令识别\后面的转义符号含义，常见转义符号如表 1-1 所示。其中\033 或\e 后面可以跟终端编码，终端编码可以用于定义终端的字体颜色、背景颜色、定位光标等。

表 1-1　常见转义符号

符号	功能描述
\b	退格键（Backspace）
\f	换行但光标仍停留在原来的位置
\n	换行且光标移至行首
\r	光标移至行首，但不换行
\t	插入Tab键
\\	打印\
\033或\e	设置终端属性，如字体颜色、背景颜色、定位光标等

应用案例：

```
[root@centos7 ~]# echo "\t"
```

因为没有-e 选项，不支持\字符，所以屏幕会将原始内容\t 直接输出。

```
[root@centos7 ~]# echo -e  "hello\tworld"
```

输出 hello 后，再输出 Tab 缩进，最后输出 world，最终结果是 hello world。

```
[root@centos7 ~]# echo -e "helle\bo world"
```

输出 helle，然后将光标左移 1 位，接着输出 o world，原有的字母 e 被新的字母 o 替代，所以最终输出结果是 hello world。注意：-e 选项和后面需要输出的内容之间至少有一个空格！

```
[root@centos7 ~]# echo -e "helle\b\bo world"
```

与上面的案例类似，左移 2 位，最终输出结果是 helo world。

```
[root@centos7 ~]# echo -e "hello\fworld"
hello
     world
```

输出 hello，换行但光标仍旧停留在原来的位置，也就是字母 o 后面的这个位置，然后输出 world。

```
[root@centos7 ~]# echo -e "hello\nworld"           #输出 hello，换行后，输出 world
hello
world
[root@centos7 ~]# echo -e  "hello\rworld"          # \r 会让光标返回行首
world
[root@centos7 ~]# echo -e  "\\"                    #输出一个\符号
\
[root@centos7 ~]# echo -e  "\033[1mOK\033[0m"
OK
```

加粗显示 OK，\033 或\e 后面跟不同的代码可以设置不同的终端属性，1m 是让终端粗体显示字符串，后面的 OK 就是需要显示的字符串内容，最后\033[0m 是在加粗输出 OK 后，关闭终端的属性设置。如果最后没有使用 0m 关闭属性设置，则之后终端中所有的字符串都使用粗体显示。执行下面这条命令后，会发现除了 OK 加粗显示，后面在终端中输出的所有字符串都加粗显示。

```
[root@centos7 ~]# echo -e  "\033[1mOK"             #加粗显示 OK 后没关闭属性设置
[root@centos7 ~]# echo -e  "\e[1mOK\e[0m"          #使用\e 和\033 的效果相同
[root@centos7 ~]# echo -e  "\e[4mOK\e[0m"          #加下画线后输出 OK
OK
[root@centos7 ~]# echo -e  "\e[5mOK\e[0m"          #闪烁显示 OK
```

```
[root@centos7 ~]# echo -e  "\e[30mOK\e[0m"       #黑色显示 OK
[root@centos7 ~]# echo -e  "\e[31mOK\e[0m"       #红色显示 OK
[root@centos7 ~]# echo -e  "\e[32mOK\e[0m"       #绿色显示 OK
[root@centos7 ~]# echo -e  "\e[33mOK\e[0m"       #棕色显示 OK
[root@centos7 ~]# echo -e  "\e[34mOK\e[0m"       #蓝色显示 OK
[root@centos7 ~]# echo -e  "\e[35mOK\e[0m"       #紫色显示 OK
[root@centos7 ~]# echo -e  "\e[36mOK\e[0m"       #蓝绿色显示 OK
[root@centos7 ~]# echo -e  "\e[37mOK\e[0m"       #亮灰色显示 OK
[root@centos7 ~]# echo -e  "\e[1;33mOK\e[0m"     #亮黄色显示 OK
[root@centos7 ~]# echo -e  "\e[42mOK\e[0m"       #绿色背景显示 OK
[root@centos7 ~]# echo -e  "\e[44mOK\e[0m"       #蓝色背景显示 OK
[root@centos7 ~]# echo -e  "\e[32;44mOK\e[0m"    #绿色字体，蓝色背景显示 OK
```

试一试　*还有其他颜色吗？如 92m？大家可以自己试一试！*

除了可以定义终端的字体颜色、样式、背景，还可以使用 H 定义位置属性。例如，可以通过下面的命令在屏幕的第 3 行、第 10 列显示 OK。

```
[root@centos7 ~]# echo -e  "\033[3;10HOK"
[root@centos7 ~]# echo -e  "\033[3HOK"            #在第 3 行开头位置显示 OK
```

最后，我们使用 echo 命令编写一个更有趣的脚本文件菜单！下面这个脚本文件，首先使用 clear 命令将整个屏幕清空，然后使用 echo 命令设置终端属性，打印了一个有颜色、有排版的个性化菜单。至于具体的颜色搭配，各位读者可以根据自己的需求进行个性化设计。

```
[root@centos7 ~]# vim echo_menu.sh
```

```
#!/bin/bash
#Version:2.0
clear
echo -e "\033[42m---------------------------------\033[0m"
echo -e "\e[2;10H这里是菜单\t\t#"
echo -e "#\e[32m 1.查看网卡信息\e[0m                #"
echo -e "#\e[33m 2.查看内存信息\e[0m                #"
echo -e "#\e[34m 3.查看磁盘信息\e[0m                #"
echo -e "#\e[35m 4.查看 CPU 信息\e[0m               #"
echo -e "#\e[36m 5.查看账户信息\e[0m                #"
echo -e "\033[42m---------------------------------\033[0m"
echo
```

2）扩展知识，使用 printf 命令创建一个脚本菜单

Linux 系统中除了 echo 命令可以输出信息，还可以使用 printf 命令实现相同的效果。

功能描述：printf 命令可以格式化输出数据。

printf 命令的语法格式如下。

```
printf  [格式] 参数
```

备注：一般 printf 命令的参数就是需要输出的内容。

常用的格式字符串及功能描述如表 1-2 所示。

表 1-2　常用的格式字符串及功能描述

格式字符	功能描述
%d或%i	十进制整数
%o	八进制整数
%x	十六进制整数
%u	无符号十进制整数
%f	浮点数（小数点数）
%s	字符串
\b	退格键（Backspace）
\f	换行但光标仍停留在原来的位置
\n	换行且光标移至行首
\r	光标移至行首，但不换行
\t	Tab键

应用案例：

```
[root@centos7 ~]# printf  "%d"  12                    #屏幕显示整数 12
12
[root@centos7 ~]# printf  "%d"  jacob                 #jacob 不是整数,所以会报错
-bash: printf: jacob: 无效数字
[root@centos7 ~]# printf  "%5d"  12
   12
```

该命令的格式%5d 设置了打印宽度为 5，以右对齐的方式显示整数 12。注意，该命令的输出信息 12 前面有 3 个空格。3 个空格+2 个数字一起是 5 个字符的宽度。如果需要左对齐，则可以使用%-5d 实现效果，比如下面这条命令。

```
[root@centos7 ~]# printf "%-5d" 12
12   [root@centos7 ~]#
```

注意，printf 命令输出信息后，默认是不换行的！如果需要换行则可以使用\n 命令符。为了更好地观察左右对齐的效果，下面的案例中会打印两个确定位置的符号。

```
[root@centos7 ~]# printf "|%-10d|\n" 12
|12        |
```

左对齐输出 12，输出的内容占用 10 个字符宽度，12 占用 2 个字符宽度，后面跟了 8 个空格位置。默认 printf 命令输出内容后不会换行，使用\n 命令符可以在输出内容后换行。

```
[root@centos7 ~]# printf "|%10d|\n" 12          #右对齐输出 12,字符宽度为 10
|        12|
[root@centos7 ~]# printf "%o\n" 10
12
```

显示 10 的八进制值，八进制 12 转换为十进制正好是 10。

```
[root@centos7 ~]# printf "%x\n" 10                  #显示 10 的十六进制值
a
[root@centos7 ~]# printf "%d\n" 0x11
```

0x11 表示的是十六进制的 11,printf 命令将十六进制的 11 转换为十进制整数输出(17)。

```
[root@centos7 ~]# printf "%d\n" 011
```

011 表示的是八进制的 11，printf 命令将八进制的 11 转换为十进制整数输出（9）。

```
[root@centos7 ~]# printf "%d\n" 9223372036854775808
-bash: printf: 警告: 9223372036854775808: 数值结果超出范围
9223372036854775807
```

当使用\d 打印比较大的整数时，系统提示超出范围，并提示可以打印的最大数是9223372036854775807。如果需要打印这样的大整数，则需要使用\u 命令符，但\u 命令符也有最大的显示值（18446744073709551615），当大于最大值时则无法打印。

```
[root@centos7 ~]# printf  "%u\n"  9223372036854775808
9223372036854775808
[root@centos7 ~]# printf  "%f\n"  3.88                    #打印小数
3.880000
[root@centos7 ~]# printf  "%.3f\n"  3.88                  #小数点后保留 3 位
3.880
[root@centos7 ~]# printf  "|%8.3f|\n"  3.88               #右对齐,占用 8 位宽度
|   3.880|
[root@centos7 ~]# printf  "|%-8.3f|\n"  3.88              #左对齐,占用 8 位宽度
|3.880   |
[root@centos7 ~]# printf  "%s\n"  "hello"                 #打印字符串 hello
hello
[root@centos7 ~]# printf  "|%10s|\n"  "hello"             #右对齐,占用 10 位宽度
|     hello|
[root@centos7 ~]# printf  "|%-10s|\n"  "hello"            #左对齐,占用 10 位宽度
|hello     |
[root@centos7 ~]# printf  "%s\t\t%s\n"  "hello"  "world"  #打印 2 个字符串和 tab
hello           world
```

下面我们看看使用 printf 命令输出一个菜单的脚本案例。

```
[root@centos7 ~]# vim echo_menu.sh
```

```
#!/bin/bash
#Version:1.0
clear
printf  "\e[42m%s\n\e[0m" "----------------------------------"
printf  "\e[2;10H%s\t\t\n"   "这里是菜单"
printf  "\e[32m%s\e[0m\n"  "1.查看网卡信息"
printf  "\e[35m%s\e[0m\n"  "2.查看内存信息"
printf  "\e[36m%s\e[0m\n"  "3.查看磁盘信息"
printf  "\e[34m%s\e[0m\n"  "4.查看 CPU 信息"
printf  "\e[33m%s\e[0m\n"  "5.查看账户信息"
printf  "\e[42m%s\n\e[0m" "----------------------------------"
echo
```

3）使用 read 命令读取用户的输入信息

前面我们学习了在 Shell 脚本中实现输出数据的方法，接下来探讨如何解决输入的问题，在 Shell 脚本中允许使用 read 命令实现数据的输入功能。

功能描述：read 命令可以从标准输入读取一行数据。

read 命令的语法格式如下。

```
read [选项] [变量名]
```

如果未指定变量名，则默认变量名称为 REPLY。

read 命令常用的选项如表 1-3 所示。

表 1-3　read命令常用的选项

选项	功能
-p	显示提示信息
-t	设置读入数据的超时时间
-n	设置读取n个字符后结束，而默认会读取标准输入的一整行内容
-r	支持读取\，而默认read命令理解\为特殊符号（转义字符）
-s	静默模式，不显示标准输入的内容（Silent mode）

```
[root@centos7 ~]# read key1
123
```

从标准输入中读取数据，这里通过键盘输入了 123，read 命令则从标准输入读取这个 123，并将该字符串赋值给变量 key1，对于 key1 这个变量，我们可以使用 echo $key1 显示该变量的值。

应用案例：

```
[root@centos7 ~]# echo $key1
[root@centos7 ~]# read  key1  key2  key3              #从标准输入读取 3 组字符串
11 22 33
[root@centos7 ~]# echo $key1
11
[root@centos7 ~]# echo $key2
```

```
22
[root@centos7 ~]# echo $key3
33
[root@centos7 ~]# read -p "请输入用户名:"  user          #设置一个提示信息
请输入用户名:jacob
[root@centos7 ~]# echo $user
jacob
[root@centos7 ~]# read -t  3  -p  "请输入用户名:"  user
使用-t 设置超时时间，3 秒后 read 命令自动退出。
[root@centos7 ~]# read  -n1  -p "按任意键:"  key        #仅读取一个字符
[root@centos7 ~]# read key                               #默认 read 命令不支持\
\ABC
[root@centos7 ~]# echo $key                              #所以 key 的值没有\字符
ABC
[root@centos7 ~]# read -r key                            #设置 read 命令支持读取\
\ABC
[root@centos7 ~]# echo $key                              #查看结果,\被保留
\ABC
[root@centos7 ~]# read -p  "请输入密码:"  pass
请输入密码:123
```

注意，这里提示输入密码后，当用户输入密码 123 时，计算机将密码的明文显示在屏幕上，这不是我们想看到的效果！怎么办？read 命令支持-s 选项，这个选项可以让用户输入的任何数据都不显示，但 read 命令依然可以读取用户输入的数据，只是数据不显示而已。

```
[root@centos7 ~]# read  -s  -p  "请输入密码:"  pass
```

下面我们看一个使用 read 命令编写的脚本案例。

```
[root@centos7 ~]# vim user_add.sh
```

```
#!/bin/bash
#Read User's name and password from standard input.
read -p "请输入用户名:"   user
read -s -p "请输入密码:"   pass
useradd "$user"
echo "$pass" | passwd --stdin "$user"
```

这个脚本通过 read 命令读取用户输入的用户名和密码，并且在读取用户输入的密码时，

不直接在屏幕上显示密码的内容，这样更安全。用户输入的用户名和密码分别保存在 user 和 pass 这两个变量中，下面就通过$调用变量中的值，使用 useradd 命令创建一个系统账户，使用 passwd 命令给用户配置密码。直接使用 passwd 修改密码默认采用人机交互的方式配置密码，需要人为手动输入密码，并且要重复输入两次。这里我们使用了一个|符号，这个符号就像管道，它的作用是将前一个命令的输出结果，通过管道传给后一个命令，作为后一个命令的输入。

有时候，在 Linux 系统中我们需要完成一个复杂的任务，但是某一个命令可能无法完成这个任务，此时，我们就需要使用管道把两个或多个命令组合在一起来完成这样的任务。

如图 1-1 所示，类似于传输水的管道，Linux 系统的管道，可以将命令 1 的输出结果（数据），存储到管道中，然后让命令 2 从管道中读取数据，并对数据做进一步的处理。

图 1-1　管道

下面我们看几个管道的案例。

```
[root@centos7 ~]# who
root      pts/1        2018-07-14 08:59 (:1)
root      pts/2        2018-07-14 09:00 (:1)
root      pts/5        2018-07-23 21:28 (117.101.192.169)
```

who 这条命令，可以帮助我们查看有哪些账户在什么时间登录了计算机。但是，当计算机的登录信息非常多时，需要人为记录登录的数量就很不方便，而 Linux 系统中的 wc 命令可以统计行数，但 wc 命令是需要数据的，给 wc 若干行数据，这个命令就可以自动统计数据的行数。我们可以使用管道将 who 和 wc 命令结合在一起使用。

```
[root@centos7 ~]# who | wc -l
3
```

再比如，ss 命令可以查看 Linux 系统中所有服务监听的端口列表。但是 ss 命令自身没有灵活的过滤功能，而 grep 命令有比较强大灵活的过滤功能，这样的话也可以通过管道将这两个命令结合在一起使用。

```
[root@centos7 ~]# ss -nutlp

Netid State    Recv-Q Send-Q Local Address:Port    Peer Address:Port
Udp   UNCONN   0      0      192.168.122.1:53      *:*          users:(("dnsmasq",pid=1124,fd=5))
udp   UNCONN   0      0      *:5353                *:*          users:(("avahi-daemon",pid=664,fd=12))
udp   UNCONN   0      0      *:36623               *:*          users:(("avahi-daemon",pid=664,fd=13))
udp   UNCONN   0      0      127.0.0.1:323         *:*          users:(("chronyd",pid=695,fd=1))
udp   UNCONN   0      0      ::1:323               :::*         users:(("chronyd",pid=695,fd=2))
tcp   LISTEN   0      128    *:111                 *:*          users:(("systemd",pid=1,fd=41))
tcp   LISTEN   0      5      192.168.122.1:53      *:*          users:(("dnsmasq",pid=1124,fd=6))
tcp   LISTEN   0      128    *:22                  *:*          users:(("sshd",pid=913,fd=3))
tcp   LISTEN   0      100    127.0.0.1:25          *:*          users:(("master",pid=1052,fd=13))
tcp   LISTEN   0      128    :::111                :::*         users:(("systemd",pid=1,fd=40))
tcp   LISTEN   0      128    :::22                 :::*         users:(("sshd",pid=913,fd=4))
```

```
[root@centos7 ~]# ss -nutlp | grep sshd

tcp    LISTEN    0    128    *:22        *:*        users:(("sshd",pid=913,fd=3))
tcp    LISTEN    0    128    :::22       :::*       users:(("sshd",pid=913,fd=4))
```

很明显，没有使用 grep 命令过滤的数据量比较多，看起来不够清晰，而 ss 命令把自己输出的数据存入管道后，grep 命令再从管道中读取数据，在众多数据中过滤出包含 sshd 的数据行，最后输出结果就只有两行数据。这样能比较简单明了地看到我们需要的数据。

有些命令比较特殊，比如前面我们用到的 passwd 命令，它是用来修改系统的账户密码的，但是该命令默认只能从键盘读取密码，如果希望命令从管道中读取数据后作为密码则需要使用--stdin 选项。

```
[root@centos7 ~]# echo "123456" | passwd --stdin  jacob
```

如图 1-2 所示，echo 命令默认会把输出结果显示在屏幕上，而有了管道后，echo 命令可以把输出的 123456 存储到管道中，passwd 再从管道中读取 123456，来修改系统账户 jacob 的密码。

图 1-2　echo 命令

1.4　输入与输出的重定向

在大多数系统中，一般会默认把输出信息显示在屏幕上，而标准的输入信息则通过键盘获取。但在编写脚本时，当有些命令的输出信息我们不能或不希望显示在屏幕上（脚本执行时，大量的输出信息反而会让用户感到迷茫）。此时，不如先把输出的信息暂时写入文件中，后期需要时，再读取文件，提取需要的信息。对于默认的标准输入信息也会有类似的问题，在 Linux 系统中当我们使用 mail 命令发送邮件时，程序需要读取邮件的正文，默认通过读取键盘的输入数据作为正文，这样会让脚本进入交互模式，因为读取键盘信息是需要人为手动输入的。此时，如果能改变默认的输入方式，不再从键盘读取数据，而是从提前准备好的文件中读取数据，就可以让 mail 程序在需要时自动读取文件内容，自动发送邮件，而不需要人为的手动交互。这样脚本的自动化效果会更好。

在 Linux 系统中输出可以分为标准输出和标准错误输出。标准输出的文件描述符为 1，标准错误输出的文件描述符为 2。而标准输入的文件描述符则为 0。

如果希望改变输出信息的方向，可以使用>或>>符号将输出信息重定向到文件中。使用 1>或 1>>可以将标准输出信息重定向到文件（1 可以忽略不写，默认值就是 1），也可以使用 2>或 2>>将错误的输出信息重定向到文件。这里使用>符号将输出信息重定向到文件，如果文件不存在，则系统会自动创建该文件，如果文件已经存在，则系统会将该文件的所有内容覆盖（原有数据会丢失！）。而使用>>符号将输出信息重定向到文件，如果文件不存在，则系统会自动创建该文件，如果文件已经存在，则系统会将输出的信息追加到该文件原有信息的末尾。

下面的例子中，echo 命令本来会将数据输出显示在屏幕上，但如果使用重定向后就可以将输出的信息导出到文件中。

```
#创建新文件,导出数据到文件
[root@centos7 ~]# echo "hello the world" > test.txt
[root@centos7 ~]# cat test.txt
hello the world
#覆盖重定向,前面的数据丢失
[root@centos7 ~]# echo "Jacob Shell Scripts" > test.txt
[root@centos7 ~]# cat test.txt
Jacob Shell Scripts
```

```
[root@centos7 ~]# echo "test file" >> test.txt            #追加重定向,数据不丢失
[root@centos7 ~]# cat test.txt
Jacob Shell Scripts
test file
```

前面的 echo 命令不会出现报错信息。但使用 ls 命令时，根据文件是否存在，最后的输出信息又分为标准输出和错误输出。此时，如果我们仅使用>或>>，则无法将错误信息重定向导出到一个文件。

```
[root@centos7 ~]# ls /etc/hosts
/etc/hosts                                               #标准输出
[root@centos7 ~]# ls /nofiles
ls: cannot access /nofiles: No such file or directory    #错误输出
[root@centos7 ~]# ls -l /etc/hosts > test.txt            #将标准输出重定向到文件
[root@centos7 ~]# cat test.txt                           #成功地将数据重定向到文件
-rw-r--r--. 1 root root 158 Jun  7  2013 /etc/hosts
[root@centos7 ~]# ls -l /nofiles > test.txt              #将标准输出重定向
ls: cannot access /nofiles: No such file or directory #错误信息依然显示在屏幕上
```

这里我们就需要使用 2>或 2>>来实现错误输出的重定向。

```
[root@centos7 ~]# ls -l /nofiles 2> test.txt             #错误重定向,覆盖数据
[root@centos7 ~]# cat test.txt                           #将标准输出重定向到文件
ls: cannot access /nofiles: No such file or directory    #原始数据全部丢失
[root@centos7 ~]# ls -l /oops 2>> test.txt               #错误重定向,追加数据
[root@centos7 ~]# cat test.txt                           #之前的数据不会丢失
ls: cannot access /nofiles: No such file or directory
ls: cannot access /oops: No such file or directory
```

如果一条命令既有标准输出（正确输出），又有错误输出，该如何重定向呢？

```
[root@centos7 ~]# ls -l /etc/hosts /nofile > test.txt        #仅重定向标准输出
ls: cannot access /nofile: No such file or directory         #错误输出未重定向
[root@centos7 ~]# ls -l /etc/hosts /nofile 2> test.txt       #仅重定向错误输出
-rw-r--r--. 1 root root 158 Jun  7  2013 /etc/hosts          #标准输出未重定向
```

其实，我们可以将标准输出和错误输出分别重定向到不同的文件，也可以同时将它们

重定向到相同的文件。

```
#分别重定向到不同的文件
[root@centos7 ~]# ls -l /etc/hosts /nofile > ok.txt 2> error.txt
[root@centos7 ~]# cat ok.txt
-rw-r--r--. 1 root root 158 Jun  7  2013 /etc/hosts
[root@centos7 ~]# cat error.txt
ls: cannot access /nofile: No such file or directory
```

使用&>符号可以同时将标准输出和错误输出都重定向到一个文件（覆盖），也可以使用&>>符号实现追加重定向。

```
[root@centos7 ~]# ls -l /etc/hosts /nofile &> test.txt
[root@centos7 ~]# cat test.txt
ls: cannot access /nofile: No such file or directory
-rw-r--r--. 1 root root 158 Jun  7  2013 /etc/hosts
[root@centos7 ~]# ls -l /etc/passwd /ooops &>> test.txt
[root@centos7 ~]# cat test.txt
ls: cannot access /nofile: No such file or directory
-rw-r--r--. 1 root root 158 Jun  7  2013 /etc/hosts
ls: cannot access /ooops: No such file or directory
-rw-r--r--. 1 root root 2170 Sep 20 21:06 /etc/passwd
```

最后，我们还可以使用 2>&1 将错误输出重定向到标准正确输出，也可以使用 1>&2 将标准正确输出重定向到错误输出。

下面的命令虽然都在屏幕上显示了结果。第一条命令虽然是报错信息，却是从标准正确的通道显示在屏幕上的。而第二条命令虽然原本没有错误信息，但通过将正确信息重定向到错误输出，最后的 hello 是通过错误输出的通道显示在屏幕上的。

```
[root@centos7 ~]# ls /nofile 2>&1
ls: cannot access /nofile: No such file or directory
[root@centos7 ~]# echo "hello" 1>&2
Hello
```

图 1-3 是 ls 命令对比。正常情况下，因为系统没有/nofile 文件，所以 ls 命令会报错，报错信息会通过错误输出的通道传递给显示器。但当我们使用 2>&1 命令时，就会把错误信

息重定向到标准正确输出，虽然屏幕最终也会显示报错信息，却是通过标准输出通道传递给显示器的。

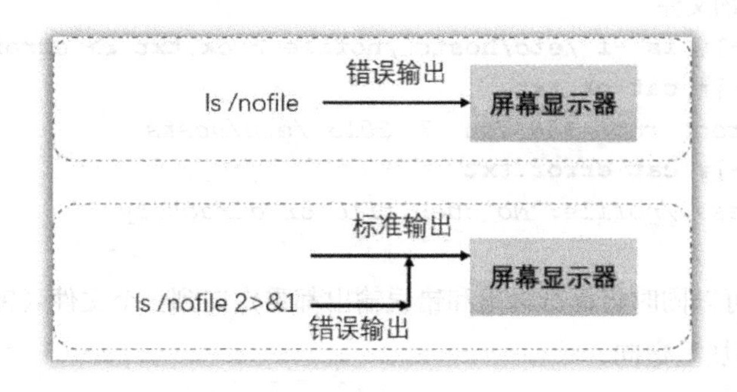

图 1-3 ls 命令对比

图 1-4 是 echo 命令对比。正常情况下，echo 命令会通过标准输出将消息显示在屏幕上。而当我们使用 1>&2 时，系统就会把正确的输出信息重定向到错误输出，虽然屏幕上最终也显示了 hello，却是通过错误输出通道传递给显示器的。

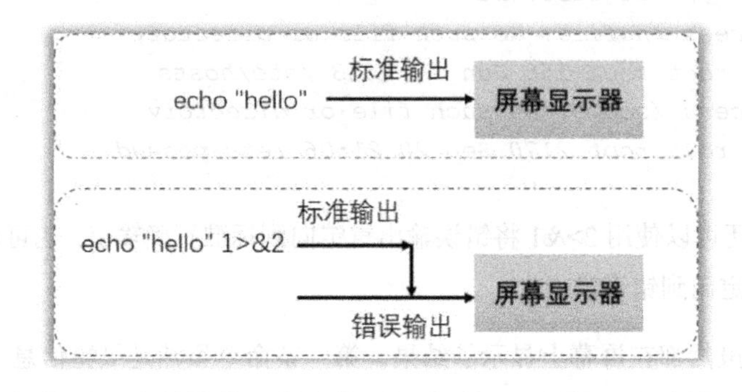

图 1-4 echo 命令对比

```
[root@centos7 ~]# ls /etc/passwd /nofile >test.txt 2>&1
[root@centos7 ~]# cat test.txt
ls: cannot access /nofile: No such file or directory
/etc/passwd
```

结合这种特殊的重定向方式，我们还可以将标准输出重定向到文件，然后将错误输出重定向到标准正确输出。最终把正确的和错误的信息都导入文件中，如图 1-5 所示。

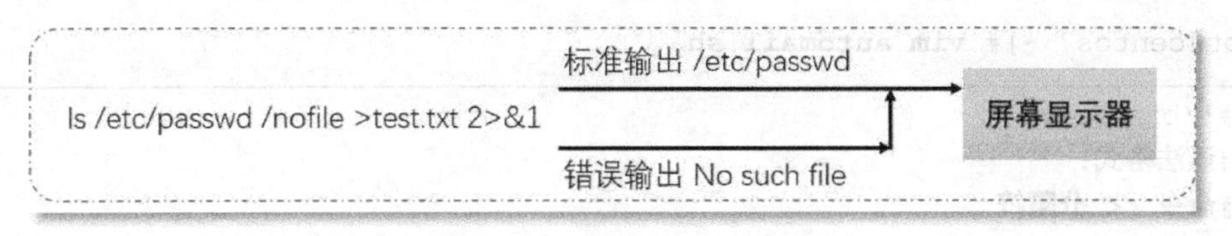

图 1-5 标准输出与错误输出

Linux 系统中有一个特殊的设备/dev/null，这是一个黑洞。无论往该文件中写入多少数据，都会被系统吞噬、丢弃。如果有些输出信息是我们不再需要的，则可以使用重定向将输出信息导入该设备文件中。注意：数据一旦导入黑洞将无法找回。

```
[root@centos7 ~]# echo "hello" > /dev/null
[root@centos7 ~]# ls /nofile 2>/dev/null
[root@centos7 ~]# ls /etc/hosts /nofile &>/dev/null
```

除了可以对输出进行重定向，还可以对输入进行重定向。默认标准输入为键盘鼠标。但键盘需要人为的交互才可以完成输入。比如下面的 mail 命令，执行完命令后程序就会进入等待用户输入邮件内容的状态，只要用户不输入内容，并使用独立的一行点表示邮件内容结束，mail 程序就会一直停留在该状态。

```
[root@centos7 ~]# mail -s warning root@localhost  #-s 设置邮件标题，收件人为 root
this is a test mail
.
EOT
```

以上所有邮件正文都需要人工手动输入，而未来当我们需要使用脚本自动发送邮件时，这就存在问题。为了解决这个问题，我们可以使用<符号进行输入重定向。<符号后面需要跟一个文件名，这样可以让程序不再从键盘读取输入数据，而从文件中读取数据。

```
[root@centos7 ~]# mail -s warning root@localhosts < /etc/hosts  #非交互发送邮件
```

如果我们希望自动非交互地发送邮件，而又没有提前准备文件，可以吗？

可以使用<<符号实现相同的效果。这样脚本就不需要依赖邮件内容的文件即可独立运行。使用<<符号可以将数据内容重定向传递给前面的一个命令，作为命令的输入。

```
[root@centos7 ~]# vim automail.sh
```

```
#!/bin/bash
#语法格式:
#命令 << 分隔符
#内容
#分隔符
#系统会自动将两个分隔符之间的内容重定向传递给前面的命令,作为命令的输入
#注意:分隔符是什么都可以,但前后的分隔符必须一致。推荐使用 EOF(end of file)
mail -s warning root@localhost << EOF
This is content.
This is a test mail for redirect.
EOF
```

<<符号（也被称为 Here Document）代表你需要的内容在这里。下面看一个 cat 通过 Here Document 读取数据，再通过输出重定向将数据导出到文件的例子。

```
[root@centos7 ~]# vim heredocument.sh
```

```
#!/bin/bash

cat > /tmp/test.txt << HERE
该文件为测试文件。
测试完后，记得将该文件删除。
Welcome to Earth.
HERE
```

```
[root@centos7 ~]# chmod +x heredocument.sh
[root@centos7 ~]# ./heredocument.sh
[root@centos7 ~]# cat /tmp/test.txt
该文件为测试文件。
测试完后，记得将该文件删除。
Welcome to Earth.
```

在 Linux 系统中经常会使用 fdisk 命令对磁盘进行分区，但该命令是交互式的，而我们现在需要编写脚本实现自动分区、自动格式化、自动挂载分区等操作。针对这种问题，也可以通过 Here Document 来解决。下面我们来编写一个这样的自动分区脚本。

该脚本会删除磁盘中的所有数据，全部数据都将丢失！

```
[root@centos7 ~]# vim autofdisk.sh
```

```
#!/bin/bash
#本脚本会自动将 vdb 整个磁盘分成一个区,并将该分区格式化
#注意:所有数据均将丢失!
#n（新建分区）,p（新建主分区），1（主分区编号为 1）
#回车键,空白行（从磁盘哪个位置开始分区,默认从第 1 个扇区）
#回车键,空白行（分区到哪个扇区结束,回车键代表最后,将整个磁盘分 1 个区）
#wq（保存退出），mkfs.xfs（格式化命令）
fdisk /dev/vdb << EOF
n
p
1


wq
EOF

mkfs.xfs /dev/vdb1

#这里文件或目录的属性测试知识点,可以参考 2.4 节的内容
[ ! -d /data ] && mkdir /data
cat >> /etc/fstab << EOF
/dev/vdb1  /data   xfs   defaults  0 0
EOF
mount -a
```

在编写脚本时为了提高代码的可读性，往往需要在代码中添加额外的缩进。然而，使用<<将数据导入程序时，如果内容里面有缩进，则连同缩进的内容都会传递给程序。而此时的 Tab 键仅仅起缩进的作用，我们并不希望传递给程序。如果需要，可以使用<<-符号重定向输入的方式实现，这样系统会忽略掉所有数据内容及分隔符（EOF）前面的 Tab 键。使用这种方式仅可以忽略 Tab 键，如果 Here Document 的正文内容有空格缩进，则无效。

```
[root@centos7 ~]# vim heredoc_tab.sh
```

```
#!/bin/bash

#不能屏蔽 Tab 键,缩进将作为内容的一部分被输出
```

```
    #注意 hello 和 world 前面是 Tab 键
    cat  <<  EOF
     hello
     world
    EOF

    #Tab 键将被忽略,仅输出数据内容
    #注意 hello 和 world 前面是 Tab 键
    cat  <<-  EOF
     hello
     world
    EOF
```

```
[root@centos7 ~]# chmod +x heredoc_tab.sh
[root@centos7 ~]# ./heredoc_tab.sh
    hello
    world
hello
world
```

1.5　各种引号的正确使用姿势

1）单引号与双引号

在编写脚本时我们经常需要用到引号，而 Shell 支持多种引号，如""（双引号）、''（单引号）、``（反引号）、\（转义符号）。这么多的符号，都是在什么情况下使用的呢？下面我们看几个案例。

```
[root@centos7 ~]# touch a b c              #创建三个文件,分别是 a、b、c
[root@centos7 ~]# touch "a b c"            #创建一个文件,空格是文件名的一部分
```

这里可以看出双引号的作用是引用一个整体，计算机会把引号中的所有内容当作一个整体看待。而不使用双引号时，创建的是三个不同的文件。当后期需要删除文件时，也会出现类似的问题。

```
[root@centos7 ~]# ls
a  a b c  b  c
```

这样的输出结果很容易让人误解，这里到底有几个文件？文件名到底是什么？

```
[root@centos7 ~]# rm -rf  a b c                #删除三个文件,分别是 a、b 和 c
[root@centos7 ~]# ls
a b c
[root@centos7 ~]# rm  a b c
rm: 无法删除"a": 没有那个文件或目录
rm: 无法删除"b": 没有那个文件或目录
rm: 无法删除"c": 没有那个文件或目录
```

因为这里没有使用双引号，所以系统理解的是需要删除 a、b 和 c 这三个文件，但其实现在系统中没有这三个文件，而只有一个文件，名称为“a b c”，其中空格也是文件名的一部分，这个文件应怎么删除呢？

```
[root@centos7 ~]# rm  "a b c"
rm: 是否删除普通空文件 "a b c"? y
```

通过使用双引号，成功删除了这个文件。在 Linux 系统中，除了可以使用双引号引用一个整体，还可以使用单引号引用一个整体，同时单引号还有另外一个功能，即可以屏蔽特殊符号（将特殊符号的特殊含义屏蔽，转化为字符表面的名义）。

```
[root@centos7 ~]# touch "a b c"
[root@centos7 ~]# touch 'a b c'
```

上面两条命令因为没有特殊符号，所以使用双引号或单引号的作用是一样的。但是，当有特殊符号时，单引号和双引号不能互换，比如下面的例子。

```
[root@centos7 ~]# echo #
```

在 Shell 中，#符号有特殊含义，是注释符号。#符号及#符号后面的内容都会被程序理解为注释，而不会被执行，这条命令本来想通过屏幕输出一个#符号，但实际的输出结果却是空白行。如果我们希望输出这个#号，则可以使用单引号，将#符号的特殊含义屏蔽掉。

```
[root@centos7 ~]# echo '####'
```

另外，在 Shell 中$符号有提取变量值的特殊含义，而当我们需要直接使用$这个符号时，也需要使用单引号的屏蔽功能。

```
[root@centos7 ~]# test=18
[root@centos7 ~]# echo $test RMB
18 RMB
[root@centos7 ~]# echo '$test RMB'        #使用单引号后$符号就变成了一个普通符号
$test RMB
```

其实，在 Linux 中具有屏蔽功能的除单引号外，还有\符号，虽然\符号也可以实现屏蔽转义的功能，但\符号仅可以转义其后面的第一个符号，而单引号可以屏蔽引号内所有的特殊符号，如下所示。

```
[root@centos7 ~]# a=11
[root@centos7 ~]# b=22
[root@centos7 ~]# echo  '$a$b'
$a$b
[root@centos7 ~]# echo  \$a$b
$a22
[root@centos7 ~]# echo \$a\$b
$a$b
[root@centos7 ~]# echo #                #输出的是空白行,因为#符号被理解为注释
[root@centos7 ~]# echo '#'              #正常输出#符号
#
[root@centos7 ~]# echo $$               #显示当前进程的进程号
12384
[root@centos7 ~]# echo '$$'             #屏蔽后正常输出$$符号
$$
[root@centos7 ~]# echo '&'              #&符号默认为后台进程，需要屏蔽
&
[root@centos7 /]# echo *                #*符号代表当前目录下的所有文件
bin boot dev etc home lib lib64 media mnt nnb opt proc root run sbin srv sys
tmp tt usr var
[root@centos7 /]# echo '*'              #屏蔽后正常输出字符
*
[root@centos7 ~]# echo ~                #~符号默认代表用户的根目录
/root
[root@centos7 ~]# echo '~'
```

```
~
[root@centos7 ~]# echo '()'
()
```

2）命令替换

最后，我们来了解``符号（反引号），反引号是一个命令替换符号，它可以使用命令的输出结果替代命令，下面我们看一个例子。

```
[root@centos7 ~]# tar -czf  /root/log.tar.gz  /var/log/
```

使用上面这条命令可以把/var/log 目录下的所有数据备份到/root 目录下，但是备份的文件名是固定的。如果需要系统执行计划任务，实现在每周星期五备份一次数据，然后新的备份就会把原有的备份文件覆盖（因为文件名是固定的）。到最后发现其实仅备份了最后一周的数据，前面的所有数据全部丢失！怎么解决这个问题呢？

```
[root@centos7 ~]# tar -czf  /root/log-`date +%Y%m%d`.tar.gz  /var/log/
```

这条命令依然使用 tar 命令进行备份。但是，因为使用了``符号实现命令替换，所以这里备份的文件名不再是 date，而是 date 命令执行后的输出结果，即使用命令的输出结果替换 date 命令本身的字符串，最后备份的文件名类似 log-20180725.tar.gz。文件名中具体的时间根据执行命令时的计算机系统时间而定。再看几个例子。

```
[root@centos7 ~]# echo "当前系统账户登录数量:`who | wc -l`"
当前系统账户登录数量:8
[root@centos7 ~]# cat /var/run/atd.pid          #查看 atd 进程的进程号
1068
[root@centos7 ~]# kill  `cat /var/run/atd.pid` #杀死 atd 进程
[root@centos7 ~]# rpm -ql at                    #查看 at 软件的文件列表
[root@centos7 ~]# ls -l  `rpm -ql at`           #查看文件列表的详细信息
[root@centos7 ~]# ls /etc/*.conf        #查看/etc/目录下的所有以 conf 结尾的文件
/etc/asound.conf          /etc/host.conf          /etc/locale.conf
/etc/pcp.conf             /etc/sysctl.conf        /etc/brltty.conf
/etc/idmapd.conf          /etc/logrotate.conf     /etc/pnm2ppa.conf
… …
```

```
[root@centos7 ~]# tar -czf  x.tar.gz `ls /etc/*.conf`  #将多个文件压缩打包为一个文件
[root@centos7 ~]# tar -tf  x.tar.gz                   #查看压缩包中的文件列表
```

反引号虽然很好用，但也有其自身的缺陷，比如容易跟单引号混淆，不支持嵌套（反引号中再使用反引号），为了解决这些问题，人们又设计了$()组合符号，功能也是命令替换，而且支持嵌套功能，如下面的案例所示。

```
[root@centos7 ~]# echo "当前系统账户登录数量:$(who | wc -l)"
[root@centos7 ~]# ping -c2 $(hostname)
[root@centos7 ~]# touch  $(date +%Y%m%d).txt
[root@centos7 ~]# echo "当前系统进程数量: $(ps aux  | wc -l)"
[root@centos7 ~]# echo $(echo 我是 1 级嵌套 $(echo 我是 2 级嵌套))
```

1.6 千变万化的变量

水不流动则为死水，如果脚本使用的常量全是永恒不变的，那么脚本的功能就不够灵活，仅是一个可以满足特定需求的固定脚本。如果水流动了，就会出现千姿百态的形态；脚本如果使用了变量，也会变得更加灵活和多变。就像现实生活中气温和气压是实时变化的数据量一样，脚本需要处理的计算机数据往往也是实时变化的。在 Linux 系统中，变量分为系统预设变量和用户自定义变量。

首先，我们来看看自定义变量如何定义和调用。在 Linux 系统中，自定义变量的定义格式为变量名=变量值，变量名仅是用来找到变量值的一个标识而已，它本身没有任何其他功能。在定义变量时，变量名仅可以使用字母（大小写都可以）、数字和下画线（_）组合，而且不可以使用数字开头。此外，在工作中定义变量名时最好使用比较容易理解的单词或拼音，切记不要使用随意的字符给变量命名，没有规律的变量名会让脚本的可阅读性变得极差！表 1-4 中列举了几个合法和非法的变量名示例，需要注意的是，定义变量时等号两边不可以有空格。

表 1-4　变量名示例

合法的变量名	非法的变量名
filename	file-name（不能包含其他特殊符号，-）

续表

合法的变量名	非法的变量名
tom_age	Tom age（不能包含其他特殊符号，空格）
color_3	3_color（不能以数字开头）
Server_A	Server*（不能包含特殊符号，*）
Server_B	a\b（不能包含特殊符号，\）
_custum_var	@custum（不能包含特殊符号，@）

其次，当需要读取变量值时，需要在变量名前添加一个美元符号“$”；而当变量名与其他非变量名的字符混在一起时，需要使用{}分隔。

最后，如果需要取消变量的定义，则可以使用 unset 命令删除变量。

```
[root@centos7 ~]# hello = 123                     #错误定义,等号两边不可以有空格
bash: hello: command not found...
[root@centos7 ~]# test=123                        #定义变量,变量名为 test,值为 123
[root@centos7 ~]# echo $test                      #调用变量,提取变量的值
[root@centos7 ~]# echo $testRMB
```

上面这条命令的返回值为空，因为没有定义一个名称是 testRMB 的变量，而且实际需要输出的应该是 123RMB。此时就需要使用{}分隔变量名和其他字符。

```
[root@centos7 ~]# echo ${test}RMB                 #正确返回 123RMB
123RMB
[root@centos7 ~]# echo $test-yuan
123-yuan
[root@centos7 ~]# echo $test:yuan
123:yuan
[root@centos7 ~]# echo $test yuan
123 yuan
[root@centos7 ~]# unset test                      #取消变量定义
[root@centos7 ~]# echo $test                      #返回的结果为空
```

虽然这三条命令都没有使用{}分隔变量名与其他字符，但最后返回值也不为空白，因为 Shell 变量名称仅可以由字母、数字、下画线组成，不可能包括特殊符号（如横线、冒号、空格等），所以系统不会把特殊符号当作变量名的一部分，系统会理解变量名为 test，后面是其他跟变量名无关的字符串。下面我们看一个简单的使用变量的案例。

```
[root@centos7 ~]# vim sys_info.sh
```

```
#!/bin/bash
#描述信息：本脚本主要目的是获取主机的数据信息（内存、网卡 IP、CPU 负载）
localip=$(ifconfig eth0 | grep netmask | tr -s " " | cut -d" " -f3)
mem=$(free |grep Mem | tr -s " " | cut -d" " -f7)
cpu=$(uptime | tr -s " " | cut -d" " -f13)
echo "本机 IP 地址是:$localip"
echo "本机内存剩余容量为:$mem"
echo "本机 CPU 15min 的平均负载为:$cpu"
```

脚本案例解析如下。

这个脚本中定义了三个变量，三个变量值都是命令的返回结果，因此每次执行脚本时变量值都有可能发生变化。但是，不管变量值怎么变化，脚本都可以在最后正常地输出这些变量值。

第一个变量，localip 存储本机 eth0 网卡的 IP 地址，这里假设系统中有 eth0 网卡并且配置了 IP 地址。第二个变量，mem 存储本机内存剩余的容量。第三个变量，cpu 存储本机 CPU 15min 内的平均负载。

在获取这三个变量值的语句中，都使用了 tr 和 cut 命令，tr -s 后面使用引号引用了一个空格，作用是将管道传送的数据中连续的多个空格合并为一个空格。如果-s 选项后面使用引号引用其他的字符，则效果也一样，可以把多个连续的特定字符合并为一个字符。而使用 cut 命令，可以帮助我们获取数据的特定列（使用-f 选项指定需要获取的列数），并且可以通过-d 选项设置以什么字符为列的分隔符。具体参考下面的案例。

```
[root@centos7 ~]# echo "aaa bbb" | tr -s "a"          #将多个连续的 a 合并为一个 a
a bbb
[root@centos7 ~]# echo "a---b---c" | tr -s "-"        #将多个连续的-合并为一个-
a-b-c
[root@centos7 ~]# echo "A B C" | cut -d" " -f2        #以空格为分隔符,获取第二列
B
[root@centos7 ~]# echo "A-B-C" | cut -d"-" -f3        #以-为分隔符,获取第三列
C
[root@centos7 ~]# echo "AcBcC" | cut -d"c" -f2        #以 c 为分隔符,获取第二列
B
```

上面介绍的是用户自定义变量，接下来了解系统预设变量。系统预设变量，顾名思义就是系统已经预先设置好的变量，不需要用户自己定义便可以直接使用的变量。系统预设变量基本都是以大写字母或使用部分特殊符号为变量名[1]。表 1-5 中列举了系统中常见的系统预设变量。

表 1-5　常见的系统预设变量

变量名	描述
UID	当前账户的账户ID号
USER	当前账户的账户名称
HISTSIZE	当前终端的最大历史命令条目数量（最多可以记录多少条历史命令）
HOME	当前账户的根目录
LANG	当前环境使用的语言
PATH	命令搜索路径
PWD	返回当前工作目录
RANDOM	随机返回0至32767的整数
$0	返回当前命令的名称（$0、$1、$2、等，也叫位置变量）
$n	返回位置参数，如$1（第一个位置参数）、$2等，数字大于9时必须使用${n}
$#	命令参数的个数
$*	命令行的所有参数，“$*”所有的参数作为一个整体
$@	命令行的所有参数，“$@”所有的参数作为独立的个体
$?	返回上一条命令退出时的状态代码（一般来说，0代表正确，非0代表失败）
$$	返回当前进程的进程号
$!	返回最后一个后台进程的进程号

系统预设变量可以细分为：环境变量、位置变量、预定义变量、自定义变量。在实际编写脚本时能够在合适的地方应用合适的变量即可，这里不再细化讲解。

编写脚本案例并调用这些系统预设变量，查看执行效果。

```
[root@centos7 ~]# vim sys_var.sh
```

```
#!/bin/bash
```

1. 自定义变量的变量名不可以使用特殊符号，但系统预设变量中有些变量名是包含特殊符号的。

```
echo "当前账户是:$USER,当前账户的 UID 是:$UID"
echo "当前账户的根目录是:$HOME"
echo "当前工作目录是:$PWD"
echo "返回 0~32767 的随机数:$RANDOM"
echo "当前脚本的进程号是:$$"
echo "当前脚本的名称为:$0"
echo "当前脚本的第 1 个参数是:$1"
echo "当前脚本的第 2 个参数是:$2"
echo "当前脚本的第 3 个参数是:$3"
echo "当前脚本的所有参数是:$*"
echo "准备创建一个文件..."
touch "$*"
echo "准备创建多个文件..."
touch "$@"

ls /etc/passwd
echo "我是正确的返回状态码:$?,因为上一条命令执行结果没有问题"
ls /etc/pas
echo "我是错误的返回状态码:$?,因为上一条命令执行结果有问题,提示无此文件"
```

```
[root@centos7 ~]# ./sys_var.sh A C 8 D        #下面加粗的部分为脚本输出的变量值
当前账户是:root,当前账户的 UID 是:0
当前账户的根目录是:/root
当前工作目录是:/root
返回 0~32767 的随机数:11951
当前脚本的进程号是:29772
当前脚本的名称为:./sys_var.sh
当前脚本的第 1 个参数是:A
当前脚本的第 2 个参数是:C
当前脚本的第 3 个参数是:8
当前脚本的所有参数是:A C 8 D
准备创建一个文件...
准备创建多个文件...
/etc/passwd
我是正确的返回状态码:0,因为上一条命令执行结果没有问题
ls: 无法访问/etc/pas: 没有那个文件或目录
我是错误的返回状态码:2,因为上一条命令执行结果有问题,提示无此文件
```

脚本解析如下。

当前登录的账户是root，所以$USER的值为root。默认root的账户ID号为 0，所以$UID的值为 0。管理员根目录为/root。因此，$HOME的值为/root。执行脚本时当前工作目录为管理员根目录，$PWD的值也是/root。$RANDOM[1]每次执行脚本都可能返回不同的值，这里返回的值为 11951。每次执行脚本时进程的进程号也是随机的，这里$$的结果是 29772。$0 显示当前脚本名称为sys_var.sh，$1 是执行脚本的第 1 个参数（这里执行脚本时给了 4 个参数：A C 8 D），因此$1 的值为A；$2 是执行脚本的第 2 个参数，也就是C，其他位置变量依此类推。$*会显示所有参数的内容。

因为“$*”将所有参数视为一个整体，因此创建了一个名称为“A C 8 D”的文件，空格也是文件名的一部分。而“$@”将所有参数视为独立的个体，因为 touch 名称创建了 4 个文件，分别是 A、C、8、D，使用 ls -l 命令可以查看得更清楚。

```
[root@centos7 ~]# ls -l
-rw-r--r-- 1 root root   0 8月  1 23:45 8
-rw-r--r-- 1 root root   0 8月  1 23:45 A
-rw-r--r-- 1 root root   0 8月  1 23:45 A C 8 D
-rw-r--r-- 1 root root   0 8月  1 23:45 C
-rw-r--r-- 1 root root   0 8月  1 23:45 D
```

“$?”返回上一条命令的退出状态代码，脚本中先执行 ls /etc/passwd，当这个命令被正确地执行后，“$0”返回的结果为 0。而当执行 ls /etc/pass 命令时，因为 pass 文件不存在，所以该命令报错无法找到该文件。此时，“$？”返回的退出状态码为 2（正确为 0，错误为非 0，但根据错误的情况不同，每个程序返回的具体数字也会有所不同）。

1.7　数据过滤与正则表达式

工作中经常需要使用脚本对数据进行过滤和筛选工作，Linux 系统提供了一个非常方便的 grep 命令，可以实现这样的功能。

描述：grep 命令可以查找关键词并打印匹配的行。

用法：grep [选项] 匹配模式 [文件]。

---

1. env 命令可以查看系统中所有预设的环境变量；set 命令可以查看系统中的所有变量，包括自定义变量。

常用选项：-i　　忽略字母大小写。
-v　　取反匹配。
-w　　匹配单词。
-q　　静默匹配，不将结果显示在屏幕上。

```
[root@centos7 ~]# grep th test.txt            #在 test.txt 文件中过滤包含 th 关键词的行
[root@centos7 ~]# grep -i the test.txt        #过滤包含 the 关键词的行（不区分字母大小写）
[root@centos7 ~]# grep -w num test.txt        #仅过滤 num 关键词（不会过滤 number 关键词）
[root@centos7 ~]# grep -v the test.txt        #过滤不包含 the 关键词的行
[root@centos7 ~]# grep -q root /etc/passwd    #不在屏幕上显示过滤的结果
```

在实际工作中，公司需要对外招聘人才，但大千世界人才众多，并不一定每个人都适合该岗位，这时我们可以用很多方法找到公司需要的人。常用的方法有两种：一，通过朋友介绍直接精准地定位人才；二，写招聘简章（对需要的人才进行描述：学历、经验、技能、语言等），写完后，通过招聘会、网络招聘等方式广纳人才，通常描述写得越细，越能快速精准地定位所需人才。

而正则表达式就是一种计算机描述语言，通过正则表达式可以直接告诉计算机所需要的是字母 A 并精确匹配定位，也可以告诉计算机需要的是 26 个字母中的任意一个字母进行匹配，等等。现在很多程序、文本编辑工具、编程语言都支持正则表达式，比如使用 grep 过滤时就可以使用正则匹配的方式查找数据。但任何语言都需要遵循一定的语法规则，正则表达式也不例外。正则表达式的发展经历了基本正则表达式与扩展正则表达式两个阶段，扩展正则表达式是在基本正则表达式的基础上添加了一些更加丰富的匹配规则而成的。在 Linux 世界中有句古老的说法“Everything is a file（一切皆文件）”，而且很多配置文件是纯文本文件，工作中，我们时常需要对大量的服务器进行配置的修改，如果以手动方式在海量数据中进行查找匹配并最终完成修改，则其效率极低。此时，使用正则表达式是非常明智的选择。接下来，我们分别了解每种表达式的具体规则。注意，正则表达式中有些匹配字符与 Shell 中的通配符符号一样，但含义却不同。

1）基本正则表达式（Basic Regular Expression）

表 1-6 列出了基本正则表达式及其含义。

表 1-6　基本正则表达式及其含义

字符	含义
c	匹配字母c
.	匹配任意单个字符
*	匹配前一个字符出现零次或多次
.*	匹配多个任意字符
[]	匹配集合中的任意单个字符，括号可以是任意数量字符的集合
[x-y]	匹配连续的字符串范围
^	匹配字符串的开头
$	匹配字符串的结尾
[^]	匹配否定，对括号中的集合取反
\	匹配转义后的字符串
\{n,m\}	匹配前一个字符重复n到m次
\{n,\}	匹配前一个字符重复至少n次
\{n\}	匹配前一个字符重复n次
\(\)	将\(与\)之间的内容存储在“保留空间”，最多可存储9个
\n	通过\1至\9调用保留空间中的内容

注意

由于模板文件的内容在每个系统中略有差异，因此以下案例的输出结果可能有所不同。

下面看几个使用基本正则表达式的案例。

```
[root@centos7 ~]# cp  /etc/passwd  /tmp/                    #复制素材模板文件
[root@centos7 ~]# grep "root" /tmp/passwd
#查找包含 root 的行（双引号内不是要匹配的内容，以下案例相同）
root:x:0:0:root:/root:/bin/bash
operator:x:11:0:operator:/root:/sbin/nologin
[root@centos7 ~]# grep  ":..0:"  /tmp/passwd
#查找:与“0:”之间包含任意两个字符的字符串，并显示该行
root:x:0:0:root:/root:/bin/bash
sync:x:5:0:sync:/sbin:/bin/sync
shutdown:x:6:0:shutdown:/sbin:/sbin/shutdown
halt:x:7:0:halt:/sbin:/sbin/halt
games:x:12:100:games:/usr/games:/sbin/nologin
avahi-autoipd:x:170:170:Avahi IPv4LL Stack:/var/lib/avahi-autoipd:/sbin/
nologin
```

```
[root@centos7 ~]# grep "00*" /tmp/passwd
#查找包含至少一个 0 的行（第一个 0 必须出现,第二个 0 可以出现 0 次或多次）
root:x:0:0:root:/root:/bin/bash                          #该行有两处匹配
sync:x:5:0:sync:/sbin:/bin/sync
shutdown:x:6:0:shutdown:/sbin:/sbin/shutdown
halt:x:7:0:halt:/sbin:/sbin/halt
uucp:x:10:14:uucp:/var/spool/uucp:/sbin/nologin
operator:x:11:0:operator:/root:/sbin/nologin
games:x:12:100:games:/usr/games:/sbin/nologin            #匹配 0 出现 2 次
gopher:x:13:30:gopher:/var/gopher:/sbin/nologin
ftp:x:14:50:FTP User:/var/ftp:/sbin/nologin
avahi-autoipd:x:170:170:Avahi IPv4LL
Stack:/var/lib/avahi-autoipd:/sbin/nologin
avahi:x:70:70:Avahi mDNS/DNS-SD Stack:/var/run/avahi-daemon:/sbin/nologin
[root@centos7 ~]# grep "o[os]t" /tmp/passwd
#查找包含 oot 或 ost 的行
root:x:0:0:root:/root:/bin/bash
operator:x:11:0:operator:/root:/sbin/nologin
postfix:x:89:89::/var/spool/postfix:/sbin/nologin
[root@centos7 ~]# grep "[0-9]" /tmp/passwd
#查找包含 0~9 数字的行（输出内容较多，这里为部分输出）
root:x:0:0:root:/root:/bin/bash
bin:x:1:1:bin:/bin:/sbin/nologin
daemon:x:2:2:daemon:/sbin:/sbin/nologin
adm:x:3:4:adm:/var/adm:/sbin/nologin
lp:x:4:7:lp:/var/spool/lpd:/sbin/nologin
sync:x:5:0:sync:/sbin:/bin/sync
[root@centos7 ~]# grep "[f-q]" /tmp/passwd
#查找包含 f~q 字母的行（f 到 q 之间的任意字母都可以,输出内容较多,这里为部分输出）
root:x:0:0:root:/root:/bin/bash
bin:x:1:1:bin:/bin:/sbin/nologin
daemon:x:2:2:daemon:/sbin:/sbin/nologin
adm:x:3:4:adm:/var/adm:/sbin/nologin
lp:x:4:7:lp:/var/spool/lpd:/sbin/nologin
[root@centos7 ~]# grep "^root" /tmp/passwd
#查找以 root 开头的行
root:x:0:0:root:/root:/bin/bash
[root@centos7 ~]# grep "bash$" /tmp/passwd
#查找以 bash 结尾的行
root:x:0:0:root:/root:/bin/bash
```

```
[root@centos7 ~]# grep "sbin/[^n] " /tmp/passwd
#查找 sbin/后面不跟 n 的行
shutdown:x:6:0:shutdown:/sbin:/sbin/shutdown
halt:x:7:0:halt:/sbin:/sbin/halt
[root@centos7 ~]# grep "0\{1,2\}" /tmp/passwd
#查找数字 0 出现最少 1 次、最多 2 次的行
root:x:0:0:root:/root:/bin/bash
sync:x:5:0:sync:/sbin:/bin/sync
shutdown:x:6:0:shutdown:/sbin:/sbin/shutdown
halt:x:7:0:halt:/sbin:/sbin/halt
uucp:x:10:14:uucp:/var/spool/uucp:/sbin/nologin
operator:x:11:0:operator:/root:/sbin/nologin
games:x:12:100:games:/usr/games:/sbin/nologin
gopher:x:13:30:gopher:/var/gopher:/sbin/nologin
ftp:x:14:50:FTP User:/var/ftp:/sbin/nologin
avahi-autoipd:x:170:170:Avahi IPv4LL
Stack:/var/lib/avahi-autoipd:/sbin/nologin
avahi:x:70:70:Avahi mDNS/DNS-SD Stack:/var/run/avahi-daemon:/sbin/nologin
[root@centos7 ~]# grep "\(root\).*\1" /tmp/passwd
#查找两个 root 之间可以是任意字符的行。注意，这里使用\(root\)将 root 保留，后面的\1 再次调用 root，类似于前面复制 root，后面粘贴 root
root:x:0:0:root:/root:/bin/bash
[root@centos7 ~]# grep "^$" /tmp/passwd
#过滤文件的空白行
[root@centos6 test]# grep -v "^$" /tmp/passwd
#过滤文件的非空白行
```

2）扩展正则表达式（Extended Regular Expression）

表 1-7 列出了扩展正则表达式及其含义。

表 1-7　扩展正则表达式及其含义

字符	含义
{n,m}	等同于基本正则表达式的\{n,m\}
+	匹配前的字符出现一次或多次
?	匹配前的字符出现零次或一次
|	匹配逻辑或，即匹配|前或后的字串
()	匹配正则集合，同时也有保留的意思，等同于基本正则表达式的\(\)

再看几个使用扩展正则表达式的案例，由于输出信息与基本正则表达式类似，这里仅写出命令而不再打印输出信息。另外 grep 命令默认不支持扩展正则表达式，需要使用 grep -E 或者使用 egrep 命令进行扩展正则表达式的过滤。

```
[root@centos7 ~]# egrep "0{1,2}" /tmp/passwd
#查找数字 0 出现最少 1 次最多 2 次的行
[root@centos7 ~]# egrep "0+" /tmp/passwd
#查找包含至少一个 0 的行
[root@centos7 ~]# egrep " (root|admin) " /tmp/passwd
#查找包含 root 或者 admin 的行
```

3）POSIX 规范的正则表达式

由于基本正则表达式会有语系的问题，所以这里需要了解 POSIX 规范的正则表达式规则。例如，在基本正则表达式中可以使用 a~z 来匹配所有字母，但如果需要匹配的对象是中文字符怎么办呢？或是像“ث”这样的阿拉伯语字符怎么办？所以使用 a~z 匹配仅针对英语语系中的所有字母，POSIX 其实是由一系列规范组成的，这里仅介绍 POSIX 正则表达式规范。POSIX 正则表达式规范帮助我们解决语系问题，另外 POSIX 规范的正则表达式也比较接近于自然语言。表 1-8 列出了 POSIX 规范字符集。

表 1-8 POSIX规范字符集

字符集	含义	字符集	含义
[:alpha:]	字母字符	[:graph:]	非空格字符
[:alnum:]	字母与数字字符	[:print:]	任意可以显示的字符
[:cntrl:]	控制字符	[:space:]	任意可以产生空白的字符
[:digit:]	数字字符	[:blank:]	空格与Tab键字符
[:xdigit:]	十六进制数字字符	[:lower:]	小写字符
[:punct:]	标点符号	[:upper:]	大写字符

Linux 允许通过方括号使用 POSIX 标准规范，如[[:alnu:]]将匹配任意单个字母数字字符，下面通过几个简单的例子来说明用法。由于过滤输出的内容较多，以下仅为部分输出。

```
[root@centos7 ~]# grep "[[:digit:]]" /tmp/passwd
root:x:0:0:root:/root:/bin/bash
bin:x:1:1:bin:/bin:/sbin/nologin
daemon:x:2:2:daemon:/sbin:/sbin/nologin
```

```
[root@centos7 ~]# grep "[[:alpha:]]"  /tmp/passwd
root:x:0:0:root:/root:/bin/bash
bin:x:1:1:bin:/bin:/sbin/nologin
daemon:x:2:2:daemon:/sbin:/sbin/nologin
[root@centos7 ~]# grep "[[:punct:]]" /tmp/passwd
root:x:0:0:root:/root:/bin/bash
bin:x:1:1:bin:/bin:/sbin/nologin
daemon:x:2:2:daemon:/sbin:/sbin/nologin
[root@centos7 ~]# grep [[:space:]] /tmp/passwd
ftp:x:14:50:FTP User:/var/ftp:/sbin/nologin
vcsa:x:69:69:virtual console memory owner:/dev:/sbin/nologin
```

4）GNU 规范

Linux 中的 GNU 软件一般支持转义元字符，这些转义元字符有：\b（边界字符，匹配单词的开始或结尾），\B（与\b 为反义词，\Bthe\B 不会匹配单词 the，仅会匹配 the 在中间的单词，如 atheist），\w（等同于[_[:alnum:]]），\W（等同于[^_[:alnum:]]）。另外有部分软件支持使用\d 表示任意数字，\D 表示任意非数字。\s 表示任意空白字符（空格、制表符等），\S 表示任意非空白字符。

接下来看几个简单的例子。

```
[root@centos7 ~]# grep "i\b"  /tmp/passwd              #匹配 i 结尾的单词
avahi-autoipd:x:170:170:Avahi IPv4LL Stack:/var/lib/avahi-autoipd:/sbin/nologin
avahi:x:70:70:Avahi mDNS/DNS-SD Stack:/var/run/avahi-daemon:/sbin/nologin
[root@centos6 ~]# grep "\W"  /tmp/passwd
#匹配所有非字母、数字及下画线组合的内容
root:x:0:0:root:/root:/bin/bash
bin:x:1:1:bin:/bin:/sbin/nologin
daemon:x:2:2:daemon:/sbin:/sbin/nologin
[root@centos7 ~]# grep "\w"  /tmp/passwd
#匹配所有字母、数字及下画线组合的内容（内容太多，这里不再显示输出内容）
[root@centos7 ~]# /usr/bin/grep -P --color "\d" /etc/passwd
#默认 grep 仅支持基本正则表达式,使用-P 让 grep 支持 perl 兼容的正则表达式（下面的结果仅为部分输出内容）
root:x:0:0:root:/root:/bin/bash
bin:x:1:1:bin:/bin:/sbin/nologin
daemon:x:2:2:daemon:/sbin:/sbin/nologin
[root@centos7 ~]# /usr/bin/grep -P --color "\D" /etc/passwd
（省略输出内容）
```

1.8 各式各样的算术运算

Shell 支持多种算术运算，可以使用$((表达式))、$[表达式]、let 表达式进行整数的算术运算，注意这些命令无法执行小数运算；使用 bc 命令可以进行小数运算。表 1-9 列出了常用运算符号。

表 1-9 常用运算符号

运算符号	含义描述
++	自加1
--	自减1
+	加法
-	减法
*	乘法
/	除法
**	求幂
%	取余（求模）
+=	自加任意数
-=	自减任意数
*=	自乘任意数
/=	自除任意数
%=	对任意数取余
&&	逻辑与
||	逻辑或
>	大于
>=	大于或等于
<	小于
<=	小于或等于
表达式?表达式:表达式	根据表达式的结果，返回特定的值

下面根据以上这些运算符号，结合具体命令，通过$(())和$[]的方式演示实际运算的效果，这两种计算方式都支持对变量进行计算。

```
[root@centos7 ~]# echo $((2+4))
6
[root@centos7 ~]# echo $((2-4))
```

```
-2
[root@centos7 ~]# echo $((2*4))
8
[root@centos7 ~]# echo $((2**4))                #2 的 4 次幂
16
[root@centos7 ~]# echo $((10%3))                #10 除以 3 后返回余数
1
[root@centos7 ~]# x=2                           #定义变量并赋值
[root@centos7 ~]# echo $((x+=2))                #x=x+2 (x=2+2)
4
[root@centos7 ~]# echo $((x*=3))                #x=x×3  (x=4×3)
12
[root@centos7 ~]# echo $((x%=2))                #x=x%2  (x=8%2)
0
[root@centos7 ~]# x=2 ; y=3                     #定义 2 个变量并赋值
[root@centos7 ~]# echo $((x*y))
6
[root@centos7 ~]# echo $x $y                    #x,y 自身的值不变
2 3
[root@centos7 ~]# echo $((3>2&&5>3))            #仅当&&两边的表达式都为真时,返回 1
1
[root@centos7 ~]# echo $((3>2&&5>9))            #当&&两边的表达式任意为假时,返回 0
0
[root@centos7 ~]# echo $((3>8&&5>9))
0
[root@centos7 ~]# echo $((1>2||5>8))            #仅当||两边的表达式都为假时,返回 0
0
[root@centos7 ~]# echo $((3>2||5>9))         #当||两边的表达式任意一个为真时,返回 1
1
[root@centos7 ~]# echo $((1>2||5>2))
1
[root@centos7 ~]# echo $[2+8]
10
[root@centos7 ~]# echo $[2**8]
256
[root@centos7 ~]# x=3 ; y=5
[root@centos7 ~]# echo $[x+y]
8
[root@centos7 ~]# echo $[x*y]
15
```

```
[root@centos7 ~]# echo $[1+2*3]          #先计算乘除法,再计算加减法
7
[root@centos7 ~]# echo $[(1+2)*3]        #使用()让计算机先计算加减法,再计算乘除法
9
[root@centos7 ~]# echo $[x>y?2:3]        #如果 x 大于 y,返回 2,否则返回 3
3
[root@centos7 ~]# echo $[y>x?2:3]        #如果 y 大于 x,返回 2,否则返回 3
2
[root@centos7 ~]# echo $[y>x?2+2:3*5]
4
[root@centos7 ~]# echo $[x>y?2+2:3*5]
15
```

接下来，学习使用内置命令 let 进行算术运算的案例。注意，使用 let 命令计算时，默认不会输出运算的结果，一般需要将运算的结果赋值给变量，通过变量查看运算结果。另外，使用 let 命令对变量进行计算时，不需要在变量名前添加$符号。

```
[root@centos7 ~]# let 1+2                          #无任何输出结果
[root@centos7 ~]# x=5                              #变量赋初始值
[root@centos7 ~]# let x++                          #x=x+1 (x=5+1)
[root@centos7 ~]# echo $x
6
[root@centos7 ~]# let x*=2 ; echo $x               #x=x×2 (x=6×2)
12
[root@centos7 ~]# let i=1+2*3;echo $i
7
[root@centos7 ~]# let i=(1+2)*3;echo $i
9
[root@centos7 ~]# let 2.2+5.5                      #注意,let 无法进行小数运算
invalid arithmetic operator
```

最后，注意在使用++或--运算符号时，x++和++x 的结果是不同的，x--和--x 的结果也不同。x++是先调用 x 再对 x 自加 1，++x 是先对 x 自加 1 再调用 x；x--是先调用 x 再对 x 自减 1，--x 是先对 x 自减 1 再调用 x。

```
[root@centos7 ~]# x=1                    #变量赋初始值
[root@centos7 ~]# echo $[x++]            #先调用 x,屏幕显示 1,再对 x 自加 1
1
```

```
[root@centos7 ~]# echo $x                    #此时 x 的值已经为 2
2
[root@centos7 ~]# x=6                        #变量赋初始值
[root@centos7 ~]# echo $[x--]                #先调用 x,屏幕显示 6,再对 x 自减 1
6
[root@centos7 ~]# echo $x                    #此时 x 的值已经为 5
5
[root@centos7 ~]# x=1
[root@centos7 ~]# echo $[++x]                #先对 x 自加 1,再显示,结果为 2
2
[root@centos7 ~]# x=6
[root@centos7 ~]# echo $[--x]                #先对 x 自减 1,再显示,结果为 5
5
```

Bash 仅支持对整数的四则运算，不支持对小数的运算。如果我们需要在脚本中对任意精度的小数进行运算甚至编写计算函数，则可以使用 bc 计算器实现。bc 计算器支持交互和非交互两种执行方式。

先看看在交互模式下的计算方式，一行代码为一条命令，可以进行多次计算。下面加粗的部分为手动输入的内容，斜体输出的内容是计算结果。

```
[root@centos7 ~]# bc
bc 1.06.95
Copyright 1991-1994, 1997, 1998, 2000, 2004, 2006 Free Software Foundation,
Inc.
1.5+3.2
4.7
# 2 除以 10 的结果,默认仅显示整数部分的值
2/10
0
#通过 bc 计算器中的内置变量 scale,可以指定需要保留的小数点位数
scale=2
2/10
.20
#在 bc 计算器中使用^计算幂运算
2^3
8
#使用 quit 命令退出 bc 计算器
quit
```

除了在交互模式下使用 bc 计算器，还可以通过非交互的方式进行计算。而且通过 bc 计算器的另外两个内置变量 ibase（in）和 obase（out）可以进行进制转换，ibase 用来指定输入数字的进制，obase 用来设置输出数字的进制，默认输入和输出的数字都是十进制的。

```
[root@centos7 ~]# x=$(echo "(1+2)*3" | bc)
[root@centos7 ~]# echo $x
9
[root@centos7 ~]# echo "2+3;scale=2;8/19" | bc
5
.42
[root@centos7 ~]# echo "obase=2;10" | bc    #输入十进制的 10,输出对应的二进制
1010
[root@centos7 ~]# echo "obase=8;10" | bc    #十进制转八进制
12
[root@centos7 ~]# echo "obase=16;10" | bc  #十进制转十六进制
A
[root@centos7 ~]# echo "ibase=2;11" | bc    #输入二进制,输出对应的十进制
3
[root@centos7 ~]# echo "ibase=16;FF" | bc  #十六进制转十进制
255
[root@centos7 ~]# echo "obase=2;2+8" | bc  #输入十进制,输出二进制结果
1010
[root@centos7 ~]# echo "length(22833)" | bc    #统计数字的长度
5
```

通过计算我们可以解决现实中的很多问题，下面这个需要计算结果的脚本案例中的每个部分都可以独立出来单独运行，也可以合并在一个文件中统一执行。

```
[root@centos7 ~]# vim calc.sh
```

```
#!/bin/bash
#计算 1+2+3,...,+n 的和,可以使用 n*(n+1)/2 公式快速计算结果
read -p "请输入一个正整数:" num
sum=$[num*(num+1)/2]
echo -e "\033[32m$num 以内整数的总和是:$sum\033[0m"

#使用三角形的底边和高计算面积:A=1/2bh
read -p "请输入三角形底边长度:" bottom
```

```
read -p "请输入三角形高度:" hight
A=$(echo "scale=1;1/2*$bottom*$hight" | bc)
echo -e "\033[32m三角形面积是:$A\033[0m"

#梯形面积:(上底边长度+下底边长度)*高/2
read -p "请输入梯形上底边长度:" a
read -p "请输入梯形下底边长度:" b
read -p "请输入梯形高度:" h
A=$(echo "scale=2;($a+$b)*$h/2" | bc)
echo -e "\033[32m梯形面积是:$A\033[0m"

#使用A=πr^2公式计算圆的面积,取2位小数点精度,π=3.14
read -p "请输入圆的半径:" r
A=$(echo "scale=2;3.14*$r^2" | bc)
echo -e "\033[32m圆的面积是:$A\033[0m"

echo "3282820KiB等于多少GiB?"
G=$(echo "32828920/1024/1024" | bc)
echo -e "\003[32m答案${G}G\033[0m"
#注意使用{}防止变量名歧义

#时间格式转化
read -p "请输入秒数:" sec
ms=$[sec*1000]
echo -e "\033[32m$sec秒=$ms毫秒\033[0m"
us=$[sec*1000000]
echo -e "\033[32m$sec秒=$us微秒\033[0m"
hour=$(echo "scale=2;$sec/60/60"|bc)
echo -e "\033[32m$sec秒=$hour小时\033[0m"
```

2

第 2 章 人工智能，很人工、很智能的脚本

写脚本时，为了让脚本更接近人类思考问题的方式，可以对各种情况进行判断。例如，经常需要判断某些条件是否成立，如果条件成立该如何处理，如果条件不成立又该如何处理，这些都可以通过 Shell 脚本的 if 语句结合各种条件判断来实现。

2.1 智能化脚本的基础之测试

在 Shell 中可以使用多种方式进行条件判断，如[[表达式]]、[表达式]或者 test 表达式。使用条件表达式可以测试文件属性，进行字符或数字的比较。需要注意的是，不管使用哪种方式进行条件判断，系统默认都不会有任何输出结果，可以通过 echo $?命令，查看上一条命令的退出状态码，或者使用&&和||操作符结合其他命令进行结果的输出操作。

> **警告**
> 表达式两边必须有空格，否则程序会出错。使用[[]]和 test 进行排序比较时，使用的比较符号不同。在 test 或[]中不能直接使用<或>符号进行排序比较。

如果需要在一行代码中输入多条命令，在 Shell 中可以使用;（分号）、&&（与）、||（或）这三个符号将多个命令分隔。其中;（分号）是按顺序执行命令，分号前后的命令可以没有任何逻辑关系。例如，输入“A 命令;B 命令”，系统会先执行 A 命令，不管 A 命令执行结果如何，都会执行 B 命令。整个命令的退出码以最后一条命令为准，B 命令如果执行成功则退出码为 0，B 命令如果执行失败则退出码为非 0。而使用&&（与）符号分隔多条命令时，仅当前一条命令执行成功后，才会执行&&后面的命令。例如，输入“A 命令&&B 命令”，系统会先执行 A 命令，如果 A 命令执行成功则执行 B 命令，如果 A 命令执行失败则不执行 B 命令。而整行命令的退出码取决于两条命令是否同时执行成功，如果 A 命令执行成功并且 B 命令执行也成功，则整行命令的退出码为 0，而 A 命令或 B 命令中的任何一条命令执行失败，则整行命令的退出码为非 0。如果使用||（或）符号分隔多条命令，仅当前一条命令不执行或执行失败后才执行后一条命令。例如，输入“A 命令||B 命令”，因为 A 命令是命令行的第一条命令，所以一定会执行，如果 A 命令执行成功了就不再执行 B 命令，如果 A 命令执行失败，则执行 B 命令，A 命令和 B 命令为二选一的关系。A 命令或 B 命令中有任何一条命令的退出码为 0，则整行命令的退出码就是 0，否则返回非 0。

2.2　字符串的判断与比较

下面的表达式使用 test 或[]测试的效果是一样，表达式中可以使用变量。

```
[root@centos7 ~]# test a == a                         #测试字符串是否相等
```

使用$?查看上一条命令的退出码，0 代表正确（true），非 0 代表错误（false）。

```
[root@centos7 ~]# echo $?
0
[root@centos7 ~]# test a == b ; echo $?
1
[root@centos7 ~]# test a != b ; echo $?               #测试字符串是否不相等
0
[root@centos7 ~]# [ $USER == root ];echo $?          #与使用 test 命令测试结果一致
0
```

下面的测试，因为当前用户是 root，测试结果为真，所以会执行 echo Y 命令，而当 echo Y 命令执行并成功后，则不再执行 echo N，结果屏幕仅显示 Y。

```
[root@centos7 ~]# [ $USER == root ] && echo Y || echo N
Y
```

下面测试当前用户不是 root，然而因为当前用户是 root，所以结果为假，不会执行 echo Y 命令，而当 echo Y 命令未执行时，则执行 echo N 命令，最终屏幕仅输出显示 N。

```
[root@centos7 ~]# [ $USER != root ] && echo Y || echo N
N
```

在表达式中使用-z 可以测试一个字符串是否为空，下面测试一个未定义的变量 TEST，如果变量值为空则屏幕显示 Y，否则显示 N。

```
[root@centos7 ~]# [ -z $TEST ] && echo Y || echo N
Y
[root@centos7 ~]# TEST=123456                    #定义变量并赋值
[root@centos7 ~]# [ -z $TEST ] && echo Y || echo N
N
```

在 Shell 中进行条件测试时一定要注意空格问题。使用[]测试时，左方括号右边和右方括号左边都必须有空格。而且测试的比较符号两边也必须都有空格。

```
[root@centos7 ~]# [test == beijing]              #前后括号都缺少空格,系统报错
bash: [test: command not found...
```

下面这个例子==符号两边没有空格，无论怎么测试结果都为真，编写脚本时这种 Bug 系统不会提示语法错误，但程序结果有可能是错误的。

```
[root@centos7 ~]# [ test==root ];echo $?
0
[root@centos7 ~]# [ 1==2 ];echo $?
0
```

我们还可以使用-z 测试一个字符串是否非空（变量值不为空）。但是在实际应用时最

好将测试对象使用双引号引起来。

```
[root@centos7 ~]# TEST=123456
[root@centos7 ~]# [ -n $TEST ] && echo Y || echo N  #TEST 非空显示 Y,否则显示 N
Y
```

这样看起来没什么问题。但是，当测试一个未定义的变量时就会出故障。下面测试一个未定义的变量 Jacob 是否非空。为什么 Jacob 的度量值明明为空，但测试却说该变量值不为空呢？

```
[root@centos7 ~]# [ -n $Jacob ] && echo Y || echo N
Y
```

因为，当$Jacob为空时，等同于执行了下面的第一条命令，是在测试一个空格是否为空值。而计算机理解空格也是有值的，并非没有值（空值），所以这样的测试结果总为真；但程序的逻辑其实已经出错了。为了防止类似这种错误，可以将变量使用双引号[1]引起来。

```
[root@centos7 ~]# [ -n ] && echo Y || echo N
Y
[root@centos7 ~]# [ -n "$Jacob" ] && echo Y || echo N
N
```

2.3　整数的判断与比较

比较两个数字可能的结果有等于、不等于、大于、大于或等于、小于、小于或等于这么几种情况，在 Shell 脚本中支持对整数的比较判断，可以使用如表 2-1 所示的符号进行比较运算。

表 2-1　整数的比较运算符

符号	含义
-eq	等于（equal）

1. 单引号会屏蔽特殊符号，会将$变成一个普通字符，所以这里不能使用单引号。

续表

符号	含义
-ne	不等于（not equal）
-gt	大于（greater than）
-ge	大于或等于（greater than or equal）
-lt	小于（less than）
-le	小于或等于（less or equal）

```
[root@centos7 ~]# test 3 -eq 3 && echo Y || echo N          #3 等于 3 吗
Y
[root@centos7 ~]# test 3 -ne 3 && echo Y || echo N          #3 不等于 3 吗
N
[root@centos7 ~]# [ 6 -gt 4 ] && echo Y || echo N           #6 大于 4 吗
Y
[root@centos7 ~]# [ 6 -gt 9 ] && echo Y || echo N           #6 大于 9 吗
N
[root@centos7 ~]# [ 6 -ge 4 ] && echo Y || echo N           #6 大于或等于 4 吗
Y
[root@centos7 ~]# [ 6 -ge 6 ] && echo Y || echo N           #6 大于或等于 6 吗
Y
[root@centos7 ~]# [ 6 -lt 9 ] && echo Y || echo N           #6 小于 9 吗
Y
[root@centos7 ~]# [ 6 -lt 3 ] && echo Y || echo N           #6 小于 3 吗
N
[root@centos7 ~]# [ 6 -lt 6 ] && echo Y || echo N           #6 小于 6 吗
N
[root@centos7 ~]# [ 6 -le 3 ] && echo Y || echo N           #6 小于或等于 3 吗
N
[root@centos7 ~]# [ 6 -le 6 ] && echo Y || echo N           #6 小于或等于 6 吗
Y
[root@centos7 ~]# [ $UID -eq 0 ] && echo Y || echo N        #当前用户是 root 吗
Y
```

下面这个案例使用 grep 命令结合正则表达式，从 meminfo 文件中过滤当前系统剩余可用的内存容量，剩余容量以 KiB 为单位，最后测试剩余可用容量是否小于或等于 500MiB。

```
[root@centos7 ~]# grep Available /proc/meminfo  | egrep -o "[0-9]+"
814312
```

grep 命令使用-o 选项可以仅显示匹配内容，而不显示全行所有内容。

```
[root@centos7 ~]# mem_free=$(grep Available /proc/meminfo  | egrep -o
"[0-9]+")
[root@centos7 ~]# [ $mem_free -le 512000 ] && echo Y || echo N
N
```

接下来使用 ps 命令，查看系统中所有启动的进程列表信息，结合 wc 命令还可以统计当前系统中已经启动的进程数量。这样，就可以判断是否启动了超过 100 个进程。

```
[root@centos7 ~]# ps aux | wc -l
118
[root@centos7 ~]# procs=$(ps aux | wc -l)
[root@centos7 ~]# [ $procs -gt 100 ] && echo Y || echo N
Y
```

最后，可以使用 wc 命令统计/etc/passwd 文件的行数（有多少行就表示系统中有多少个账户），判断当前系统账户数量是否大于或等于 30 个。

```
[root@centos7 ~]# num=$(cat /etc/passwd | wc -l)
[root@centos7 ~]# [ $num -ge 30 ] && echo Y || echo N
Y
```

2.4 文件属性的判断与比较

Shell 支持大量对文件属性的判断，常用的文件属性操作符很多，如表 2-2 所示。更多文件属性操作符可以参考命令帮助手册（man test）。

表 2-2　文件属性操作符

操作符	功能描述
-e file	判断文件或目录是否存在，存在返回真，否则返回假

续表

操作符	功能描述
-f file	判断存在且为普通文件
-d file	判断存在且为目录
-b file	判断存在且为块设备文件（如磁盘，U盘等设备）
-c file	判断存在且为字符设备文件（如键盘、鼠标等设备）
-L file	判断存在且为软链接文件
-p file	判断存在且为命名管道
-r file	判断存在且当前用户对该文件具有可读权限
-w file	判断存在且当前用户对该文件具有可写权限
-x file	判断存在且当前用户对该文件具有可执行权限
-s file	判断存在且文件大小非空
file1 -ef file2	两个文件使用相同设备、相同inode编号，则返回真，否则返回假
file1 -nt file2	file1比file2更新[1]时返回真；或者file1存在而file2不存在时返回真
file1 -ot file2	file1比file2更旧时返回真；或者file2存在而file1不存在时返回真

首先，需要创建几个用于演示的文件和目录，注意创建文件时最好间隔一定的时间，让两个文件的最后修改时间有点间隔。

```
[root@centos7 ~]# touch ver1.txt
[root@centos7 ~]# touch ver2.txt
[root@centos7 ~]# mkdir test
[root@centos7 ~]# [ -e ver1.txt ] && echo 对 || echo 错      #判断文件是否存在
对
[root@centos7 ~]# [ -e test ] && echo 对 || echo 错          #判断目录是否存在
对
[root@centos7 ~]# [ ! -e ver1.txt ] && echo 对 || echo 错 #判断文件是否不存在
错
[root@centos7 ~]# [ -f ver1.txt ] && echo 对 || echo 错      #判断存在,且为文件
对
[root@centos7 ~]# [ ! -f ver1.txt ] && echo 对 || echo 错 #判断该文件不存在
错
[root@centos7 ~]# [ -f test/ ] && echo 对 || echo 错         #因为不是文件,结果错
错
```

1. 所谓的更新与更旧，是以文件的最后修改时间为标准的。

```
[root@centos7 ~]# [ -d test/ ] && echo 对 || echo 错          #判断存在,且为目录
对
[root@centos7 ~]# [ -d ver1.txt ] && echo 对 || echo 错      #因为不是目录,结果错
错
```

下面这个测试，假设系统中有某个磁盘设备，使用-b 测试该设备是否存在，且当该设备为块设备时返回值为真，否则返回值为假。

```
[root@centos7 ~]# [ -b /dev/sda ] && echo 是 || echo 不是
是
[root@centos7 ~]# [ -b /etc/passwd ] && echo 是 || echo 不是
不是
```

Linux系统中的文件链接分为软链接和硬链接两种。软链接创建后，如果源文件被删除，则软链接将无法继续使用，可以跨分区和磁盘创建软链接。硬链接创建后，如果源文件被删除，则硬链接依然可以正常使用、正常读写数据，但硬链接不可以跨分区或磁盘创建。另外，硬链接与源文件使用的是相同的设备、相同的inode编号。使用ls -l[1]命令查看硬链接文件的属性时，文件属性与普通文件是一样的，而软链接的文件属性则可以看到被l标记，表示该文件为软链接。

```
[root@centos7 ~]# ln -s /etc/hosts /root/soft                 #创建软链接
[root@centos7 ~]# ln /etc/hosts /root/hard                    #创建硬链接
[root@centos7 ~]# ls -l /root/soft
lrwxrwxrwx. 1 root root 10 9月  16 20:52 /root/soft -> /etc/hosts
[root@centos7 ~]# ls -l /root/hard
-rw-r--r--. 3 root root 158 9月  15 15:24 /root/hard
[root@centos7 ~]# [ -L /root/soft ] && echo 是 || echo 不是 #判断是否为软链接
是
[root@centos7 ~]# [ ! -L /root/soft ] && echo 是 || echo 不是 #判断不是软链接
错
[root@centos7 ~]# [ -L /root/hard ] && echo 是 || echo 不是
不是
[root@centos7 ~]# [ /root/hard-ef /etc/hosts ] && echo Y || echo N
Y
```

[1] 这里是小写字母 L。

在测试权限时需要注意，超级管理员root在没有rw权限的情况下，也是可以读写文件的，rw权限对超级管理员是无效的。但是如果文件没有x权限，哪怕是root也不可以执行该文件。

```
[root@centos7 ~]# ls -l ver1.txt
-rw-r--r--. 1 root root 0 9月  13 17:42 ver1.txt
[root@centos7 ~]# [ -r ver1.txt ] && echo Y || echo N
Y
[root@centos7 ~]# chmod -r ver1.txt                       #删除r权限
[root@centos7 ~]# [ -r ver1.txt ] && echo Y || echo N     #测试结果依然为真
Y
[root@centos7 ~]# [ ! -r ver1.txt ] && echo Y || echo N   #测试不可读
N
[root@centos7 ~]# chmod -w ver1.txt                       #删除w权限
[root@centos7 ~]# ls -l ver1.txt
----------. 1 root root 0 9月  16 20:31 ver1.txt
[root@centos7 ~]# [ -w ver1.txt ] && echo Y || echo N     #测试结果依然为真
Y
[root@centos7 ~]# [ -x ver1.txt ] && echo Y || echo N     #测试结果为假
N
[root@centos7 ~]# chmod +x ver1.txt                       #添加x权限
[root@centos7 ~]# ls -l ver1.txt
---x--x--x. 1 root root 0 9月  16 20:31 ver1.txt
[root@centos7 ~]# [ -x ver1.txt ] && echo Y || echo N
Y
```

默认touch命令创建的文件都是空文件，在使用-s测试文件是否为非空文件时，因为文件是空文件，所以测试结果为假。当文件中有内容时，测试文件是否为非空时，结果为真。

```
[root@centos7 ~]# [ -s ver1.txt ] && echo Y || echo N
N
[root@centos7 ~]# echo "hello" > ver1.txt
[root@centos7 ~]# [ -s ver1.txt ] && echo Y || echo N
Y
```

前面在创建ver1.txt和ver2.txt文件时，故意让两个文件创建的时间有所不同，现在可以使用测试条件判断两个文件的创建时间，看看哪个文件是新文件，哪个文件是旧文件。

new than 表示更新，old than 表示更旧。根据下面的输出结果可知，ver2.txt 文件比 ver1.txt 文件更新。

```
[root@centos7 ~]# ls -l ver*.txt
-rw-r--r--. 1 root root 0 9月  13 17:42 ver1.txt
-rw-r--r--. 1 root root 0 9月  13 17:43 ver2.txt
[root@centos7 ~]# [ ver1.txt -nt ver2.txt ] && echo Y || echo N
N
[root@centos7 ~]# [ ver2.txt -nt ver1.txt ] && echo Y || echo N
Y
[root@centos7 ~]# [ ver1.txt -ot ver2.txt ] && echo Y || echo N
Y
[root@centos7 ~]# [ ver2.txt -ot ver1.txt ] && echo Y || echo N
N
```

2.5　探究[[]]和[]的区别

多数情况下[]和[[]]是可以通用的，两者的主要差异是：test 或[]是符合 POSIX 标准的测试语句，兼容性更强，几乎可以运行在所有 Shell 解释器中，相比较而言[[]]仅可运行在特定的几个 Shell 解释器中（如 Bash、Zsh 等）。事实上，目前支持使用[[]]进行条件测试的解释器已经足够多了。使用[[]]进行测试判断时甚至可以使用正则表达式。

首先，测试两者的通用表达式（同样，一定要注意空格的问题，空格不可或缺）。

```
[root@centos7 ~]# [[ 5 -eq 5 ]] && echo Y || echo N
Y
[root@centos7 ~]# [[ 5 -ne 5 ]] && echo Y || echo N
N
[root@centos7 ~]# [[ 5 -gt 8 ]] && echo Y || echo N
N
[root@centos7 ~]# [[ 5 -lt 8 ]] && echo Y || echo N
Y
[root@centos7 ~]# [[ -r /etc/hosts ]] && echo Y || echo N
Y
[root@centos7 ~]# [[ ver1.txt -nt ver2.txt ]] && echo Y || echo N
N
[root@centos7 ~]# [[ ver1.txt -ot ver2.txt ]] && echo Y || echo N
Y
```

然后，看两者的差异点。其中，在[[]]中使用<和>符号时，系统进行的是排序操作，而且支持在测试表达式内使用&&和||符号。在 test 或[]测试语句中不可以使用&&和||符号。

[[ ]]中的表达式如果使用<或>进行排序比较，使用的是本地的 locale 语言顺序。可以使用 LANG=C 设置在排序时使用标准的 ASCII 码顺序。

在 ASCII 码的顺序中，小写字母顺序码>大写字母顺序码>数字顺序码。

```
[root@centos7 ~]# LANG=C                                    #防止其他语系导致排序混乱
#小写字母顺序码大于大写字母顺序码,对
[root@centos7 ~]# [[ b > A ]] && echo Y || echo N#
Y
#大写字母顺序码大于数字顺序码,对
[root@centos7 ~]# [[ A > 6 ]] && echo Y || echo N
Y
#大写字母顺序码大于小写字母顺序码,错
[root@centos7 ~]# [[ A > b ]] && echo Y || echo N
N
#数字顺序码大于大写字母顺序码,错
[root@centos7 ~]# [[ 8 > C ]] && echo Y || echo N
N
[root@centos7 ~]# [[ 8 > 2 ]] && echo Y || echo N     #8 大于 2,对
Y
[root@centos7 ~]# [[ 2 > 8 ]] && echo Y || echo N     #2 大于 8,错
N
[root@centos7 ~]# [[ T > F ]] && echo Y || echo N     #T 大于 F,对
Y
[root@centos7 ~]# [[ m > c ]] && echo Y || echo N     #m 大于 c,对
Y
```

虽然[]也支持同时进行多个条件的逻辑测试，但是在[]中需要使用-a 和-o 进行逻辑与和逻辑或的比较操作，而[[]]中可以直接使用&&和||进行逻辑比较操作，更直观，可读性更好。

A && B 或者 A -a B，意思是仅当 A 和 B 两个条件测试都成功时，整体测试结果才为真。

A || B 或者 A -o B，意思是只要 A 或 B 中的任意一个条件测试成功，则整体测试结果为真。

```
[root@centos7 ~]# [ yes == yes -a no == no ] && echo Y || echo N
Y
[root@centos7 ~]# [ yes == y -a no == no ] && echo Y || echo N
N
[root@centos7 ~]# [ yes == y -o no == no ] && echo Y || echo N
Y
[root@centos7 ~]# [ yes == yes -o no == no ] && echo Y || echo N
Y
[root@centos7 ~]# [[ yes == yes && no == no ]] && echo Y || echo N
Y
[root@centos7 ~]# [[ yes == y && no == no ]] && echo Y || echo N
N
[root@centos7 ~]# [[ yes == yes || no == no ]] && echo Y || echo N
Y
[root@centos7 ~]# [[ yes == y || no == no ]] && echo Y || echo N
Y
[root@centos7 ~]# [[ A == A && 6 -eq 6 && C == C ]]
[root@centos7 ~]# echo $?                              #返回 0 表示正确
0
[root@centos7 ~]# [[ A == A && 6 -eq 3 && C == C ]]
[root@centos7 ~]# echo $?                              #返回非 0 表示错误
1
```

需要注意的还有==比较符，在[[]]中==是模式匹配，模式匹配允许使用通配符。例如，Bash 常用的通配符有*、？、[...]等。而==在 test 语句中仅代表字符串的精确比较，判断字符串是否一模一样。

下面的例子，测试变量 name 的值是否以字母 J 开头，后面可以是任意长度的任意字符，测试结果为真。

```
[root@centos7 ~]# name=Jacob
[root@centos7 ~]# [[ $name == J* ]] && echo Y || echo N
Y
```

接着，测试变量 name 的值是否以字母 A 开头，后面可以是任意长度的任意字符，测试结果为假。

```
[root@centos7 ~]# [[ $name == A* ]] && echo Y || echo N
N
```

测试变量 name 的值是否是 J 和 cob 中间有任意单个字符？结果为真。

```
[root@centos7 ~]# [[ $name == J?cob ]] && echo Y || echo N
Y
```

测试字符 a，是否是小写字母？结果为真。

```
[root@centos7 ~]# [[ a == [a-z] ]] && echo Y || echo N
Y
```

测试字符 a，是否是数字？结果为假。

```
[root@centos7 ~]# [[ a == [0-9] ]] && echo Y || echo N
N
```

同样是使用==进行比较操作，但在[]中系统进行的是字符串的比较操作，判断两个字符串是否绝对相同。

```
[root@centos7 ~]# [ $name == J? ] && echo Y || echo N
N
[root@centos7 ~]# [ $name == J* ] && echo Y || echo N
N
[root@centos7 ~]# name='J*'
[root@centos7 ~]# [ $name == 'J*' ] && echo Y || echo N
Y
[root@centos7 ~]# [[ a == a ]] && echo Y || echo N
Y
[root@centos7 ~]# [ a == b ] && echo Y || echo N
Y
```

另外，在[[]]中还支持使用=~进行正则匹配，而在[]中则完全不支持正则匹配。

```
[root@centos7 ~]# name="welcome to beijing"
```

对变量 name 的值进行正则匹配，判断 name 的值是否包含字母 w。

```
[root@centos7 ~]# [[ $name =~ w ]] && echo Y || echo N
Y
```

对变量 name 的值进行正则匹配，判断 name 的值是否包含数字。

```
[root@centos7 ~]# [[ $name =~ [0-9] ]] && echo Y || echo N
N
```

对变量 name 的值进行正则匹配，判断 name 的值是否包含小写字母。

```
[root@centos7 ~]# [[ $name =~ [a-z] ]] && echo Y || echo N
Y
```

对变量 name 的值进行正则匹配，判断 name 的值是否包含大写字母。

```
[root@centos7 ~]# [[ $name =~ [A-Z] ]] && echo Y || echo N
N
```

最后，看看分组测试。使用()进行分组，效果类似于虽然在数学上默认先算乘除法再算加减法，但使用()后可以先算加减法再算乘除法。

下面这条命令，在 a==a 为真的情况下，b==b 和 c==d 两个测试中只要有一个测试为真，则整体测试为真。

```
[root@centos7 ~]# [[ a == a && (b == b || c == d) ]] && echo Y || echo N
Y
```

下面这条命令，在 a==a 为真的情况下，只有 b==b 和 c==d 两个测试都为假，整体测试才为假。

```
[root@centos7 ~]# [[ a == a && (b == g || c == d) ]] && echo Y || echo N
N
```

表 2-3 中列出了[[]]和[]的差异汇总信息，相同点这里不再赘述。为了熟练掌握这些语法，本书后面的案例中将混合应用多种不同的条件测试语句。

表 2-3　[[]]和[]的对比

[[]]测试	[]测试
<　排序比较	不支持（仅部分Shell解释器支持\<）

续表

[[]]测试	[]测试
>　排序比较	不支持（仅部分Shell解释器支持\>）
&& 逻辑与	-a　逻辑与
||　逻辑或	-o　逻辑或
== 模式匹配	== 字符匹配
=~ 正则匹配	不支持
()　分组测试	\(\)仅部分Shell解释器支持分组测试

2.6　实战案例：系统性能监控脚本

下面我们来编写一个检测系统环境、监控系统性能的脚本，并判断各项数据指标是否符合预设的阈值。如果数据有异常，那么将结果通过邮件发送给本机 root 账户。在实际生产环境能联网的情况下，也可以发送邮件给某个外网的邮件账户。

注意脚本中的很多预设值只是假设值，在实际生产环境中还需要根据业务和环境的需要，调整这些预设值。限于篇幅，本脚本仅获取部分性能参数指标，如果还有其他需要监控的数据，也可以使用类似的方法获取。另外，在过滤数据时暂时使用 cut 命令，学习后面章节的 awk 命令后，过滤数据会变得更简单。

```
[root@centos7 ~]# vim sys_info.sh
```

```
#!/bin/bash
#本脚本获取系统各项性能参数指标,并根据预设阈值决定是否给管理员发送邮件进行报警

#变量定义列表如下
#time:时间,loalip:eth0 网卡 IP,free_mem:剩余内存大小,free_disk:剩余磁盘大小
#cpu_load:15min 平均负载,login_user:登录系统的用户,procs:当前进程数量
local_time=$(date +"%Y%m%d %H:%M:%S")
local_ip=$(ifconfig eth0 | grep netmask | tr -s " " | cut -d" " -f3)
free_mem=$(cat /proc/meminfo |grep Avai | tr -s " " | cut -d" " -f2)
free_disk=$(df | grep "/$" | tr -s " " | cut -d' ' -f4)
cpu_load=$(cat /proc/loadavg | cut -d' ' -f3)
login_user=$(who | wc -l)
procs=$(ps aux | wc -l)
```

```
#注意，学习后面章节的 awk 命令后,过滤数据会变得更简单

#vmstat 命令可以查看系统中 CPU 的中断数,上下文切换数量
#CPU 处于 I/O 等待的时间,用户态及系统态消耗 CPU 的统计数据
#vmstat 命令输出的前 2 行信息是头部信息，第 3 行信息为开机到当前的平均数据
#第 4 行开始的数据是每秒钟的实时数据，tail -n +4 表示删掉前 3 行从第 4 行信息开始显示
#irq:中断,cs:上下文切换,usertime:用户态
#CPU,systime:系统态 CPU,iowait:等待 I/O 时间
irq=$(vmstat 1 2 | tail -n +4 | tr -s ' ' | cut -d' ' -f12)
cs=$(vmstat 1 2 | tail -n +4 | tr -s ' ' | cut -d' ' -f13)
usertime=$(vmstat 1 2 | tail -n +4 | tr -s ' ' | cut -d' ' -f14)
systime=$(vmstat 1 2 | tail -n +4 | tr -s ' ' | cut -d' ' -f15)
iowait=$(vmstat 1 2| tail -n +4 | tr -s ' ' | cut -d' ' -f17)

#下面的很多命令,因为内容比较长,无法在一行显示,所以使用了\强制换行
#使用强制换行符后,允许将一个命令在多行中输入

#当剩余内存不足 1GB 时发送邮件给 root 进行报警
[ $free_mem -lt 1048576 ] && \
echo "$local_time Free memory not enough.
Free_mem:$free_mem on $local_ip" | \
mail -s Warning root@localhost
#当剩余磁盘不足 10GB 时发送邮件给 root 进行报警
[ $free_disk -lt 10485760 ] && \
echo "$local_time Free disk not enough.
root_free_disk:$free_disk on $local_ip" | \
mail -s Warning root@localhost
#当 CPU 的 15min 平均负载超过 4 时发送邮件给 root 进行报警
result=$(echo "$cpu_load > 4" | bc)
[ $result -eq 1 ] && \
echo "$local_time CPU load to high
CPU 15 averageload:$cpu_load on $local_ip" | \
mail -s Warning root@localhost
#当系统实时在线人数超过 3 人时发送邮件给 root 进行报警
[ $login_user -gt 3 ] && \
echo "$local_time Too many user.
$login_user users login to $local_ip" | \
mail -s Warning root@localhost
#当实时进程数量大于 500 时发送邮件给 root 进行报警
```

```
[ $procs -gt 500 ] && \
echo "$local_time Too many procs.
$procs proc are runing on $local_ip" | \
mail -s Warning root@localhost
#当实时 CPU 中断数量大于 5000 时发送邮件给 root 进行报警
[ $irq -gt 5000 ] && \
echo "$local_time Too many interupts.
There are $irq interupts on $local_ip" | \
mail -s Warning root@localhost
#当实时 CPU 上下文切换数量大于 5000 时发送邮件给 root 进行报警
[ $cs -gt 5000 ] && \
echo "$local_time Too many Content Switches.
$cs of context switches per second on $local_ip" | \
mail -s Warning root@localhost
#当用户态进程占用 CPU 超 70%时发送邮件给 root 进行报警
[ $usertime -gt 70 ] && \
echo "$local_time CPU load to high.
Time spend running non-kernel code:$usertime on $local_ip" | \
mail -s Warning root@localhost
#当内核态进程占用 CPU 超 70%时发送邮件给 root 进行报警
[ $systime -gt 70 ] && \
echo "$local_time CPU load to high.
Time spend running non-kernel code:$systime on $local_ip" | \
mail -s Warning root@localhost
#当 CPU 消耗大量时间等待磁盘 I/O 时发送邮件给 root 进行报警
[ $iowait -gt 40 ] && \
echo "$local_time Disk to slow.
CPU spend too many time wait disk I/O:$iowait on $local_ip" | \
mail -s Warning root@localhost
```

2.7 实战案例：单分支 if 语句

对于简单的条件判断，结合&&和||就可以完成大量的脚本。但是当脚本越写越复杂、功能越写越完善时，简单的&&和||就不足以满足需求了。

此时，选择使用 if 语句结合各种判断条件，功能会更加完善和强大。在 Shell 脚本中 if 语句有三种格式，分别是单分支 if 语句、双分支 if 语句和多分支 if 语句。下面是单分支 if

语句的语法格式。

```
if 条件测试
then
    命令序列
fi
```

if 和 then 可以写在同一行。同一行中如果需要编写多条命令，中间需要使用分号分隔命令。所以，单分支 if 语句也可以写成如下格式。

```
if 条件测试;then
    命令序列
Fi
```

单分支 if 语句会检查条件测试的结果，只要返回的结果为真，那么就会执行 then 后面的命令序列（可以包含一条或多条命令）。但如果测试条件返回的结果为假，那么 if 语句就什么命令也不执行。这里的条件测试除了可以是字符串的比较测试、数字的比较测试、文件或目录属性的测试，还可以是一条或多条命令。单分支 if 语句的工作流程如图 2-1 所示。

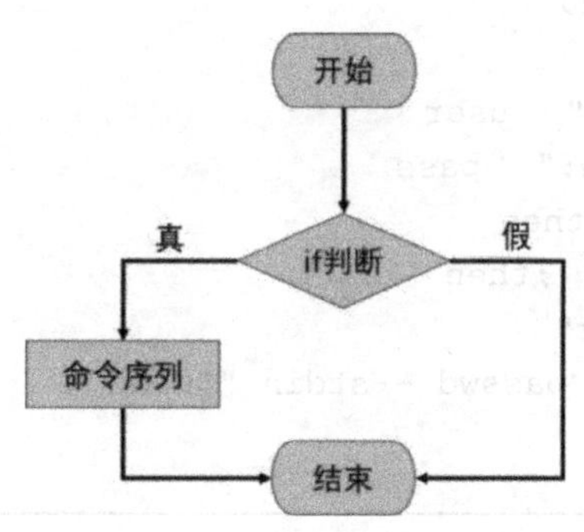

图 2-1　单分支 if 语句的工作流程

下面我们看一个单分支 if 语句的例子，读取用户输入的用户名和密码后，脚本通过 if 判断用户名和密码是否非空，如果非空则创建账户并设置密码，否则脚本直接结束。执行脚本，当提示输入用户名和密码时，如果我们都不输入（直接按回车键），脚本就会退出。

```
[root@centos7 ~]# vim if_demo1.sh
```

```
#!/bin/bash
```

```
#version:0.1（版本 0.1）

read -p "请输入用户名:"  user
read -s -p "请输入密码:"  pass
if [ ! -z "$user" ];then
   useradd  "$user"
fi
if [ ! -z "$pass" ];then
   echo "$pass" | passwd --stdin "$user"
fi
```

但是，上面的脚本有一个问题。当执行脚本提示输入用户名时，直接按回车键，而当提示输入密码时，正常输入一个密码，这时运行脚本就会报错。因为这样导致在账户没有创建成功的情况下，修改账户密码，结果一定会报错。因此，还需要继续优化这个脚本，可以使用嵌套 if 语句（在 if 语句里面再使用 if 语句）来解决该问题。

```
[root@centos7 ~]# vim if_demo1.sh
```

```
#!/bin/bash
#version:0.2（版本 0.2）

read -p "请输入用户名:"  user
read -s -p "请输入密码:"  pass
if [ ! -z "$user" ];then
  if [ ! -z "$pass" ];then
     useradd  "$user"
     echo "$pass" | passwd --stdin "$user"
  fi
fi
```

这样做的好处是，如果账户名为空，则脚本就不会执行 then 后面的命令，也就不会对密码做任何测试动作，更不会修改账户密码，而是直接退出脚本。如果测试账户名为非空，则进一步对密码进行测试，如果密码也非空，那么就执行 then 后的命令，创建账户并设置密码。

因为在学习前面的测试语句时，可以同时对多个条件进行测试，所以上面的脚本可以继续修改为下面的版本。

```
[root@centos7 ~]# vim if_demo1.sh
```

```
#!/bin/bash
#version:0.3（版本 0.3）

read -p "请输入用户名:"  user
read -s -p "请输入密码:"  pass
if [[ ! -z "$user" && ! -z "$pass" ]];then
    useradd "$user"
    echo "$pass" | passwd --stdin "$user"
fi
```

或者，下面这样的版本。

```
[root@centos7 ~]# vim if_demo1.sh
```

```
#!/bin/bash
#version:0.4（版本 0.4）

read -p "请输入用户名:" user
read -s -p "请输入密码:"  pass
if [ ! -z "$user" -a ! -z "$pass" ];then
    useradd "$user"
    echo "$pass" | passwd --stdin "$user"
fi
```

又或者，下面这样的版本。虽然在[]中不允许使用&&和||符号进行多个条件的测试判断，但是，可以使用多次[]测试，中间使用&&和||进行逻辑判断。

```
[root@centos7 ~]# vim if_demo1.sh
```

```
#!/bin/bash
#version:0.5（版本 0.5）

read -p "请输入用户名:" user
read -s -p "请输入密码:"  pass
if [ ! -z "$user" ] && [ ! -z "$pass" ];then
    useradd "$user"
    echo "$pass" | passwd --stdin "$user"
fi
```

提示：if语句后面的条件测试语句不一定非要是test或[]测试语句，任何有返回值的命令都可以写在if语句后面，命令返回值为0代表执行成功（即为真），返回值非0代表执行失败（即为假）。下面看案例。

[root@centos7 ~]# **vim if_demo2.sh**

```
#!/bin/bash
#测试计算机的 CPU 品牌是 AMD 还是 Intel
#grep 的-q 选项,可以让 grep 进入静默模式,不管是否获取数据,都不显示输出结果。if 命令会通过 grep 命令的返回值自动判断是否获取数据

if grep -q AMD /proc/cpuinfo; then
echo "AMD CPU"
fi
if grep -q Intel /proc/cpuinfo; then
echo "Intel CPU"
fi
```

脚本自动测试，如果某些操作无法完成则报错，这是很常用的脚本功能。

[root@centos7 ~]# **vim if_demo3.sh**

```
#!/bin/bash

if ! mkdir "/media/cdrom"
then
   echo "failed to create cdrom directory."
fi
if ! yum -y -q install ABC
then
   echo "failed to install soft."
fi
```

下面这个例子，可以通过 if 条件语句自动判断服务的各种状态，是否已经启动、是否为开机自启动项等。

[root@centos7 ~]# **vim check_service.sh**

```
#!/bin/bash
```

```
#功能描述(Description):服务状态监控

if [ -z $1 ];then
    echo "错误:未输入服务名称."
    echo "用法:脚本名 服务器名称."
    exit
fi
if systemctl is-active $1 &>/dev/null ;then
    echo "$1 已经启动..."
else
    echo "$1 未启动..."
fi
if systemctl is-enabled $1 &>/dev/null ;then
    echo "$1 是开机自启动项."
else
    echo "$1 不是开机自启动项."
fi
```

下面介绍如何一键创建 VNC 服务器脚本。

如果你的 Linux 服务器有图形环境，而你又希望将自己的屏幕共享给其他人，这样就可以在没有投影设备的情况下，让其他人看到你的屏幕操作了。下面是一键配置 VNC 远程桌面的脚本案例。

在 Linux 系统中 tigervnc-server 软件可提供远程桌面服务，脚本首先检查系统中是否已经存在该软件。如果不存在，则脚本自动安装该软件。安装软件后，通过 x0vncserver 命令创建远程桌面服务，该命令的选项功能描述如下。

- AcceptKeyEvents=0，禁止其他人在远程操作本机时使用键盘。设置为 1 时，表示允许操作键盘。默认值为 1。
- AcceptPointerEvents=0，禁止其他人在远程操作本机时使用鼠标。设置为 1 时，表示允许操作鼠标。默认值为 1。
- AlwaysShared=1，当有多人远程操作本机时，永远支持共享。设置为 0 时，同时仅允许一个人远程操作本机。默认值为 0。
- SecurityTypes=None，当其他人远程操作本机时，不需要输入密码。也可以设置为需要输入密码的方式连接本机。默认值为 VncAuth，需要输入密码认证。

- rfbport=5908，设置远程桌面连接的端口号为 5908，也可以设置为其他端口号。

```
[root@centos7 ~]# vim vncserver.sh
```

```
#!/bin/bash
#功能描述(Description):脚本配置的 VNC 服务器,客户端无须验证密码即可连接
#客户端仅有查看远程桌面的权限,没有鼠标和键盘的操作权限
rpm --quiet -q tigervnc-server
if [ $? -ne 0 ];then
    yum -y install tigervnc-server
fi
x0vncserver AcceptKeyEvents=0 AcceptPointerEvents=0 \
AlwaysShared=1 SecurityTypes=None rfbport=5908
```

配置完 VNC 服务器后，客户端可以通过下面的命令查看远程桌面。

```
[root@centos7 ~]# yum -y install tigervnc
[root@centos7 ~]# vncviewer 服务器的 IP 地址:5908
```

2.8 实战案例：双分支 if 语句

与单分支 if 语句的格式一样，then 和 if 可以写在同一行，也可以分开写在不同行。甚至在 else 和命令序列 1 中间添加分号将其写在同一行，但很少有人这样写，这将导致代码的可读性非常差。

```
if 条件测试; then
    命令序列 1
else
    命令序列 2
Fi
```

双分支 if 语句会检查条件测试的结果，只要测试条件返回值结果为真，就会执行命令序列 1（可以包含一条或多条命令）。但如果测试条件返回值结果为假，那么就会执行命令序列 2。所以双分支 if 语句，不管条件是否成立，都会执行特定的命令。双分支 if 语句的工作流程如图 2-2 所示。

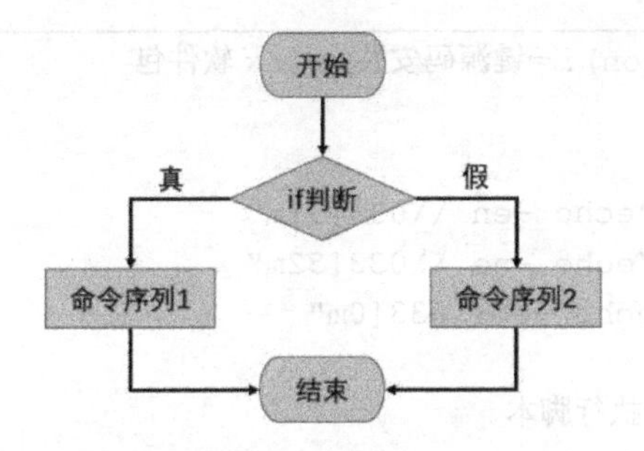

图 2-2　双分支 if 语句的工作流程

看一个简单的双分支 if 语句的例子，使用 if 语句判断某台主机是否可以 ping 通。这是一个典型的双分支 if 语句案例。

```
[root@centos7 ~]# vim ping_test.sh
```

```
#!/bin/bash
#功能描述(Description):通过 ping 练习双分支 if 语句
#ping 通脚本返回 up,否则返回 down

if [ -z "$1" ];then
   echo -n "用法: 脚本 "
   echo -e "\033[32m域名或 IP\033[0m"
   exit
fi

#-c(设置 ping 的次数),-i(设置 ping 的间隔描述),-W(设置超时时间)
ping -c2 -i0.1 -W1 "$1" &>/dev/null
if [ $? -eq 0 ];then
   echo "$1 is up"
else
   echo "$1 is down"
fi
```

因为RPM等类似的二进制软件往往不能提供最新的版本，并且不具备自定义安装选项，所以生产环境中经常需要采用源码的方式安装软件。但采用源码的方式安装软件的步骤又比较烦琐，所以编写脚本实现自动化安装软件是非常重要的。下面看一个采用源码的方式安装软件的脚本案例。

```
[root@centos7 ~]# vim install_nginx.sh
```

```
#!/bin/bash
```

```
#功能描述(Description):一键源码安装 Nginx 软件包

#定义不同的颜色属性
setcolor_failure="echo -en \\033[91m"
setcolor_success="echo -ne \\033[32m"
setcolor_normal="echo -e \\033[0m"

#判断是否以管理员身份执行脚本
if [[ $UID -ne 0 ]];then
   $setcolor_failure
   echo -n "请以管理员身份运行该脚本."
   $setcolor_normal
   exit
fi

#判断系统中是否存在 wget 下载工具
#wget 使用-c 选项可以开启断点续传功能
if rpm --quiet -q wget ;then
   wget -c http://nginx.org/download/nginx-1.14.0.tar.gz
else
   $setcolor_failure
   echo -n "未找到 wget,请先安装该软件."
   $setcolor_normal
   exit
fi

#如果没有 nginx 账户,则脚本自动创建该账户
if ! id nginx &>/dev/null ;then
   adduser -s /sbin/nologin nginx
fi

#测试是否存在正确的源码包软件
#在源码编译安装前,先安装相关依赖包
#gcc:C 语言编译器, pcre-devel:Perl 兼容的正则表达式库
#zlib-devel:gzip 压缩库, openssl-devel:Openssl 加密库
if [[ ! -f nginx-1.14.0.tar.gz ]];then
   $setcolor_failure
   echo -n "未找到 nginx 源码包,请先正确下载该软件..."
   $setcolor_normal
   exit
```

```
else
    yum -y install gcc pcre-devel zlib-devel openssl-devel
    clear
    $setcolor_success
    echo -n "接下来,需要花几分钟时间编译源码安装 nginx..."
    $setcolor_normal
    sleep 6
    tar -xf nginx-1.14.0.tar.gz
#编译源码安装 nginx,指定账户和组,指定安装路径,开启需要的模块,禁用不需要的模块
    cd nginx-1.14.0/
     ./configure \
     --user=nginx \
     --group=nginx \
     --prefix=/data/server/nginx \
     --with-stream \
     --with-http_ssl_module \
     --with-http_stub_status_module \
     --without-http_autoindex_module \
     --without-http_ssi_module
     make
     make install
fi
if [[ -x /data/server/nginx/sbin/nginx ]];then
    clear
    $setcolor_success
    echo -n "一键部署 nginx 已经完成!"
    $setcolor_normal
fi
```

脚本解析如下。

脚本的第一个功能是通过使用变量的方式，定义 echo 回显的颜色属性。echo 命令的-n 选项，可以在回显数据后不按回车键即可换行，-e 选项开启右斜线(\)转义的解释功能。

通过对系统环境变量 UID 的比较测试，判断当前执行脚本的用户是否为管理员。如果不是管理员，则脚本直接提示错误并退出。

使用rpm -q可以查询某个软件是否已经安装。再通过--quiet选项，设置无论软件是否已经安装都不在屏幕上回显结果，而是通过if语句自动判断命令的执行结果是真还是假。如果未安装wget，则脚本提示错误并退出。反之，在系统中已有wget工具的情况下，联网下载

Nginx源码包软件[1]。wget命令的-c选项可以开启断点续传的功能，下载过程中如果突然断网，联网后可以从上次的断点处继续下载，而不需要将文件全部重新下载。

启动 Nginx 服务时，以普通用户的身份登录会更安全。脚本通过 Id 命令检查 nginx 账户是否已经存在，如果不存在 nginx 账户，则脚本会自动创建该账户。

在编译源码安装 Nginx 时，首先需要安装该软件包依赖的相关软件包，脚本中安装了 gcc、pcre-devel、zlib-devel、openssl-devel 这四个软件包，这些软件都在 CentOS 标准的 Yum 中，并且在安装 openssl-devel 时会自动安装 zlib-devel。所以，哪怕不通过 Yum 明确要求安装 zlib-devel，也会在安装 openssl-devel 时自动安装 zlib-devel。Nginx 是模块化的软件，可以通过<--with-模块>的方式启动某个模块的功能，不需要的功能模块，可以通过<--without-模块>的方式禁用。

2.9 实战案例：如何监控 HTTP 服务状态

在项目有 Web 服务器的情况下，监控服务器的工作状态是非常重要的任务。可以通过人为执行命令来监控服务的状态。但是，因为随时都可能发生服务故障，所以使用脚本自动监控才是王道！

监控 Web 服务器工作状态也有很多种方式，最简单的是监控该服务器主机是否宕机，客户端是否无法访问。通过 ping 就可以完成类似的检测工作，脚本模板可以参考 2.8 节的 ping_test.sh 文件。但是，使用 ping 命令监控主机状态有个缺点，当主机处于开机状态并且网络可以联通的情况下，如果 Web 对应的服务已经关闭（如 httpd、nginx 等），此时，脚本是无法进行故障检测的。

使用 Nmap 工具就可以解决这个问题，Nmap 是一个网络探测和端口扫描工具，它不仅可以监测主机是否存活而且可以监测端口是否打开。使用该软件可以快速扫描一个大型网络环境。

Nmap 的语法格式如下。

```
nmap [选项] {扫描目标列表}
```

1. 注意：官网提供的 Nginx 下载链接地址可能会有变化，如果有改变，可以直接去官网找最新的下载链接。

Nmap 支持以主机或者网段为扫描目标。扫描单台主机时可以通过 IP 地址或者域名。扫描整个网络时，支持 CIDR 风格的地址扫描，例如，192.168.4.0/24 将会扫描 192.168.4.0～192.168.4.255 之间的所有（256 台）主机。但是有时 CIDR 风格的地址扫描不是很灵活，比如，需要扫描的是 192.168.2.100～192.168.2.200 之间的所有主机，Nmap 支持使用 192.168.2.100～200 这种形式的地址格式，也可以使用 192.168.2.10,20,30 扫描若干不连续的地址，还可以使--exclude 选项指定需要扫描的地址。

Nmap 常用选项如表 2-4 所示。

表 2-4　Nmap常用选项

选项	功能描述
-sP	仅执行ping扫描
-sT	执行针对TCP的端口扫描
-sS	执行针对TCP的半开扫描
-sU	执行针对UDP的端口扫描
-n	禁止DNS反向解析（默认会对扫描对象进行反向DNS解析）
-p	指定需要扫描的特定端口号

一次正常的 TCP 连接需要进行三次握手，如图 2-3 所示。客户端发送一个 SYN 请求报文，设置随机序列号为 x。当服务器收到该连接请求后，会发送一个 SYN+ACK 的回应报文，服务器确认收到连接请求并请求与客户端连接，设置数据包的随机序列号为 y。最后，客户端收到服务器的响应后，会给服务器返回一个 ACK 确认消息报文，序列号是在前面发送的数据包基础上加一（x+1）。到此，网络上的两台主机建立连接完成。

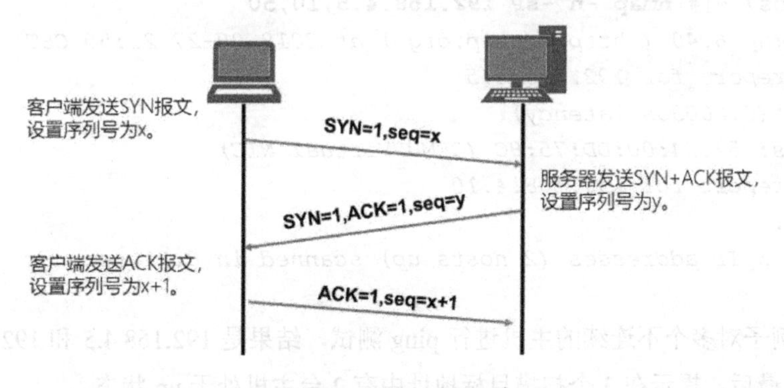

图 2-3　TCP 三次握手

使用 Nmap 扫描 TCP 端口时，可以使用 sT 选项向对方主机的特定端口发送一次完整的 TCP 三次握手请求，如果对方主机给予回应则表示该主机的端口是开放的。但是，如图 2-3 所示，完整的 TCP 握手在服务器发送完 SYN+ACK 的报文后，客户端最后又发送了 ACK 的确认报文。其实，当客户端作为扫描测试的目标发送 SYN 请求，对方服务器给予回应时，就已经可以判定对方主机的端口是开放状态的，而不需要返回最后的 ACK 确认包。这样的扫描效率会更高，这种扫描也叫半开扫描，Nmap 通过 sS 选项实现半开扫描功能。

```
[root@centos7 ~]# yum -y install nmap
[root@centos7 ~]# nmap -sP 192.168.4.5
Starting Nmap 6.40 ( http://nmap.org ) at 2018-09-27 21:49 CST
mass_dns: warning: Unable to determine any DNS servers. Reverse DNS is disabled.
Try using --system-dns or specify valid servers with --dns-servers
Nmap scan report for 192.168.4.5
Host is up (0.00032s latency).
MAC Address: 52:54:00:DD:75:8C (QEMU Virtual NIC)
Nmap done: 1 IP address (1 host up) scanned in 0.01 seconds
```

上面这条 Nmap 命令执行后默认会对扫描对象进行 DNS 反向查询，如果环境中没有 DNS 服务器或者无法进行反向解析，程序就会返回无法找到 DNS 服务器、禁用 DNS 反向解析。可以通过-n 选项直接禁止 Nmap 进行反向 DNS 查询。如果扫描目标主机是开启状态的，则 Namp 提示"Host is up (0.00032s latency)"，否则返回提示信息"Host seems down"。如果目标主机可以正常连接，会返回目标主机的 MAC 地址信息。最后还会有一个汇总信息，说明扫描对象为 1 个 IP 地址，其中有 1 台主机是 up 状态的。

```
[root@centos7 ~]# nmap -n -sP 192.168.4.5,10,50
Starting Nmap 6.40 ( http://nmap.org ) at 2018-09-27 21:59 CST
Nmap scan report for 192.168.4.5
Host is up (0.00035s latency).
MAC Address: 52:54:00:DD:75:8C (QEMU Virtual NIC)
Nmap scan report for 192.168.4.10
Host is up.
Nmap done: 3 IP addresses (2 hosts up) scanned in 0.21 seconds
```

上面的例子对多个不连续的主机进行 ping 测试，结果是 192.168.4.5 和 192.168.4.10 处于 up 状态。最后，提示在 3 个扫描目标地址中有 2 台主机处于 up 状态。

```
[root@centos7 ~]# nmap -n -sP 192.168.4.0/24              #扫描完整的一个网段
Starting Nmap 6.40 ( http://nmap.org ) at 2018-09-27 22:03 CST
Nmap scan report for 192.168.4.5
Host is up (0.00022s latency).
MAC Address: 52:54:00:DD:75:8C (QEMU Virtual NIC)
Nmap scan report for 192.168.4.100
Host is up (0.00045s latency).
MAC Address: 52:54:00:88:EE:FF (QEMU Virtual NIC)
Nmap scan report for 192.168.4.254
Host is up (0.00011s latency).
MAC Address: 52:54:00:37:78:11 (QEMU Virtual NIC)
Nmap scan report for 192.168.4.10
Host is up.
Nmap done: 256 IP addresses (4 hosts up) scanned in 1.82 seconds
```

我们需要监控Web服务器的端口是否处于激活开放的状态，可以使用-sT或者-sS扫描TCP的端口。不指定具体的端口号时，默认会扫描所有端口。下面的输出结果显示目标主机的22、80、111及3306端口是开放状态的。

```
[root@centos7 ~]# nmap -n -sT 192.168.4.5
Starting Nmap 6.40 ( http://nmap.org ) at 2018-09-27 22:05 CST
Nmap scan report for 192.168.4.5
Host is up (0.00048s latency).
Not shown: 996 closed ports
PORT     STATE SERVICE
22/tcp   open  ssh
80/tcp   open  http
111/tcp  open  rpcbind
3306/tcp open  mysql
MAC Address: 52:54:00:DD:75:8C (QEMU Virtual NIC)
Nmap done: 1 IP address (1 host up) scanned in 0.07 seconds
[root@centos7 ~]# nmap -n -sS 192.168.4.5
Starting Nmap 6.40 ( http://nmap.org ) at 2018-09-27 22:27 CST
Nmap scan report for 192.168.4.5
Host is up (0.000041s latency).
Not shown: 996 closed ports
PORT     STATE SERVICE
22/tcp   open  ssh
```

```
80/tcp   open  http
111/tcp  open  rpcbind
3306/tcp open  mysql
MAC Address: 52:54:00:DD:75:8C (QEMU Virtual NIC)
Nmap done: 1 IP address (1 host up) scanned in 0.05 seconds
```

如果需要设置仅对特定的端口扫描，可以使用-p 选项实现。比如，仅扫描 80 端口。

```
[root@centos7 ~]# nmap -n -sS -p80 192.168.4.5
Starting Nmap 6.40 ( http://nmap.org ) at 2018-09-27 22:32 CST
Nmap scan report for 192.168.4.5
Host is up (0.00021s latency).
PORT   STATE SERVICE
80/tcp open  http
MAC Address: 52:54:00:DD:75:8C (QEMU Virtual NIC)
Nmap done: 1 IP address (1 host up) scanned in 0.03 seconds
[root@centos7 ~]# nmap -sS -p50-80 192.168.4.254              #指定多端口
```

尽管目前绝大多数服务都使用 TCP 协议，但依然有不少服务在使用 UDP 协议。比如 DNS（53 端口）、DHCP（67、68 端口）、TFTP（69 端口）、NTP（123 端口）等。

```
[root@centos7 ~]# nmap -T5 -n -sU 192.168.4.5              #-T5 可以加快扫描速度
Starting Nmap 6.40 ( http://nmap.org ) at 2018-09-27 22:30 CST
Warning: 192.168.4.5 giving up on port because retransmission cap hit (2).
Nmap scan report for 192.168.4.5
Host is up (0.00016s latency).
Not shown: 981 open|filtered ports
PORT      STATE  SERVICE
7/udp     closed echo
111/udp   open   rpcbind
1030/udp  closed iad1
1047/udp  closed neod1
2161/udp  closed apc-2161
5353/udp  open   zeroconf
8001/udp  closed vcom-tunnel
… …
21800/udp closed tvpm
22123/udp closed unknown
```

```
49180/udp closed unknown
61481/udp closed unknown
MAC Address: 52:54:00:DD:75:8C (QEMU Virtual NIC)
Nmap done: 1 IP address (1 host up) scanned in 11.47 seconds
```

接下来我们学习如何编写脚本并结合计划任务实现自动检测 HTTP 状态。

```
[root@centos7 ~]# vim /usr/local/bin/check_http_nmap.sh
```

```
#!/bin/bash
#功能描述(Description):使用 Nmap 的端口扫描功能监控 HTTP 端口
ip=192.168.4.254
mail_to=root@localhost

nmap -n -sS -p80 192.168.4.254 | grep -q "^80/tcp open"
if [ $? -eq 0 ];then
   echo "http service is running on $ip" | mail -s http_status_OK $mail_to
else
   echo "http service is stoped on $ip" | mail -s http_status_error
$mail_to
fi
```

```
[root@centos7 ~]# chmod +x check_http_nmap.sh
[root@centos7 ~]# crontab -e                          #编辑 cron 计划任务
#计划任务格式为：分 时 日 月 周 命令
#案例中每隔 5min 执行一次状态检查的脚本
*/5 * * * * /root/check_http_nmap.sh
```

虽然使用 Nmap 可以快速地对大量端口进行扫描，但是仅使用端口扫描作为 HTTP 状态检查的依据，也有其自身的问题。如果服务已经启动，而且 HTTP 端口也已经开放给客户端，此时如果网站服务器上的网页已经被人恶意或无意删除，就会导致客户端可以成功连接服务器的 80 端口，但是访问页面时会报错 404，说明页面文件找不到。此时不仅需要对端口进行检测，还需要对服务器返回的 HTTP 状态码进行检测。更有甚者，如果服务器端口已经启动，网页也还存在，但服务器被入侵，并且篡改了网页的数据，又该怎么办呢？还可以对数据的 Hash 值进行校验，检测网页数据是否被篡改。

如果希望在测试端口的基础上继续测试特定的页面是否可用，可以使用 cURL 工具进行测试。cURL 是命令行的文件传输工具，支持很多种协议，如 FTP、HTTP、HTTPS、IMAP、SMTP、POP3 等。

cURL 的语法格式如下。

```
curl [选项] URL
```

cURL 会默认将下载的数据通过标准输出显示在屏幕上，如果需要将数据保存为文件，可用通过>重定向、-O（大写字母）或者-o（小写字母）三种方式将数据另存为文件，-O 选项后面不需要输入文件名，下载后仍保持服务器上原来的文件名。-o 选项后面必须输入文件名，可用将服务上的数据另存为任何新的文件名命令的文件。

```
[root@centos7 ~]# curl ftp://192.168.4.100/hosts.txt
[root@centos7 ~]# curl ftp://192.168.4.100/hosts > new2.txt
[root@centos7 ~]# curl -O ftp://192.168.4.100/hosts.txt
[root@centos7 ~]# curl -o new.txt ftp://192.168.4.100/hosts.txt
[root@centos7 ~]# curl http://192.168.2.200
[root@centos7 ~]# curl http://192.168.2.200 > index.html
[root@centos7 ~]# curl -o new.html http://192.168.2.200/index.html
```

将数据文件下载并另存为文件时，cURL 默认会通过标准错误输出的方式在屏幕上显示下载的进度与速度等信息。而在脚本中使用 cURL 自动对网站数据进行状态检测时，是不需要这些进度信息的，可用通过-s 选项进入静默模式。

```
[root@centos7 ~]# curl -s -o test.html http://192.168.2.200/index.html
```

如果希望看到 HTTP 的头部信息，可用通过-I 或者-i 选项查看，使用-I 选项将仅显示 HTTP 头部信息，而使用-i 选项则既显示头部信息又显示数据信息。

```
[root@centos7 ~]# curl -I http://192.168.2.200/index.html
[root@centos7 ~]# curl -i http://192.168.2.200/index.html
```

有时候，在测试页面时服务器可能会对连接进行重定向，cURL 默认是无法获取这些页面的，需要通过-L 选项实现功能。

```
[root@centos7 ~]# curl -L http://192.168.2.200/index.html
```

使用 cURL 对网站进行监控时，可以根据 HTTP 返回码，判断一台 Web 服务器的健康状态。而 cURL 的-m 选项，可以在完成访问后，返回一些类似的附加信息。通过%{有效名称}的方式可以自定义需要输出的附加内容。cURL 常用的有效名称如表 2-5 所示。

表 2-5　cURL常用的有效名称

名称	含义说明
http_code	HTTP状态码
local_ip	本地IP地址
local_port	本地端口号
redirect_url	重定向的真实URL
remote_ip	远程IP地址
remote_port	远程端口号
size_download	下载数据的总字节数
speed_download	平均每秒下载速度
time_total	完成一次连接请求的总时间

下面的脚本是通过 cURL 检测 HTTP 状态的案例。

```
[root@centos7 ~]# vim /usr/local/bin/check_http_curl.sh
```

```
#!/bin/bash
#功能描述(Description):使用 cURL 访问具体的 HTTP 页面,检测 HTTP 状态码

#cURL 选项说明
#-m 设置超时时间； -s 设置静默连接
#-o 下载数据另存为； -w 返回附加信息,HTTP 状态码

url=http://192.168.4.5/index.html
date=$(date +"%Y-%m-%d %H:%M:%S")
status_code=$(curl -m 3 -s -o /dev/null -w %{http_code} $url)
mail_to="root@localhost"
mail_subject="http_warning"

#使用<<-重定向可以忽略 Tab 键缩进的内容,代码的可读性更好
if [ $status_code -ne 200 ];then
    mail -s $mail_subject $mail_to <<- EOF
    检测时间为:$date
```

```
        $url 页面异常,服务器返回状态码:${status_code}
        请尽快排查异常
        EOF
    else
        cat >> /var/log/http_check.log <<- EOF
        $date "$url 页面访问正常"
        EOF
    fi
```

直接执行脚本仅检测一次服务状态，可以使用 crontab 计划任务周期性地对服务进行健康检查。比如，每隔 5min 检查一次服务状态。

```
[root@centos7 ~]# chmod +x /usr/local/bin/check_http_curl.sh
[root@centos7 ~]# crontab -e
*/5 * * * * /usr/local/bin/check_http_curl.sh
```

上面的脚本可以根据网页文件是否可以被访问来测试服务器的健康状态。然而，当网页的数据内容被人恶意篡改后，虽然网页依然可以被访问，但服务器的健康状态已经出问题了！此时，可以使用 Hash 值对数据的完整性进行校验，以防止数据被篡改。数据 Hash 值的特点就是当数据发生改变时 Hash 值也会随之改变，如果数据没变化，则 Hash 值永远不变。在 CentOS 系统中提供了 md5sum、sha1sum、sha256sum、sha384sum、sha512sum 等可以计算 Hash 值的命令。

```
[root@centos7 ~]# echo "hello" | md5sum
b1946ac92492d2347c6235b4d2611184  -
[root@centos7 ~]# echo "hello" | md5sum
b1946ac92492d2347c6235b4d2611184  -
[root@centos7 ~]# echo "hell" | md5sum
1bfd09afae8b4b7fde31ac5e6005342e  -
[root@centos7 ~]# echo "hell" | md5sum
1bfd09afae8b4b7fde31ac5e6005342e  -
[root@centos7 ~]# echo "hello" > test.txt
[root@centos7 ~]# md5sum test.txt
b1946ac92492d2347c6235b4d2611184  test.txt
[root@centos7 ~]# mv test.txt hello.txt
[root@centos7 ~]# md5sum hello.txt
b1946ac92492d2347c6235b4d2611184  hello.txt
```

上面的命令说明，Hash 值仅跟数据内容有关，而不管数据是通过管道还是通过读取文件获得的；只要内容一致，Hash 值就一样。只要数据内容不一样（哪怕只是一个字母或标点的差异），Hash 值一定也不一样。Hash 值跟文件名、权限等其他因素也没有关联。

这样的话，就可以在网页数据没有被破坏前，对需要检测的网页文件进行 Hash 计算，获取该数据的 Hash 值。后期可以通过脚本实时动态获取网页数据的 Hash 值，对比检查两次获得的 Hash 值是否一致，一样则代表数据是完整的，否则表示数据被人篡改了。

```
[root@proxy html]# md5sum index.html                    #获取正常的 Hash 值
e3eb0a1df437f3f97a64aca5952c8ea0  index.html
[root@proxy html]# vim check_http_hash.sh
```

```
#!/bin/bash
#功能描述(Description):根据数据的 Hash 值监控网站数据是否被篡改

url="http://192.168.4.5/index.html"
date=$(date +"%Y-%m-%d %H:%M:%S")

source_hash="e3eb0a1df437f3f97a64aca5952c8ea0"
url_hash=$(curl -s $url |md5sum | cut -d ' ' -f1)
if [ "$url_hash" != "$source_hash" ];then
    mail -s http_Warning root@localhost <<- EOF
    检测时间为:$date
    数据完整性校验失败,$url,页面数据被篡改
    请尽快排查异常
    EOF
else
    cat >> /var/log/http_check.log <<- EOF
    $date "$url,数据完整性校验正常"
    EOF
fi
```

是否可以将 check_http_hash.sh 和 check_http_curl.sh 两个脚本的功能合并呢？

2.10　实战案例：多分支 if 语句

if 的双分支语法结构仅可以对事务的正确与错误两种情况做出回应，而现实问题往往更

复杂，比如数字的大于、小于、等于判断。多分支 if 语句支持 else if（简写 elif）子句，可以实现在 else 中内嵌 if 的功能。在多分支 if 语句中 elif 可以出现多次，实现多次测试判断的效果。首先，来看看多分支 if 语句的语法格式。

```
if 条件测试 1; then
     命令序列 1
elif 条件测试 2; then
     命令序列 2
elif 条件测试 3; then
     命令序列 3
… …
else
    命令序列 n
Fi
```

多分支 if 语句工作流程如图 2-4 所示。如果 if 判断 1 成立（结果为真），则执行命令序列 1 中的命令，否则继续进行 elif 判断；如果 elif 判断 2 成立，则执行命令序列 2 中的命令，否则继续进行 elif 判断 3，依此类推。如果所有的条件判断都不成立，则执行最后 else 语句中的命令序列 *n* 的命令。

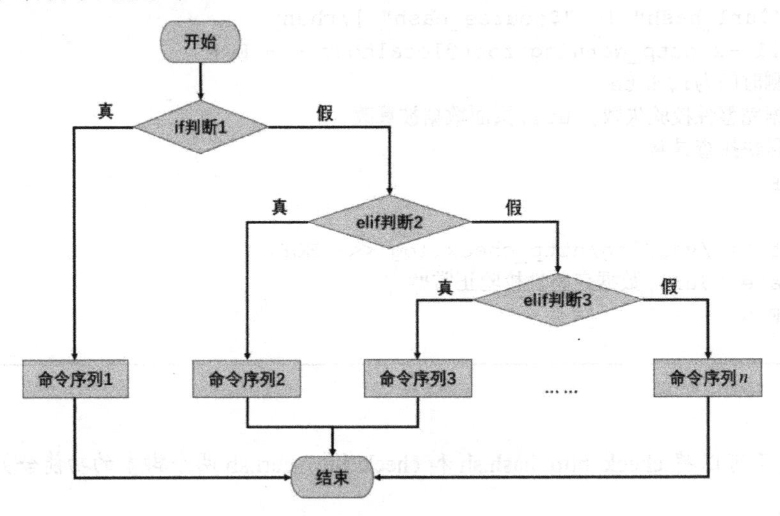

图 2-4　多分支 if 语句工作流程

通过一个案例来熟悉多分支 if 语句的格式，下面的脚本执行后提示用户输入论坛积分，根据输入的论坛积分输出论坛等级。

```
[root@centos7 ~]# vim score.sh
```

```
#!/bin/bash
####################################
#积分<=30:初学乍练
#积分 31-60:初窥门径
#积分 61-70:略有小成
#积分 71-80:炉火纯青
#积分 81-90:登峰造极
#积分>90:笑傲江湖
####################################

read -p "请输入论坛积分:"  score
if [[ $score -gt 90 ]];then
   echo "笑傲江湖"
elif [[ $score -gt 80 ]];then
   echo "登峰造极"
elif [[ $score -gt 70 ]];then
   echo "炉火纯青"
elif [[ $score -gt 60 ]];then
   echo "略有小成"
elif [[ $score -gt 30 ]];then
   echo "初窥门径"
else
   echo "初学乍练"
fi

#或者使用下面的排序方式
#if [ $score -le 30 ];then
#   echo "初学乍练"
#elif [ $score -le 60 ];then
#   echo "初窥门径"
#elif [ $score -le 70 ];then
#   echo "略有小成"
#elif [ $score -le 80 ];then
#   echo "炉火纯青"
#elif [ $score -le 90 ];then
#   echo "登峰造极"
#else
```

```
#    echo "笑傲江湖"
#fi
```

接下来，看一个猜随机数的游戏。在 Linux 系统中有一个内置环境变量，变量名称为 RANDOM，该变量的值是 0～32767 之间的随机整数。通过求模运算，可用将数字变为我们需要的范围。比如，对 10 求模，可以获取 0～9 之间的整数；对 100 求模的结果永远是 0～99 之间的整数；对 33 求模后再加 1，结果永远是 1～33 之间的整数。

```
[root@centos7 ~]# vim guess_num.sh
```

```
#!/bin/bash
#功能描述(Description):脚本自动生成 10 以内的随机数,根据用户的输入,判断输出结果

clear
num=$[RANDOM%10+1]
read -p "请输入 1～10 之间的整数:" guess

if [ $guess -eq $num ];then
    echo "恭喜,猜对了,就是:$num"
elif [ $guess -lt $num ];then
    echo "Oops,猜小了."
else
    echo "Oops,猜大了."
fi
```

在 CentOS7 系统中提供了一个可以非交互创建磁盘分区的命令，并且该分区工具支持多种分区表格式，包括 MS-DOS（MBR）和 GPT 格式。传统的 MS-DOS 分区表格式，仅支持最大 4 个主分区，单个分区最大容量为 2GB。而 GPT 格式的分区表很好地解决了这些问题。

警告 改变分区表格式后，原有磁盘中的数据将会全部丢失，因此重要数据一定要提前备份。

parted 命令的语法格式如下，常用磁盘操作指令如表 2-6 所示。

```
parted [选项] [磁盘 [操作指令]]
```

表 2-6　常用磁盘操作指令

操作指令	功能描述
help	查看帮助
mklabel < LABEL-TYPE>	新建分区表
mkpart PART-TYPE [FS-TYPE] START END	新建分区
rm NUMBER	删除分区

通过一块 sdc 磁盘来进行 GPT 分区演示，具体操作方法如下。

1）修改分区表类型

```
[root@centos7 ~]# parted /dev/sdc  mklabel  gpt       #新建 GPT 分区表格式
Information: You may need to update /etc/fstab.
```

第一次给磁盘创建分区表时，系统仅提示一个信息，此步骤即可完成。如果磁盘原本有分区表，则该命令会提示警告信息，提示数据会丢失，需要用户输入 yes 确认操作。在编写脚本时，如果不希望出现类似的交互提示，则需要使用-s 选项。

```
[root@centos7 ~]# parted /dev/sdc  mklabel  gpt       #修改分区表格式
Warning: The existing disk label on /dev/sdc will be destroyed and all data
on this disk will be
lost. Do you want to continue?
Yes/No?yes                                            #输入 yes 完成修改
```

修改完成后，可以通过 print 指令查看修改效果。

```
[root@centos7 ~]# parted /dev/sdc print               #查看磁盘分区信息
Model: ATA VBOX HARDDISK (scsi)
Disk /dev/sdc: 21.5GB
Sector size (logical/physical): 512B/512B
Partition Table: gpt
```

2）创建与删除分区

创建新的分区需要使用 parted 命令的 mkpart 指令，语法格式如下。

```
parted 磁盘 mkpart 分区类型 [文件系统类型] 开始 结束
```

其中，分区类型有 primary、logical、extended 三种，文件系统类型为可选项，支持的类型有 fat16、fat32、ext2、ext3、linux-swap 等，开始与结束标识区分开始与结束的位置（默认单位为 MB），也可以使用百分比表示分区位置，比如从磁盘容量的 50%开始分区，直到磁盘容量的 100%结束。

```
[root@centos7 ~]# parted /dev/sdc mkpart primary xfs 1 1G
```

上面的命令将创建一个格式为 xfs 的主分区，从磁盘的第 1MB 位置开始分区，到 1GB 的位置结束（大小为 1GB 的主分区）。

```
[root@centos7 ~]# parted /dev/sdc mkpart primary xfs 1G 2G      #创建 1GB 大小的分区
[root@centos7 ~]# parted /dev/sdc mkpart primary 2G 50%
[root@centos7 ~]# parted /dev/sdc mkpart primary 50% 100%
[root@centos7 ~]# parted /dev/sdc print                          #查看分区表信息
Model: ATA VBOX HARDDISK (scsi)
Disk /dev/sdc: 21.5GB
Sector size (logical/physical): 512B/512B
Partition Table: gpt
Disk Flags:

Number    Start     End       Size     File system Name       标识
 1        1049kB    1000MB    999MB          primary
 2        1000MB    2000MB    999MB          primary
 3        2000MB    10.7GB    8738MB         primary
 4        10.7GB    21.5GB    10.7GB         primary
[root@centos7 ~]# parted /dev/sdc rm 4                   #删除任意分区
```

除了基本的创建与删除分区，利用 parted 命令还可以进行分区检查、调整分区大小、恢复误删除分区等操作，关于 parted 命令的更多使用方法，可以查阅 man 手册。接下来看如何通过脚本实现分区管理。

```
[root@centos7 ~]# vim disk_manager.sh
```

```
#!/bin/bash
#功能描述(Description):通过读取位置变量,实现分区管理工作
```

```
#测试位置变量的个数
if [ $# -ne 2 ];then
   echo -e "\033[91m\t参数有误...\033[0m"
   echo "用法:$0 <磁盘名称> <create|new|remove|query>"
   exit
fi

#测试磁盘是否存在
if [ ! -b $1 ];then
   echo -e "\033[91m磁盘不存在!\033[0m"
   exit
fi

#根据不同的指令对磁盘进行分区管理
if [[ $2 == create ]];then
   parted -s $1 mklabel gpt
elif [[ $2 == new ]];then
   parted -s $1 mkpart primary  1 100%
elif [[ $2 == remove ]];then
   parted -s $1 rm 1
elif [[ $2 == query ]];then
   parted -s $1 print
else
   clear
   echo -e "\033[91m\t操作指令有误...\033[0m"
   echo "可用指令:[create|new|remove|query]."
fi
```

2.11　实战案例：简单、高效的case语句

Shell脚本中除了可以使用if...then...else...fi语句，还提供了一种书写更简单、可读性更好的case语句，case语句可以将某个关键词与预设的一系列值进行模式匹配。

case语句的格式如下。

```
case word in
模式1)
```

```
    命令序列 1;;
模式 2)
    命令序列 2;;
......
*)
    命令序列 n;;
esac
```

case 语句还支持多个条件的匹配，语法格式如下。

```
case word in
模式 1|模式 2|模式 3)
    命令序列 1;;
模式 4|模式 5|模式 6)
    命令序列 2;;
... ...
*)
    命令序列 n;;
esac
```

上面的语法中，case 命令首先会展开 word 关键字，然后将该关键字与下面的每个模式进行匹配比较。word 关键字展开支持使用~（根目录）、变量展开$、算术运算展开$[]、命令展开$()等。每个模式匹配中也都支持与 word 关键字一样的展开功能。一旦 case 命令发现有匹配的模式，则执行对应命令序列中的命令。如果命令序列的最后使用了;;（双分号），则 case 命令不再对后续的模式进行匹配比较，即匹配停止。如果使用;&替代;;会导致 case 继续执行下一个模式匹配中附加的命令序列。如果使用;;&替代;;则会导致 case 继续对下一个模式进行匹配，如果匹配则执行对应命令序列中的命令。下面通过几个简单的实例学习 case 语句的基本语法格式。

```
[root@centos7 ~]# vim case-demo1.sh
```

```
#!/bin/bash
#功能描述:使用 case 进行字母比较
#在括号前面的内容与后面的命令序列之间可以使用回车键换行,也可以没有换行

read -p "请输入一个 a～f 之间的字母:" key
case $key in
```

```
    a)
        echo "I am a.";;
    b)
        echo "I am b.";;
    c)  echo "I am c.";;
    d)  echo "I am d.";;
    e)
        echo "I am e.";;
    f)
        echo "I am f.";;
    *)
        echo "Out of range.";;
    esac
```

```
[root@centos7 ~]# vim case-demo2.sh
```

```
    #!/bin/bash
    #功能描述:使用 case 进行字母比较

    read -p "请输入一个 a～c 之间的字母:" key
    case $key in
    a)
        echo "I am a.";;&
    #使用;;&会继续对后面的模式进行匹配
    #所以屏幕会继续显示后面的 I am aa.
    b)
        echo "I am b.";;
    a)
    #使用;&会执行后一个模式匹配中的命令
    #所以屏幕会继续显示 I am c.
        echo "I am aa.";&
    c)
        echo "I am c.";;
    a)
        echo "I am aaa.";;
    *)
        echo "Out of range.";;
    esac
```

```
[root@centos7 ~]# chmod +x case-demo2.sh
[root@centos7 ~]# ./case-demo2.sh
请输入一个 a～c 之间的字母:a                                    #根据提示，输入字母 a
```

```
I am a.
I am aa.
I am c.
[root@centos7 ~]# ./case-demo2.sh
请输入一个a～c之间的字母:c                              #根据提示,输入字母c
I am c.
[root@centos7 ~]# ./case-demo2.sh
请输入一个a～c之间的字母:b                              #根据提示,输入字母b
I am b.
```

在1.3节，讲解了如何使用echo或者printf命令创建脚本菜单。但是因为没有if或case语句的支持，所以前面的脚本是无法对菜单进行响应的。现在继续优化完善这个脚本。

```
[root@centos7 ~]# vim menu.sh
```

```
#!/bin/bash
#功能描述:定义功能菜单,使用case语句判断用户选择的菜单项,实现对应的功能

clear
echo -e "\033[42m---------------------------------\033[0m"
echo -e "\e[2;10H这里是菜单\t\t#"
echo -e "#\e[32m 1.查看网卡信息\e[0m                    #"
echo -e "#\e[33m 2.查看内存信息\e[0m                    #"
echo -e "#\e[34m 3.查看磁盘信息\e[0m                    #"
echo -e "#\e[35m 4.查看CPU信息\e[0m                     #"
echo -e "#\e[36m 5.查看账户信息\e[0m                    #"
echo -e "\033[42m---------------------------------\033[0m"
echo
read -p "请输入选项[1～5]:" key
case $key in
1)
    ifconfig |head -2;;
2)
    mem=$(free |grep Mem |tr -s " " | cut -d" " -f7)
    echo "本机内存剩余容量为:${mem}K.";;
3)
    root_free=$(df | grep /$ | tr -s " " | cut -d " " -f4)
    echo "本机根分区剩余容量为:${root_free}K.";;
4)
```

```
    cpu=$(uptime | tr -s " " | cut -d" " -f13)
    echo "本机 CPU 15min 的平均负载为:$cpu.";;
5)
    login_number=$(who | wc -l)
    total_number=$(cat /etc/passwd | wc -l)
    echo "当前系统账户为$USER"
    echo "当前登录系统的账户数量为:$login_number"
    echo "当前系统中总用户数量为:$total_number";;
*)
    echo "输入有误,超出 1～5 的范围";;
esac
```

```
[root@centos7 ~]# chmod +x menu.sh
[root@centos7 ~]# ./menu.sh
---------------------------------
        这里是菜单                #
# 1.查看网卡信息                  #
# 2.查看内存信息                  #
# 3.查看磁盘信息                  #
# 4.查看 CPU 信息                 #
# 5.查看账户信息                  #
---------------------------------
请输入选项[1～5]:2                                    #根据提示，输入菜单选项
本机内存剩余容量为:13946536K
```

case 命令可以使用管道符号（|）进行多个模式的匹配，编写有些交互脚本时需要使用这个功能。

```
[root@centos7 ~]# vim case-demo3.sh
```

```
#!/bin/bash
#功能描述:交互脚本,识别用户的输入信息
#可以输入 y 或 yes,不区分大小写
#可以输入 n 或 no,不区分大小写
#使用|分隔多个模式匹配,表示或关系,匹配任意模式即可成功

read -p "你确定需要执行该操作吗(y|n)" key
case $key in
[Yy]|[Yy][Ee][Ss])
    echo "注意:你选择的是 yes";;
```

```
    [Nn]|[Nn][Oo])
        echo "你选择的是 no";;
    *)
        echo "无效的输入";;
    esac
```

2.12 实战案例：编写 Nginx 启动脚本

case 语句另一个常用的应用案例是编写 CentOS6 风格的服务启动脚本，在 CentOS7 系统中虽然使用 systemctl 替代了旧版本的 service，但在实际生产环境中还是有大量案例需要编写旧版本的 service 启动脚本，而且 CentOS7 也向下兼容 CentOS6 的启动脚本。注意：CentOS6 风格的 service 启动脚本文件必须存放在/etc/init.d/目录下。

```
[root@centos7 ~]# cd /etc/init.d/
[root@centos7 init.d]# vim nginx
```

```
    #!/bin/bash
    # chkconfig: 2345 90 98
    #功能描述:CentOS6 的 Nginx 服务启动脚本
    #备注:CentOS7 向下兼容 CentOS6 的启动脚本

    nginx="/usr/local/nginx/sbin/nginx"
    pidfile="/usr/local/nginx/logs/nginx.pid"

    case $1 in
    start)
        if [ -f $pidfile ];then
            echo -e "\033[91mNginx is already running...\033[0m"
            exit
        else
            $nginx && echo -e "\033[32mNginx is already running...\033[0m"
        fi;;
    stop)
        if [ ! -f $pidfile ];then
            echo -e "\033[91mNginx is already stoped.\033[0m"
            exit
        else
```

```
        $nginx -s stop && echo -e "\033[32mNginx is stoped.\033[0m"
    fi;;
restart)
    if [ ! -f $pidfile ];then
        echo -e "\033[91mNginx is already stoped.\033[0m"
        echo -e "\033[91mPlease to run Nginx first.\033[0m"
        exit
    else
        $nginx -s stop && echo -e "\033[32mNginx is stoped.\033[0m"
    fi
    $nginx  && echo -e "\033[32mNginx is running...\033[0m"
    ;;
status)
    if [ -f $pidfile ];then
        echo -e "\033[32mNginx is running...\033[0m"
    else
        echo -e "\033[32mNginx is stoped.\033[0m"
    fi;;
reload)
    if [ ! -f $pidfile ];then
        echo -e "\033[91mNginx is already stoped.\033[0m"
        exit
    else
        $nginx -s reload && echo -e "\033[32mReload configure done.\033[0m"
    fi;;
*)
    echo "Usage:$0 {start|stop|restart|status|reload}";;
esac
```

```
[root@centos7 ~]# service nginx status
Nginx is stoped.
[root@centos7 ~]# service nginx start
Nginx is already running...
[root@centos7 ~]# service nginx status
Nginx is running...
[root@centos7 ~]# service nginx restart
Nginx is stoped.
Nginx is running...
[root@centos7 ~]# service nginx reload
Reload configure done.
[root@centos7 ~]# service nginx stop
```

```
Nginx is stoped.
[root@centos7 ~]# service nginx star
Usage:/etc/init.d/nginx {start|stop|restart|status|reload}
[root@centos7 ~]# systemctl status nginx
[root@centos7 ~]# systemctl start nginx
[root@centos7 ~]# systemctl reload nginx
```

2.13 揭秘模式匹配与通配符、扩展通配符

使用 case 进行模式匹配时，除了一些特殊符号，在模式匹配中出现的任何字符都仅代表其自身。在模式匹配中支持具有特殊含义的字符，通常这些符号被称为通配符，如表 2-7 所示。

表 2-7 通配符

通配符	描述
*	匹配任意字符串
?	匹配任意单个字符
[...]	匹配括号中的任意单个字符，使用-可以表示连续的字符； [后面使用!或^表示匹配不在括号中的所有其他内容； []中还支持POSIX标准字符类，如[:alnum:]、[:digit:]、[:lower:]等

下面通过案例看看如何使用通配符识别用户输入的内容。

```
[root@centos7 ~]# vim case-demo4.sh
```

```
#!/bin/bash
#识别用户输入的字符类型,仅准确识别一个字符

read -p "请输入任意字符:" key
case $key in
[a-z])
    echo "输入的是小写字母";;
[A-Z])
    echo "输入的是大写字母";;
[0-9])
    echo "输入的是数字";;
*)
```

```
    echo "输入的是其他特殊符号";;
esac
```

```
[root@centos7 ~]# chmod +x case-demo4.sh
[root@centos7 ~]# ./case-demo4.sh
请输入任意字符:a
输入的是小写字母
[root@centos7 ~]# ./case-demo4.sh
请输入任意字符:A
输入的是大写字母
[root@centos7 ~]# ./case-demo4.sh
请输入任意字符:8
输入的是数字
[root@centos7 ~]# ./case-demo4.sh
请输入任意字符:+
输入的是其他特殊符号
[root@centos7 ~]# ./case-demo4.sh
请输入任意字符:abc
输入的是其他特殊符号
```

从测试脚本的执行效果可以看出，上面这个脚本仅可以识别一个字符，如果输入的内容的字符数超过一个，则全部被识别为其他特殊符号。而且在使用[A-Z]这样的排序集合时，Shell 默认会根据系统的 locale 字符集排序，如果字符集使用不当，会导致匹配不到任何数据的情况发生，这个结果显然是不太合理的。

```
[root@centos7 ~]# localectl status                             #查看字符集
[root@centos7 ~]# localectl list-locales | grep en             #显示字符集列表
[root@centos7 ~]# localectl set-locale "LANG=zh_CN.UTF-8"      #设置语言字符集
[root@centos7 ~]# localectl set-locale "LANG=en_US.utf8"       #设置语言字符集
```

可以使用 shopt 命令切换影响 Shell 行为的控制选项，如果使用 shopt 命令将 Shell 的 extglob 控制选项开启，则在 Shell 中可以支持如表 2-8 所示的扩展通配符。shopt 命令用于显示和设置 Shell 的各种属性，shopt 命令不设置任何参数时，可以显示所有 Shell 属性及属性值。使用 shopt 命令的-s 选项可以激活某个特定的 Shell 属性功能，而-u 选项则可以禁用某个特定的属性功能。

表 2-8　扩展通配符

扩展通配符	描述
?(模式列表)	匹配0次或1次指定的模式列表
+(模式列表)	匹配1次或多次指定的模式列表
*(模式列表)	匹配0次或多次指定的模式列表
@(模式列表)	仅匹配1次指定的模式列表
!(模式列表)	匹配指定模式列表之外的所有内容

```
[root@centos7 ~]# shopt                                    #查看所有变量
autocd          off
cdable_vars     off
cdspell         off
checkhash       off
checkjobs       off
... ...(省略部分输出内容)
[root@centos7 ~]# shopt -s extglob                         #激活指定的控制变量
[root@centos7 ~]# shopt  extglob                           #仅查看一个变量
extglob         on
[root@centos7 ~]# shopt -u extglob                         #禁用指定的控制变量
[root@centos7 ~]# shopt extglob
extglob         off
[root@centos7 ~]# shopt -s extglob
```

通过一个示例演示扩展通配符的作用。脚本需要结合实际执行效果反复验证并思考匹配的流程与原理。

```
[root@centos7 ~]# vim case-demo5.sh
```

```
#!/bin/bash
#演示扩展通配符的作用

shopt -s extglob
read -p "请输入任意字符:" key
case $key in
+([Yy]))
    echo "输入了至少 1 个[Yy]";;
?([Nn])o)
    echo "输入的是[Nn]o 或仅为 o";;
```

```
    t*(o))
        echo "输入的是 t 或 to 或 too...";;
    @([0-9]))
        echo "输入的是单个数字";;
    !([[:punct:]]))
        echo "输入的不是标点符号";;
    *)
        echo "输入的是其他符号";;
    esac
```

接下来，结合实际的执行效果，分析匹配的流程。注意输入内容与输出结果的对应关系。

```
[root@centos7 ~]# chmod +x case-demo5.sh
[root@centos7 ~]# ./case-demo5.sh
请输入任意字符:y
输入了至少 1 个[Yy]
[root@centos7 ~]# ./case-demo6.sh
请输入任意字符:Yyy
输入了至少 1 个[Yy]
```

从执行结果中可以看出，+这个通配符的作用就是对模式至少进行 1 次匹配，所以不管输入多少个 Y 都会匹配成功。Y 不区分大小写，因为模式中使用的[Yy]代表集合中的任意单个字符。

```
[root@centos7 ~]# ./case-demo5.sh
请输入任意字符:No
输入的是[Nn]o 或仅为 o
[root@centos7 ~]# ./case-demo5.sh
请输入任意字符:no
输入的是[Nn]o 或仅为 o
[root@centos7 ~]# ./case-demo5.sh
请输入任意字符:o
输入的是[Nn]o 或仅为 o
[root@centos7 ~]# ./case-demo5.sh
请输入任意字符:nno
输入的不是标点符号
```

使用?通配符仅对模式进行 0 次或 1 次匹配（最多 1 次）。本示例中使用?对大小写的字母 N 进行匹配，表示 N 可以出现 1 次，也可以不出现，但最多出现 1 次。而后面的字母 o 是必须有的，没有特殊转义，也没有特殊匹配。所以执行脚本后，输入 No、no 或 o 都可以匹配成功，但是输入多于 1 个 n 则匹配失败。最终与!([[:punct:]])匹配成功，屏幕回显："输入的不是标点符号"。

```
[root@centos7 ~]# ./case-demo5.sh
请输入任意字符:t
输入的是 t 或 to 或 too...
[root@centos7 ~]# ./case-demo5.sh
请输入任意字符:to
输入的是 t 或 to 或 too...
[root@centos7 ~]# ./case-demo5.sh
请输入任意字符:too
输入的是 t 或 to 或 too...
[root@centos7 ~]# ./case-demo5.sh
请输入任意字符:tooo
输入的是 t 或 to 或 too...
[root@centos7 ~]# ./case-demo5.sh
请输入任意字符:ta
输入的不是标点符号
```

上面的示例脚本对字母 t 进行普通的字符匹配，后面使用*对字母 o 进行 0 或多次的匹配，所以当输入单个字母 t 或者字母 t 后面跟任意数量的字母 o 都是可以匹配成功的。但是，输入字符串 ta 与!([[:punct:]])匹配成功，屏幕回显："输入的不是标点符号"。

```
[root@centos7 ~]# ./case-demo5.sh
请输入任意字符:8
输入的是单个数字
[root@centos7 ~]# ./case-demo6.sh
请输入任意字符:88
输入的不是标点符号
```

使用扩展通配符@可以指定仅对模式进行 1 次匹配，示例中使用@对数字进行匹配，所以当输入 8 或其他任意单个数字时都会匹配成功，但是输入任意多个数字则无法匹配成功。

```
[root@centos7 ~]# ./case-demo5.sh
```

```
请输入任意字符:hello
输入的不是标点符号
[root@centos7 ~]# ./case-demo5.sh
请输入任意字符:the
输入的不是标点符号
[root@centos7 ~]# ./case-demo5.sh
请输入任意字符:985
输入的不是标点符号
```

虽然[:punct:]代表标点符号，但是使用!取反后，!([[:punct:]])则代表匹配除标点符号外的所有内容。只要不是标点符号，并且没有与前面几个模式匹配成功的情况下，都在这里匹配，屏幕回显："输入的不是标点符号"。如果上面所有的模式都无法匹配成功，则最后会与*匹配成功，因为*通配符可以匹配任意内容。

```
[root@centos7 ~]# ./case-demo5.sh
请输入任意字符:;
输入的是其他符号
[root@centos7 ~]# ./case-demo5.sh
请输入任意字符:.
输入的是其他符号
[root@centos7 ~]# ./case-demo5.sh
请输入任意字符:-
输入的是其他符号
```

看了这么多扩展模式匹配的示例后，再次完善优化识别用户输入字符的脚本[1]。

```
[root@centos7 ~]# vim case-demo6.sh
```

```
#!/bin/bash
#识别用户输入字符的类型(进化版)

shopt -s extglob
read -p "请输入任意字符:" key
case $key in
+([[:lower:]]))
    echo "输入的是小写字母";;
```

[1] 针对 case-demo4.sh 脚本的优化。

```
+([[:upper:]]))
    echo "输入的是大写字母";;
+([0-9]))
    echo "输入的是数字";;
*)
    echo "输入的是其他特殊符号";;
esac
```

一定要使用 shopt 命令先将控制变量 extglob 开启，否则执行脚本时会报错。

2.14 Shell 小游戏之石头剪刀布

本章最后，通过一个石头剪刀布的小游戏，综合练习前面学到的 if 和 case 语句。首先，需要将石头、剪刀和布抽象为计算机善于处理的数字，通过制作菜单，提示用户各种出拳方式与数字之间的对应关系。计算机出拳可以借助系统内置的随机数变量 RANDOM，该随机数范围太大，这里需要的仅有 3 种可能性，通过让随机数对 3 进行求模运算，可以将范围固定在 0～2 之间，但是为了更加符合人类的思考习惯，再进行一次加 1 运算，就可以将范围固定在 1～3 之间。使用 case 语句对用户输入的 3 种数字及其他内容进行判断识别，当用户输入的是某一个数字（出拳为石头、剪刀或布）时，再分别对计算机可能出现的三个随机数进行 if 判断，并根据判断的结果决定游戏的输赢。

```
[root@centos7 ~]# vim game.sh
```

```
#!/bin/bash
#功能描述(Description):石头剪刀布游戏
#计算机根据生成的随机数出拳,并提示用户出拳
#将用户的输入与计算机产生的随机数进行比较,判断输赢

#1:石头,2:剪刀,3:布(随机数对 3 求模后,再加 1 的结果为 1,2,3)
computer=$[RANDOM%3+1]
clear
echo "##########################"
echo "#     石头剪刀布游戏          #"
echo -e "#\033[32m 请根据下列提示出拳: \033[0m#"
echo "##########################"
echo "|---------------|"
```

```
echo "|  1.石头        |"
echo "|  2.剪刀        |"
echo "|  3.布          |"
echo "|--------------|"
read -p "请输入1~3的值:" person
clear
case $person in
1)
   if [[ "$computer" == 1 ]];then
      echo " ____________________"
      echo "|     出拳:石头.  |"
      echo "|计算机出拳:石头.  |"
      echo "|____________________|"
      echo -e "\033[32m平局.\033[0m"
   elif [[ "$computer" == 2 ]];then
      echo " ____________________"
      echo "|     出拳:石头  |"
      echo "|计算机出拳:剪刀  |"
      echo "|____________________|"
      echo -e "\033[32m恭喜,你赢了!\033[0m"
   elif [[ "$computer" == 3 ]];then
      echo " ____________________"
      echo "|     出拳:石头  |"
      echo "|计算机出拳:布    |"
      echo "|____________________|"
      echo -e "\033[32m计算机赢!\033[0m"
   fi;;
2)
   if [[ "$computer" == 1 ]];then
      echo " ____________________"
      echo "|     出拳:剪刀  |"
      echo "|计算机出拳:石头  |"
      echo "|____________________|"
      echo -e "\033[32m计算机赢!\033[0m"
   elif [[ "$computer" == 2 ]];then
      echo " ____________________"
      echo "|     出拳:剪刀  |"
      echo "|计算机出拳:剪刀  |"
      echo "|____________________|"
      echo -e "\033[32m平局!\033[0m"
```

```
    elif [[ "$computer" == 3 ]];then
        echo " ____________________"
        echo "|    出拳:剪刀  |"
        echo "|计算机出拳:布    |"
        echo "|____________________|"
        echo -e "\033[32m恭喜，你赢了!\033[0m"
    fi;;
3)
    if [[ "$computer" == 1 ]];then
        echo " ____________________"
        echo "|    出拳:布    |"
        echo "|计算机出拳:石头  |"
        echo "|____________________|"
        echo -e "\033[32m恭喜，你赢了!\033[0m"
    elif [[ "$computer" == 2 ]];then
        echo " ____________________"
        echo "|    出拳:布    |"
        echo "|计算机出拳:剪刀  |"
        echo "|____________________|"
        echo -e "\033[32m计算机赢!\033[0m"
    elif [[ "$computer" == 3 ]];then
        echo " ____________________"
        echo "|    出拳:布    |"
        echo "|计算机出拳:布    |"
        echo "|____________________|"
        echo -e "\033[32m平局!\033[0m"
    fi;;
*)
    echo -e "\033[91m无效的输入值,请输入1～3范围内的值\033[0m";;
esac
```

执行效果如下：

```
[root@centos7 ~]# chmod +x game.sh
[root@centos7 ~]# ./game.sh
#########################
#    石头剪刀布游戏        #
# 请根据下列提示出拳:      #
#########################
|---------------|
```

```
|  1.石头        |
|  2.剪刀        |
|  3.布          |
|---------------|
请输入 1～3 的值:1
_________________________
|     出拳:石头   |
|计算机出拳:布     |
|____________________|
计算机赢!
```

本案例中，将石头、剪刀、布抽象成数字。同样的道理，也可以将计算机生成的 3 种随机数字抽象成为字符串（石头、剪刀、布），这样用户就可以直接输入石头、剪刀或布开始游戏，脚本可以根据用户的输入进行字符串的比较操作，然后根据字符串的比较结果判断输赢。

感兴趣的读者可以根据以上这种思路，尝试编写类似的脚本。

3

第 3 章 根本停不下来的循环和中断控制

在日常的 Linux 运维工作中，经常需要反复执行相同的代码。如果所有的重复工作都需要人为手工进行，则对任何人来说都是噩梦！此时如果能让计算机自动进行重复的工作，就完美了！而在 Shell 脚本中就可以通过循环实现重复执行特定代码块的功能。Shell 支持的循环语句包括 for、while、until 和 select。

3.1 玩转 for 循环语句

首先看在 Shell 脚本中如何使用 for 循环语句。在编写脚本时 for 循环语句常被应用于循环次数固定的案例中。for 循环语句支持多种语法格式，其基本语法格式如下。

```
for name [ in [ word ...]]
do
    命令序列
done
```

在该基本语法格式中，name 是可以任意定义的变量名称，word 是支持扩展的项目列表，扩展后生成一份完整的项目列表（或值列表）。name 会逐一提取项目列表中的每一个值，每提取一个值就会执行一次 do 和 done 中间的命令序列。下面通过几个简单的例子演示 for 循环语句的基本语法。

```
[root@centos7 ~]# vim for-demo1.sh
```

```
#!/bin/bash
#描述(Description):for 循环基本语法格式演示

for i in 1 2 3 4 5
do
  echo "hello world"
done
```

```
[root@centos7 ~]# chmod +x for-demo1.sh
[root@centos7 ~]# ./for-demo1.sh
hello world
hello world
hello world
hello world
hello world
```

在for-demo1.sh这个脚本中，i是定义的变量名（name），后面 1～5 的数字 [1]代表没有使用任何扩展功能的word，完整的项目列表就是这 5 个数字，循环也只循环 5 次。代码的执行流程如图 3-1 所示。

1. 数字之间使用分隔符分隔，默认分隔符为空格或 Tab。

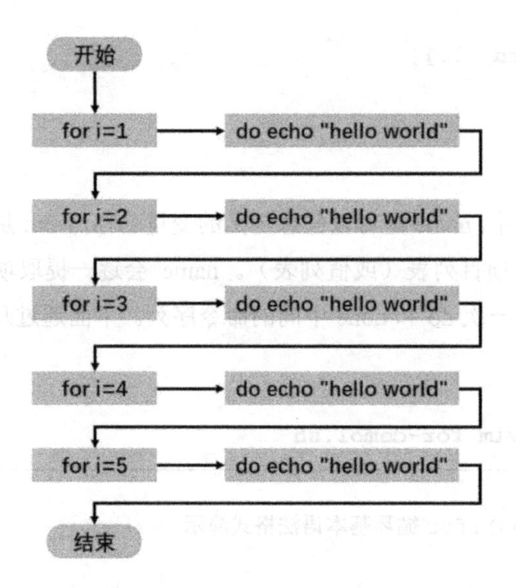

图 3-1　代码的执行流程

在这个示例中，变量 i 依次提取 word 列表中的所有值。当 i=1 时，执行一次 do 和 done 中间的命令序列（屏幕回显 hello world），依此类推，i 循环提取每个值。因为总共有 5 个值，所以屏幕最终回显 5 次 hello world。

```
[root@centos7 ~]# vim for-demo2.sh
```

```
#!/bin/bash
#描述(Description):for 循环基本语法格式演示

for i in 1 2 3 4 5
do
    echo $i
done
```

```
[root@centos7 ~]# chmod +x for-demo2.sh
[root@centos7 ~]# ./for-demo2.sh
1
2
3
4
5
```

与 for-demo1.sh 类似，for-demo2.sh 也进行了 5 次循环，每次循环执行 do 和 done 中间

的命令序列。但因为命令序列是 echo $i，该命令将回显变量 i 的值，当循环第一次提取值时 i=1，执行命令结果显示 1，当循环第二次提取值时 i=2，执行命令结果显示 2，依此类推。脚本的最终执行结果是屏幕回显 1～5 的数字。

在编写 for 循环语句脚本时，变量 name 可以不定义取值范围，也就是没有 in 和 word，语法格式如下。

```
for name
do
    命令序列
Done
```

变量 name 没有定义取值的范围，这个循环语句到底会循环多少次呢？如果变量 name 没有定义取值范围，则默认取值为$@，也就是所有位置变量的值。这样有几个位置变量，该 for 循环语句就循环几次。下面通过一个示例演示效果。

```
[root@centos7 ~]# vim for-demo3.sh
```

```
#!/bin/bash
#描述(Description):for 循环基本语法格式演示
#注意：这个示例中 i 后面没有定义取值范围，则默认取值为$@
for i
do
    echo $i
done
```

```
[root@centos7 ~]# chmod +x for-demo3.sh
[root@centos7 ~]# ./for-demo3.sh                         #没有提供参数，循环 0 次
[root@centos7 ~]# ./for-demo3.sh hello 798 beijing #提供 3 个参数，循环 3 次
hello
798
Beijing
```

执行 for-domo3.sh 脚本，因为提供了 3 个参数，分别是 hello、798 和 beijing，所以当第一次循环时 i 取值为 hello，执行命令 echo $i，屏幕回显 hello。当第二次循环时 i 取值为 798，执行命令 echo $i，屏幕回显 798。当第三次循环时 i 取值为 beijing，执行命令 echo $i，屏幕回显 beijing。

上面是两个没有使用扩展的例子，下面再看几个有扩展功能的 word 示例，Shell 支持多种扩展，如变量替换、命令扩展、算术扩展、通配符扩展等。

有时候脚本的循环语句需要执行成百上千次，如果每一个值都手动输入，谁也无法接受。Shell 支持使用 seq 或{}自动生成数字序列，并且使用{}还可以自动生成字母序列。for 循环语句可以对{}或 seq 扩展后的数据列表进行循环。

```
[root@centos7 ~]# echo {1..5}                              #生成 1～5 的数字序列
1 2 3 4 5
[root@centos7 ~]# echo {5..1}                              #生成 5～1 的数字序列
5 4 3 2 1
[root@centos7 ~]# echo {1..10..2}
1 3 5 7 9
```

上面这条命令从 1 开始，最大到 10，中间的步长是 2。1+2=3，3+2=5，5+2=7，7+2=9，9+2=11，因为 11 超出了 1～10 的范围，所以命令的实际最大输出结果为 9。

```
[root@centos7 ~]# echo {a..z}                              #生成字母序列，小写字母表
a b c d e f g h i j k l m n o p q r s t u v w x y z
[root@centos7 ~]# echo {A..Z}
A B C D E F G H I J K L M N O P Q R S T U V W X Y Z
[root@centos7 ~]# echo {x,y{i,j}{1,2,3},z}                 #自动生成组合的字符串序列
x yi1 yi2 yi3 yj1 yj2 yj3 z
```

但是，当在{}中调用其他变量时一定要注意，并不会得到我们想要的数字序列。

```
[root@centos7 ~]# i=5
[root@centos7 ~]# echo {1..$i}
{1..5}
```

另外，还可以使用 seq 命令生成数字序列，并且可以调用其他变量，但该命令不支持生成字母序列。默认输出序列的分隔符是\n 换行符，也可以使用-s 选项自定义分隔符。

```
[root@centos7 ~]# seq 1 5                    #生成 1～5 的数字序列
1
2
3
```

```
4
5
[root@centos7 ~]# seq -s' ' 1 5                  #指定使用空格为分隔符
1 2 3 4 5
[root@centos7 ~]# seq 2 2 10                     #指定步长为2，输出偶数
2
4
6
8
10
[root@centos7 ~]# seq -s' ' 8                    #不指定起始位置时，则默认起始位置为1
1 2 3 4 5 6 7 8
[root@centos7 ~]# i=5
[root@centos7 ~]# j=10
[root@centos7 ~]# seq -s' ' $i $j                #支持调用变量
5 6 7 8 9 10
```

对有序的数字（年份）进行循环并判断其是否为闰年，就是一个不错的练习案例。

```
[root@centos7 ~]# vim leap_year.sh
```

```
#!/bin/bash
#功能描述(Description):判断有序的数字是否为闰年
#条件1:能被4整除但不能被100整除)条件2:能被400整除
#满足条件1或条件2之一就是闰年
for i in {1..5000}
do
    if [[ $[i%4] -eq 0 && $[i%100] -ne 0 || $[i%400] -eq 0 ]];then
        echo "$i:是闰年"
    else
        echo "$i:非闰年"
    fi
done
```

```
[root@centos7 ~]# chmod +x leap_year.sh
[root@centos7 ~]# ./leap_year.sh
... ...(部分输出内容省略)
2018:非闰年
2019:非闰年
2020:是闰年
2021:非闰年
```

```
2022:非闰年
2023:非闰年
2024:是闰年
2025:非闰年
2026:非闰年
... ...(部分输出内容省略)
```

下面的脚本通过快速生成数字序列，测试某个网段内所有主机的连通性。虽然在 Linux 系统中可以通过安装 Nmap 快速测试主机的连通性，但是这些示例却可以帮助我们更好地理解 for 循环语句。通过大量类似案例的训练，可以为后续其他应用案例打下坚实的基础。

```
[root@centos7 ~]# vim ping_check1.sh
```

```
#!/bin/bash
#功能描述(Description):测试某个网段内所有主机的连通性

net="192.168.4"
for i in {1..254}
do
   ping -c2 -i0.2 -W1 $net.$i &>/dev/null
   if [ $? -eq 0 ];then
      echo "$net.$i is up."
   else
      echo "$net.$i is down."
   fi
done
```

或者使用 seq 快速生成数字序列。因为 seq 是一个命令，而此时需要的是命令的执行结果，所以这里需要使用$()或``对命令进行扩展，获取命令的执行结果。

```
[root@centos7 ~]# vim ping_check2.sh
```

```
#!/bin/bash
#功能描述(Description):测试某个网段内所有主机的连通性
#可以使用$()或``对命令进行扩展

net="192.168.4"
for i in $(seq 254)
do
```

```
    ping -c2 -i0.2 -W1 $net.$i &>/dev/null
    if [ $? -eq 0 ];then
       echo "$net.$i is up."
    else
       echo "$net.$i is down."
    fi
done

#for i in `seq 254`
#do
#    ping -c2 -i0.2 -W1 $net.$i &>/dev/null
#    if [ $? -eq 0 ];then
#       echo "$net.$i is up."
#    else
#       echo "$net.$i is down."
#    fi
#done
```

上面这两个测试网段内所有主机连通性的脚本，执行流程是一模一样的，因为{}和 seq 都生成 1～254 的数字列表，所以都循环 254 次，流程图如图 3-2 所示。

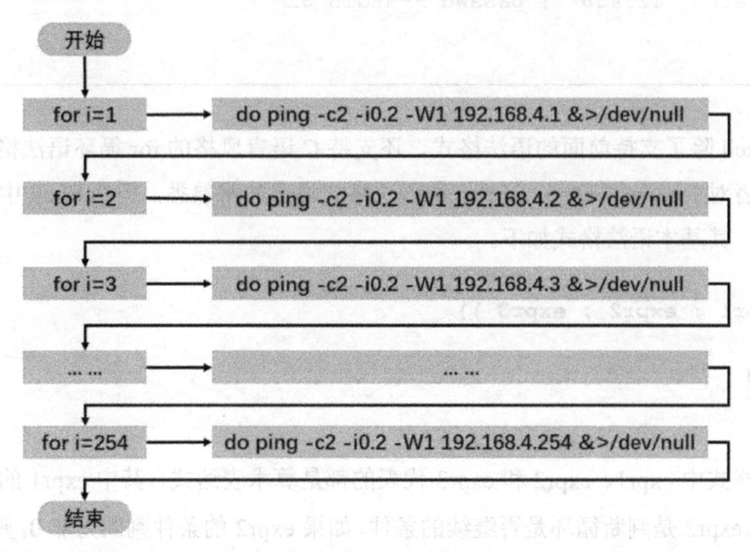

图 3-2　流程图

再看一个批量创建系统账户的案例。通过读取账户文件中的所有用户名，批量创建账户并分别设置初始密码。

```
[root@centos7 ~]# vim user.txt                        #创建演示账户列表文件
```

```
jacob
tintin
rose
rick
vicky
```

```
[root@centos7 ~]# vim user.sh                         #批量创建系统账户的脚本
```

```
#!/bin/bash
#功能描述(Description):通过读取用户名列表文件批量创建系统账户

for i in `cat user.txt`
do
    if id $i &>/dev/null ;then
        echo "$i,该账户已经存在!"
    else
        useradd $i
        echo "123456" | passwd --stdin $i
    fi
done
```

Bash Shell 除了支持前面的语法格式，还支持 C 语言风格的 for 循环语法格式。熟悉 C 语言的开发者对 for (i=1；i<=6；i++)这种语法格式肯定非常熟悉，但在 Shell 中需要额外添加一对括号。其基本语法格式如下。

```
for (( expr1 ; expr2 ; expr3 ))
do
    命令序列
done
```

该语法格式中 expr1、expr2 和 expr3 代表的都是算术表达式，其中 expr1 的作用是进行初始化赋值。expr2 是判断循环是否继续的条件，如果 expr2 的条件判断为非 0，则 do 和 done 中间的命令序列就会执行一次，并且触发执行一次 expr3。依此类推，直到 expr2 的判断条件为 0 时，整个循环结束。执行流程如图 3-3 所示。

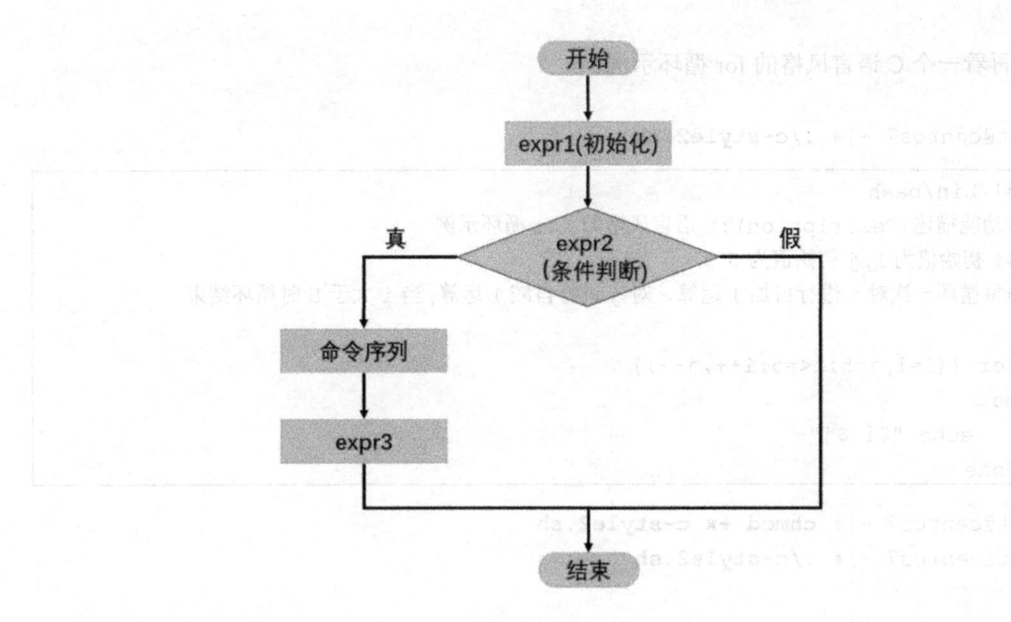

图 3-3　执行流程

演示案例如下。

```
[root@centos7 ~]# vim c-style1.sh
```

```
#!/bin/bash
#功能描述(Description):C 语言风格的 for 循环语法格式示例
#i 从 1 开始,每循环 1 次对 i 进行自加 1 运算,直到 i 大于 5 时循环结束

for ((i=1;i<=5;i++))
do
    echo $i
done
```

```
[root@centos7 ~]# chmod +x c-style1.sh
[root@centos7 ~]# ./c-style1.sh
1
2
3
4
5
```

再看一个 C 语言风格的 for 循环示例。

```
[root@centos7 ~]# ./c-style2.sh
```

```
#!/bin/bash
#功能描述(Description):C 语言风格的 for 循环示例
#i 初始值为 1,j 初始值为 5
#每循环一次对 i 进行自加 1 运算、对 j 进行自减 1 运算,当 i 大于 5 时循环结束

for ((i=1,j=5;i<=5;i++,j--))
do
    echo "$i $j"
done
```

```
[root@centos7 ~]# chmod +x c-style2.sh
[root@centos7 ~]# ./c-style2.sh
1 5
2 4
3 3
4 2
5 1
```

3.2 实战案例：猴子吃香蕉的问题

某山顶上有一棵香蕉树，一只猴子第一天从树上摘了若干根香蕉，当即就吃了一半，还不过瘾，又多吃了一根。第二天猴子又将剩下的香蕉吃了一半，禁不住诱惑，又多吃了一根。依此类推，每天都将剩余的香蕉吃一半后再多吃一根。到了第九天，猴子发现只剩一根香蕉了，请问这只猴子在第一天一共摘了多少根香蕉？

针对这个问题，我们可以从后往前推导，因为第九天仅剩一根香蕉，而且是前一天吃了一半后再多吃一根导致的结果，那么首先假设如果把多吃的一根香蕉还原回去则(1+1=2)，就等于只吃了一半的结果，也就是在第八天吃了一半的情况下还剩余两根，而这两根仅是第八天的一半（2×2=4），最后得出第八天的数量为 4 根香蕉。依此类推，(4+1)×2=10，第七天就是 10 根香蕉。推导演示如图 3-4 所示，得出推导公式为$(n+1)\times 2$，通过公式计算可以获得前一天的香蕉数量。当找到正确算法后，就可以使用循环语句多次推导并获到第一天的香蕉数量。

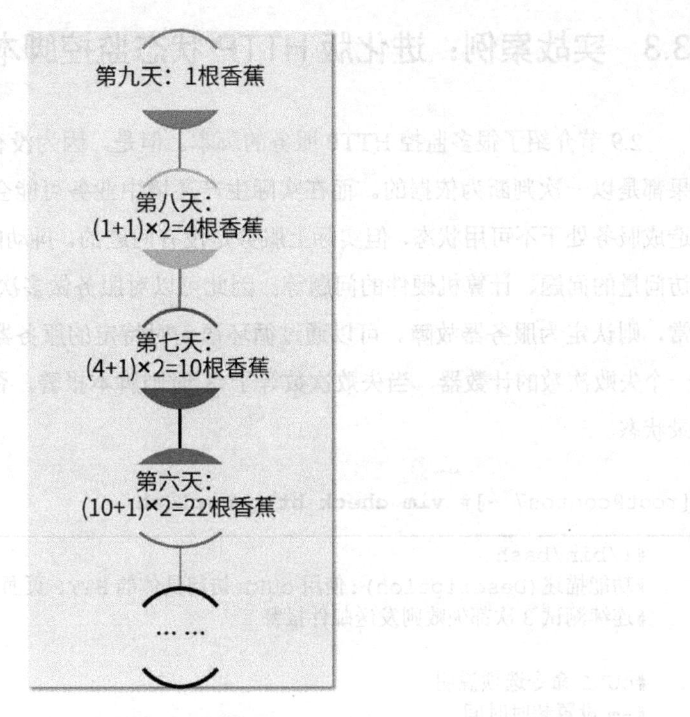

图 3-4　推导演示

具体脚本如下。

```
[root@centos7 ~]# vim monkey.sh
```

```
#!/bin/bash
#功能描述(Description):使用循环语句计算猴子吃香蕉的问题
#初始化香蕉数量为 1,也就是第九天的香蕉数量为 1
#每循环一次计算前一天的香蕉数量,循环 8 次得到第一天的香蕉数量
banana=1
for i in {1..8}
do
    banana=$[(banana+1)*2]
done
    echo $banana
```

```
[root@centos7 ~]# chmod +x monkey.sh
[root@centos7 ~]# ./monkey.sh
766
```

3.3 实战案例：进化版 HTTP 状态监控脚本

2.9 节介绍了很多监控 HTTP 服务的脚本。但是，因为没有使用循环语句，所以检测结果都是以一次判断为依据的。而在实际生产环境中业务可能会发生短暂的健康抖动，从而造成服务处于不可用状态，但实际上服务是没有问题的。抖动的原因很多，如网络的问题、访问量的问题、计算机硬件的问题等。因此可以对服务做多次检测，比如 3 次检测都不正常，则认定为服务器故障。可以通过循环语句对特定的服务器页面进行多次检测，并设置一个失败次数的计数器，当失败次数等于 3 时则脚本报警，否则仅通过记录日志的形式记录状态。

```
[root@centos7 ~]# vim check_http_curl.sh
```

```
#!/bin/bash
#功能描述(Description):使用 cURL 访问具体的 HTTP 页面,检测 HTTP 状态码
#连续测试 3 次都失败则发送邮件报警

#cURL 命令选项说明
#-m 设置超时时间
#-s 设置静默连接
#-o 下载数据另存为
#-w 返回附加信息,HTTP 状态码

url=http://192.168.4.5/index.html
date=$(date +"%Y-%m-%d %H:%M:%S")
mail_to="root@localhost"
mail_subject="http_warning"
fail_times=0
for i in 1 2 3
do
    status_code=$(curl -m 3 -s -o /dev/null -w %{http_code} $url)
#使用<<-重定向可以忽略 Tab 键缩进的内容,代码可读性更好
    if [ $status_code -ne 200 ];then
        let fail_times++
    fi
    sleep 1
done
if [ $fail_times -eq 3 ];then
    mail -s $mail_subject $mail_to <<- EOF
    检测时间为:$date
```

```
    $url 页面异常,服务器返回状态码:${status_code}
    请尽快排查异常
    EOF
else
    cat >> /var/log/http_check.log <<- EOF
    $date "$url 页面访问正常"
    EOF
fi
```

3.4　神奇的循环嵌套

犹如生活中存在一维、二维和三维空间的概念一样，Shell 脚本中需要处理的数据也有一维、二维和三维等情况。比如，在 root 根目录下循环创建十个文件就可以理解为在一维空间的操作。而在十个不同的账户根目录下分别创建十个不同的文件，就可以理解为在二维空间中的操作。但是，当遇到这样的问题时我们如何通过脚本来解决呢？答案就是使用循环嵌套语句。循环嵌套语句就是在一个循环体内再嵌套另外一个循环体。

我们看一个打印字符串的案例，首先在屏幕上显示一行星星，星星的个数为 5。这个脚本很容易写。

```
[root@centos7 ~]# vim star1.sh
```

```
#!/bin/bash
echo "* * * * *"
```

```
[root@centos7 ~]# chmod +x star1.sh
[root@centos7 ~]# ./star1.sh
* * * * *
```

完美！但是，这个也太简单了！如果我们需要显示 50 个星星呢？100 个星星呢？

```
[root@centos7 ~]# vim star2.sh
```

```
#!/bin/bash

for J in {1..5}
do
    echo -n "*"
```

```
    done
```

```
[root@centos7 ~]# chmod +x star2.sh
[root@centos7 ~]#./star2.sh
*****[root@centos7 ~]#
```

可以显示 5 个星星了，但是问题很多！每个星星之间没有空格分隔，显示所有的 5 个星星后没有换行（因为脚本中 echo 命令使用了-n 选项，该选项的作用就是不换行输出）。所以需要继续修改。

```
[root@centos7 ~]# vim star3.sh
```

```
#!/bin/bash
#version:3
#注意 echo 命令输出的内容是星星和空格
for j in {1..5}
do
    echo -n "* "
done
    echo
```

```
[root@centos7 ~]# chmod +x star3.sh
[root@centos7 ~]#./star3.sh
* * * * *
```

这次，星星之间有了空格分隔符，而且在 5 次循环结束后通过一条没有使用-n 选项的 echo 命令实现了按回车键换行的功能。最重要的是，因为使用的是循环语句，所以不管需要在屏幕上显示多少个星星，都只需要修改循环的数字序列即可，灵活性极高。

但是，如果把难度再次加大，希望显示如图 3-5 所示的 5 行×5 列的星星矩阵呢？这就是展现循环嵌套语句强大功能的时候了。

```
* * * * *
* * * * *
* * * * *
* * * * *
* * * * *
```

图 3-5　星星矩阵

在上面这个脚本中通过一个 5 次的循环已经可以实现显示一行星星了。那么，下一步让相同的动作再次重复执行即可。前面相关的行为重复执行 2 次就可以显示 2 行星星，重复 3 次就可以显示 3 行星星，依此类推。

```
[root@centos7 ~]# vim matrix-star.sh
```

```
#!/bin/bash

for i in {1..5}
do
    for j in {1..5}
    do
        echo -n "* "
    done
    echo
done
```

注意，在循环嵌套时内层循环和外层循环使用的变量名不能相同。比如下面两个脚本的执行结果就完全不同。在实际生产环境中编写的脚本一定要注意类似的问题。

```
[root@centos7 ~]# vim for-demo5.sh
```

```
#!/bin/bash
#功能描述(Description):显示数字 1 和 2 的所有排列组合

for i in {1..2}
do
    for j in {1..2}
    do
        echo "${i}${j}"
    done
done
```

```
[root@centos7 ~]# chmod +x for-demo5.sh
[root@centos7 ~]# ./for-demo5.sh
11
12
21
22
```

```
[root@centos7 ~]# vim for-demo6.sh
```

```
#!/bin/bash
#功能描述(Description):错误的演示案例

for i in {1..2}
do
   for i in {1..2}
   do
      echo "${i}${i}"
   done
done
```

```
[root@centos7 ~]# chmod +x for-demo6.sh
[root@centos7 ~]# ./for-demo5.sh
11
22
11
22
```

再看三组由色块组成的不同形状，如图 3-6 所示。

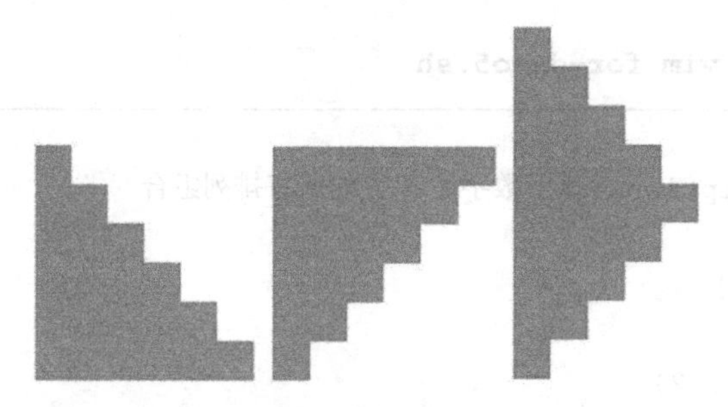

图 3-6　三组色块形状

分析第一组图形可知，第一行打印的是 1 个色块，第二行打印的是 2 个色块，依此类推。如果使用 i 变量控制行，j 变量控制列，i 变量的取值范围就是 1～6，而每次循环体中变量 j 的取值就应该等于变量 i 的值。也就是说，当 i=1 时，j 就等于 1，当 i=2 时，j 就等于 2。下面是具体的参考代码。

```
[root@centos7 ~]# vim shape1.sh
```

```
#!/bin/bash
```

```
#功能描述(Description):打印各种色块形状
#练习循环嵌套

for i in $(seq 6)
do
    for j in $(seq $i)
    do
        echo -ne "\033[101m  \033[0m"
    done
    echo
done
```

分析第二组图形可知，第一行打印的是 6 个色块，第二行打印的是 5 个色块，依此类推。如果使用变量 i 控制行，变量 j 控制列，那么变量 i 的取值范围就是 1～6，而变量 j 的取值范围就需要仔细分析了。当 i=1 时，j 的值应该是 6（也就是 j 的初始值应该是 6），而当 i=2 时（第二行），j 的值应该是 5（也就是 j--），最后当 i=1 时（最后一行），j 的值也应该是 1（也就是 j 的值最小是 1）。从分析结果来看变量 i 和 j 有大小关联性，对于这样的循环，可以优先考虑使用 C 语言风格的 for 循环语句。下面是具体的参考代码。

[root@centos7 ~]# **vim shape2.sh**

```
#!/bin/bash
#功能描述(Description):打印各种色块形状
#练习循环嵌套

for ((i=1;i<=6;i++))
do
    for ((j=6;j>=i;j--))
    do
        echo -ne "\033[46m  \033[0m"
    done
    echo
done
```

分析第三组图形可知，第三组图形是前面逻辑的组合。也就是说，先做递增输出色块，再做递减输出色块。组合前面两个脚本并进行适当修改即可。下面是具体的参考代码。

[root@centos7 ~]# **vim shape3.sh**

```
#!/bin/bash
#功能描述(Description):打印各种色块形状
#练习循环嵌套

for ((i=1;i<=5;i++))
do
    for ((j=1;j<=i;j++))
    do
        echo -ne "\033[46m  \033[0m"
    done
    echo
done
for ((i=4;i>=1;i--))
do
    for ((j=i;j>=1;j--))
    do
        echo -ne "\033[46m  \033[0m"
    done
    echo
done
```

国际象棋棋盘也是练习循环嵌套语句不错的案例，棋盘是一个八横八纵的图形，如图3-7所示。分析图形的第一行，第1行第1列、第1行第3列、第1行第5列……是一种颜色（假设为白色），而第1行第2列、第1行第4列、第1行第6列……是另外一种颜色(假设为黑色）。再分析图形的第二行，第2行第1列、第2行第3列、第2行第5列……是一种颜色（假设为黑色），而第2行第2列、第2行第4列、第2行第6列……是另外一种颜色（假设为白色），依此类推。这些数据的特征是什么呢？1+1=2、1+3=4、1+5=6、2+2=4、2+4=6、2+6=8，行和列的求和为偶数。1+2=3、1+4=5、1+6=7、2+1=3、2+3=5、2+5=7，行和列的求和为奇数。分析并得出这样的数据特征后就比较容易写出脚本代码了。

图 3-7　国际象棋棋盘

```
[root@centos7 ~]# vim chess.sh
```

```
#!/bin/bash
#功能描述(Description):打印国际象棋棋盘

for i in {1..8}
do
    for j in {1..8}
    do
        sum=$[i+j]
        if [[ $[sum%2] -ne 0 ]];then
            echo -ne "\033[41m  \033[0m"
        else
            echo -ne "\033[47m  \033[0m"
        fi
    done
    echo
done
```

最后，使用 9×9 乘法表这个经典的案例再次练习、巩固循环的嵌套功能。乘法表如图 3-8 所示。分析该乘法表，第 1 行只有 1 列，第 2 行有 2 列，第 3 行有 3 列……。也就是说列数要小于或等于行数，如果使用变量 i 控制行，变量 j 控制列，变量 j 的值始终要小于或等于 i 的值。

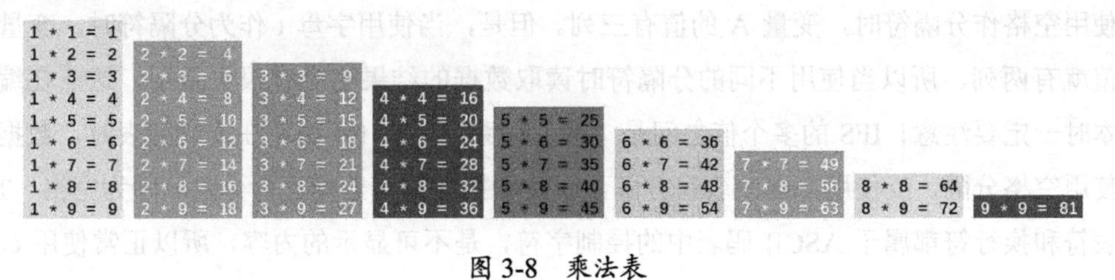

图 3-8　乘法表

编写脚本代码如下。

```
[root@centos7 ~]# vim multi_table.sh
```

```
#!/bin/bash
#功能描述(Description):打印 9×9 乘法表

for ((i=1;i<=9;i++))
```

```
    do
        for ((j=1;j<=i;j++))
        do
            echo -n "$i*$j=$[i*j] "
        done
        echo
    done
```

分析乘法表的脚本执行流程：当 i 循环第一次时（i=1），因为 j 要小于或等于 i 的值，所以 j 也就仅需循环一次就可以结束，而当 j 循环一次就结束后，后面依然有代码 echo 需要执行（具备换行功能），到此 i=1 这次循环体中所有的代码执行完毕，屏幕显示 1*1=1 并换行。当 i 进行第二次循环时（i=2），因为 j 要小于或等于 i 的值，所以 j 会循环两次，屏幕显示 2*1=2 和 2*2=4，随后再执行一次 echo 命令实现换行功能。最终，经过变量 i 的 9 次循环后打印了完整的乘法表。

3.5 非常重要的 IFS

在 Shell 中使用内部变量 IFS（Internal Field Seprator）来决定项目列表或值列表的分隔符，IFS 的默认值为空格、Tab 制表符或换行符。使用 for 循环读取项目列表或值列表时，就会根据 IFS 的值判断列表中值的个数，最终决定循环的次数。例如，A="hello the world"，当使用空格作分隔符时，变量 A 的值有三列。但是，当使用字母 t 作为分隔符时，变量 A 的值就有两列。所以当使用不同的分隔符时读取数据的结果也会有很大差别，这点在编写脚本时一定要注意！IFS 的多个值之间是“或”关系，所以 for 循环在读取列表时，数据可以使用空格分隔，或使用 Tab 制表符分隔，或使用换行符对数据进行分隔。因为空格、Tab 制表符和换行符都属于 ASCII 码表中的控制字符，是不可显示的内容，所以正常使用 echo 命令显示该变量的值时，是看不到内容的，但是可以通过 od 命令将数据转换为八进制数据后再查看。ASCII 码表的全部内容较多，表 3-1 中列出了 ASCII 码表的部分内容作为参考。

表 3-1　ASCII码表的部分内容

八进制	十进制	十六进制	字符	含义描述
10	8	08	Backspace	退格
11	9	09	Horizontal tab	水平制表符（Tab制表符）

续表

八进制	十进制	十六进制	字符	含义描述
12	10	0A	New Line	换行
15	13	0D	Return	回车
40	32	20	Space	空格
60	48	30	0	数字0
61	49	31	1	数字1
62	50	32	2	数字2
... ...				
101	65	41	A	大写字母A
102	66	42	B	大写字母B
103	67	43	C	大写字母C
... ...				
141	97	61	a	小写字母a
142	98	62	b	小写字母b
143	99	63	c	小写字母c
... ...				

```
[root@centos7 ~]# echo "$IFS"
```

注意，当使用 echo 命令输出 IFS 的值时，因为 IFS 的值是空格或 Tab 制表符，所以无法显示具体内容。另外，因为 IFS 的值还可以是一个换行符，所以输出结果可以是一个独立的空白行，而 echo 命令在输出数据内容后又会自动进行一次换行，所以最后输出两个空白行！如果使用 printf 命令输出 IFS 值，就不会有两个空白行的情况发生，因为 printf 打印完内容后默认不换行。

```
[root@centos7 ~]# printf "%s" "$IFS"
```

不管是使用 echo 还是 printf 命令，在输出的结果中都无法显式地查看到具体的内容。但是，可以使用 od 命令将数据转换为八进制后再查看。

```
[root@centos7 ~]# printf "%s" "$IFS" | od -b
0000000 040 011 012
```

输出结果中的 040 是空格键、011 是 Tab 制表符、012 是换行符。因为 IFS 的原始值不容易设置，所以当需要修改 IFS 值时，最好提前备份其原始值。

```
[root@centos7 ~]# OLD_IFS="$IFS"
[root@centos7 ~]# IFS=":"
[root@centos7 ~]# read -p "请输入 3 个数据:" x y z
请输入 3 个数据:a b c
[root@centos7 ~]# echo $x
a b c
[root@centos7 ~]# echo $y $z
```

观察并分析上面这一组命令的结果可知，因为已经将 IFS 的值修改为冒号(:)，而当通过 read 命令读取三个变量的值时，如果输入的 3 个字符是以空格为分隔符的，则系统会认为"a b c"是一个完整的数据，并将其赋值给变量 x，这样就导致没有定义变量 y 和 z 的值，输出的变量 y 和 z 的值就为空。如果希望给 x、y、z 三个变量都赋值，就需要输入数据时使用冒号分隔数据。

```
[root@centos7 ~]# read -p "请输入 3 个数据:" x y z
请输入 3 个数据:a:b:c
[root@centos7 ~]# echo $x
a
[root@centos7 ~]# echo $y
b
[root@centos7 ~]# echo $z
c
[root@centos7 ~]# IFS=','                              #修改分隔符为逗号
[root@centos7 ~]# read -p "请输入 3 个数据:" x y z
请输入 3 个数据:11,22,33
[root@centos7 ~]# echo $x
11
[root@centos7 ~]# echo $y
22
[root@centos7 ~]# echo $z
33
[root@centos7 ~]# IFS="$OLD_IFS"
```

下面通过一系列的案例，再看看 Shell 脚本中使用 for 循环语句读取数据列表时，IFS

对脚本又有哪些影响？

```
[root@centos7 ~]# vim IFS-demo.sh
```

```
#!/bin/bash
#功能描述(Description):IFS 对循环影响的演示

#因为使用默认的 IFS 值,所以以空格键为分隔符，变量 X 有 4 个值,for 循环 4 次
echo -e "\033[32m 案例 1:未自定义 IFS,对 X="a b c d"循环 4 次结束.\033[0m"
X="a b c d"
for i in $X
do
  echo "I am $i."
done
echo

#备份 IFS 分隔符
OLD_IFS="$IFS"
#定义分隔符为分号,而 X 变量的值中没有分号分隔的数据,因此 for 仅循环 1 次
echo -e "\033[32m 案例 2:自定义 IFS 为分号,对 X="1 2 3 4"循环 1 次结束.\033[0m"
IFS=";"
X="1 2 3 4"
for i in $X
do
  echo "I am $i."
done
echo

#定义分隔符为分号,变量 X 的值也使用分号分隔,因此循环了 4 次,每次循环输出一个名字
echo -e "\033[32m 案例 3:自定义 IFS 为分号，对 X='Jacob;Rose;Vicky;Rick'循环 4
次结束.\033[0m"
IFS=";"
X="Jacob;Rose;Vicky;Rick"
for i in $X
do
  echo "I am $i."
done
echo

#定义多个分隔符,变量 X 的值也使用多个分隔符分隔
```

```
#多个分隔符为“或”关系,即使用分号、句点或冒号作为分隔符。最终循环次数为 4 次
echo -e "\033[32m 案例 4: 自定义 IFS 为 : 分号 | 句点 | 冒号, 对 X=Jacob;Rose.Vicky:Rick 循环 4 次结束.\033[0m"
IFS=";.:"
X="Jacob;Rose.Vicky:Rick"
for i in $X
do
   echo "I am $i."
done
echo
```

通常当我们需要设置IFS为分号、句号或者冒号之类的分隔符时，可以通过变量赋值的方式直接设置，如IFS=";"。然而变量IFS的默认值都是特殊的控制字符，那么如何进行类似的特殊控制字符的设置呢？可以直接通过IFS="\t"将分隔符设置为制表符吗？答案是不可以！如果这样操作的话，系统将会使用字母t作为分隔符[1]。

```
[root@centos7 ~]# IFS="\t"
[root@centos7 ~]# read -p "请输入 3 个字符:" x y z
请输入 3 个字符:1 2 3
[root@centos7 ~]# echo $x
1 2 3
[root@centos7 ~]# echo $y $z
```

分析上面的命令可知，当设置分隔符为 t 后，使用 read 命令读取 3 个变量值时，如果输入的数字字符之间没有使用 t 分隔，则系统会认为"1 2 3"是一个整体，并将其赋值给变量 x，而变量 y 和 z 则没有设置任何值。最终使用 echo 命令回显变量 x 时有值，而输出变量 y 和 z 的值时则为空。

```
[root@centos7 ~]# read -p "请输入 3 个字符:" x y z
请输入 3 个字符:1t2t3
[root@centos7 ~]# echo $x
1
[root@centos7 ~]# echo $y
2
[root@centos7 ~]# echo $z
3
```

[1] \在这里是转义、屏蔽的意思，对后面的 t 进行屏蔽，意思就是一个普通的字母 t。

同样通过 read 命令读取 3 个变量的值，如果输入的数字字符之间使用 t 分隔，则系统会认为 1、2 和 3 是三个独立的值，并将这三个值分别赋值给变量 x、y 和 z。最终使用 echo 命令回显变量值时，x、y 和 z 变量都有正确的值。

这也证明了，使用 IFS="\t"并不能将特殊的控制字符设置为分隔符。那么，该如何正确地将特殊的控制字符设置为系统默认的分隔符呢？当需要使用表 3-2 中特殊的控制字符作为分隔符时，必须使用$'string'方式进行设置，否则系统无法正确理解控制字符的含义。

表 3-2 特殊的控制字符

控制字符	描述
\a	Bell响铃符
\b	Backspace退格符
\f	Form Feed换行符，光标仍旧停留在原来的位置
\n	New Line换行符，且光标移至行首
\r	Return光标移至行首，但不换行
\t	Horizontal Tab水平制表符
\v	Vertical Tab垂直制表符
\nnn	任意八进制字符

```
[root@centos7 ~]# IFS=$'\t'                #注意这里的$是必需的
[root@centos7 ~]# read -p "请输入三个字符:" x y z
请输入三个字符: a	b	c                  #注意 a、b 和 c 之间使用 Tab 制表符分隔
[root@centos7 ~]# echo $x
a
[root@centos7 ~]# echo $y
b
[root@centos7 ~]# echo $z
c
[root@centos7 ~]# read -p "请输入三个字符:" x y z
请输入三个字符:atbtc
[root@centos7 ~]# echo $x
atbtc
[root@centos7 ~]# echo $y $z
```

分析上面这组命令可知，当设置分隔符为 Tab 制表符后，通过 read 命令读取三个变量的值时，如果输入的值之间使用 Tab 制表符分隔，则会被系统理解为三个独立的值，并赋

值给变量，最终使用 echo 命令回显 x、y 和 z 变量的值时，都可以正常显示。如果输入的值之间没有使用 Tab 制表符分隔，而是使用字母 t 分隔，则系统会认为"atbtc"是一个整体的字符串，并将该字符串赋值给变量 x，那么最后使用 echo 命令回显变量 y 和 z 时则为空。

那么，系统默认将 IFS 变量的值设置为空格、Tab 制表符或换行符是如何实现的呢？下面这行命令可以将 IFS 变量的值再次还原为系统预设的默认值。

```
[root@centos7 ~]# IFS=$' \t\n'                              #注意\t 前面有个空格
```

3.6 实战案例：while 循环

使用 for 循环语句可以实现循环次数固定的循环。而使用 while 循环语句也可以实现循环功能，但 while 循环的循环次数取决于条件判断的结果。while 循环有可能随时结束，也有可能永不结束。

While 循环语句语法格式如下。

```
while  条件判断
do
    命令序列
Done
```

while 循环语句流程如图 3-9 所示。

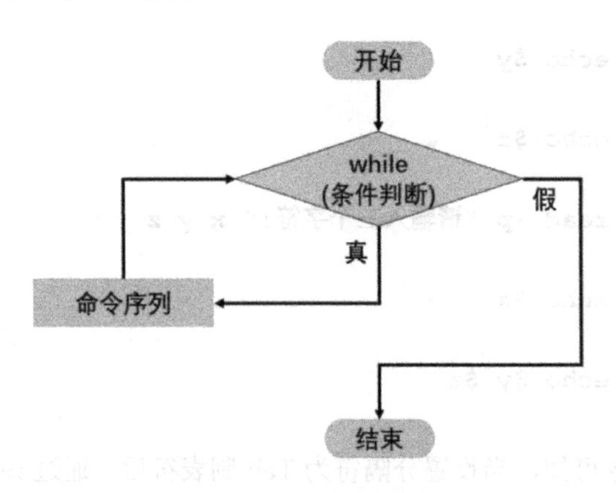

图 3-9　while 循环语句流程

从流程中可以看出，while 循环语句首先会进行条件判断，如果条件判断的状态码返回值为 0，则执行 do 和 done 之间的命令序列，执行完命令序列中的所有命令后，继续返回 while 命令并再次进行条件判断，如果状态码返回值仍然为 0，则继续执行命令序列，依此类推，直到 while 的条件判断状态码为非 0，while 循环结束。

如果条件判断一直为真，则 while 将会是死循环。反之，也有可能第一次进行条件判断时返回值就是非 0，while 中的命令序列一次都不会执行。使用 while 语句一定要注意条件判断的结果，有时候会因为不小心而导致无心的死循环脚本，比如下面的脚本。

[root@centos7 ~]# **vim while-demo1.sh**

```
#!/bin/bash
#功能描述(Description):while 循环语句基本语法演示
#无心的死循环

i=1
while [ $i -le 5 ]
do
   echo "hello world"
done
```

脚本解析：首先设置变量 i 的值为 1，使用 while 语句判断 i 的值是否小于或等于 5，因为 i 的值是 1，1 当然小于或等于 5 了，条件判断的结果为真，因此执行 echo 命令。执行完 echo 命令后会继续跳回 while 开始位置再次进行条件判断，因为变量 i 的值并没有任何改变，所以 i 依然满足小于或等于 5 的条件，那么系统会继续执行 do 和 done 之间的 echo 命令。执行完 echo 命令后再次跳回条件判断，依此类推，因为变量 i 的值始终不变，所以导致脚本变成了一个死循环脚本。

如果只是希望脚本循环 5 次就结束，该怎么做呢？我们需要改变变量 i 的值，示例脚本如下。

[root@centos7 ~]# **vim while-demo2.sh**

```
#!/bin/bash
#功能描述(Description):while 循环语句基本语法演示
#输出 5 次 helle world,并输出变量 i 的值
```

```
i=1
while [ $i -le 5 ]
do
    echo "hello world"
    echo "$i"
    let i++
done
```

```
[root@centos7 ~]# chmod +x while-demo2.sh
[root@centos7 ~]# ./while-demo2.sh
hello world
1
hello world
2
hello world
3
hello world
4
hello world
5
```

另外，编写这类脚本的时候还有一个注意事项。是先对变量i进行自加运算，还是先调用变量i的值？这个顺序对脚本运行结果的影响很大，我们通过下面的示例代码来看看它们的区别。

```
[root@centos7 ~]# vim while-demo3.sh
```

```
#!/bin/bash
#功能描述(Description):while循环语句基本语法演示

i=1
while [ $i -le 5 ]
do
    echo "$i"
    let i++
done
echo "------------------------"
i=1
while [ $i -le 5 ]
do
```

```
    let i++
    echo "$i"
done
```

```
[root@centos7 ~]# chmod +x while-demo3.sh
[root@centos7 ~]# ./while-demo3.sh
1
2
3
4
5
----------------------
2
3
4
5
6
```

分析脚本运行结果可知，定义变量 i 的初始值为 1，while 判断条件是变量 i 的值小于或等于 5。当循环体中先调用变量 i 的值，再对变量 i 进行自加运算时，执行脚本后屏幕返回值是 1～5。而当循环体先对变量 i 进行自加运算，会导致在没做任何实际操作前，变量 i 的值已经变为 2，因此执行脚本最终屏幕返回值是 2～6。

下面使用 while 循环计算一个等差数列的求和$\sum_{n=1}^{100} n$，也就是计算 1+2+3+,...,+100 的总和。计算该数列的和（在不使用公式的情况下），首先需要使用一个变量遍历该数列中的每个值。比如设置一个变量 i，让 i 从 1～100 遍历每个整数值。其次，因为每经过一次循环变量 i 的值就会被新的值覆盖，无法保存求和后的结果，所以还需要一个可以存放总和的变量 sum。每经过一次循环就将变量 i 的值与变量 sum 的值相加，求和的结果保存到变量 sum 中。最后输出变量 sum 的值即可获得数列之和。

代码如下。

```
[root@centos7 ~]# vim sum.sh
```

```
#!/bin/bash
#功能描述(Description):计算等差数列之和 1+2+3+,...,+100

sum=0;i=1
```

```
while [ $i -le 100 ]
do
    let sum+=$i
    let i++
done
echo -e "1+2+3+,...,+100 的总和为:\033[1;32m$sum\033[0m"
```

与 if 语句的条件判断一样，while 命令后面的条件判断只要语句命令返回码为 0 就代表真，否则代表假。并非仅仅可以写[]或[[]]判断，while 的判断可以是任何可以执行的命令。比如编写一个实时检测服务进程状态的脚本，当 Httpd 服务进程启动时脚本进行持续的跟踪检测，而当 Httpd 服务进程关闭时则循环结束，脚本提示警告信息后退出。

```
[root@centos7 ~]# vim while-demo3.sh
```

```
#!/bin/bash
#功能描述(Description):while 循环语句基本语法演示
#通过 grep 过滤 Httpd,检测 Httpd 服务是否为启动状态

while ps aux | grep -v grep | grep -q httpd
do
    clear
    echo "      Httpd 运行状况:      "
    echo "----------------------------------"
    echo -e "\033[32mHttpd 正在运行中...\033[0m"
    echo "----------------------------------"
    sleep 0.5
done
    echo "Httpd 被关闭"
```

3.7 Shell 小游戏之猜随机数字

前面的案例多数都是有限次数的循环脚本，但有些脚本则需要死循环执行，通常这种情况都会使用 while true 或 while :来实现功能。在 Shell 中，true 和:都是固定返回退出码 0 的空命令，这两个命令都不会进行任何实际的操作。与 true 相反的另一个命令为 false，false 命令是一个退出码为非 0 的空命令。

```
[root@centos7 ~]# :                                  #单独执行一个:(冒号)命令
```

```
[root@centos7 ~]# echo $?                         #查看命令退出状态码
0
[root@centos7 ~]# true                            #单独执行 true 命令
[root@centos7 ~]# echo $?
0
[root@centos7 ~]# false                           #单独执行 false 命令
[root@centos7 ~]# echo $?
1
```

先看两个简单的死循环脚本的例子。

```
[root@centos7 ~]# vim while_true.sh
```

```
#!/bin/bash
#功能描述(Description):死循环语法演示

while true
do
    echo "hello world"
done
```

```
[root@centos7 ~]# vim while_colons.sh
```

```
#!/bin/bash
#功能描述(Description):死循环语法演示

while :
do
    echo "hello world"
done
```

上面这两个脚本一旦运行，除非人为使用 Ctrl+C 组合键或 kill 命令之类的方式强制终止运行脚本，否则脚本运行将会永不停止，因为 while 后面的条件判断永远为真。

接下来进入正题，来编写一个完善的猜随机数小游戏。2.10 节中已经可以使用 if 语句实现猜随机数的功能，但仅可以猜一次。因为随机产生一个数后，并不知道什么时候可以猜对，所以希望能够猜任意次，直到猜对为止。

```
[root@centos7 ~]# vim guess_num.sh
```

```
#!/bin/bash
#功能描述(Description):猜数字小游戏,统计猜数字的次数

num=$[RANDOM%100]
count=0
while :
do
    read -p "一个1～100 的随机数,你猜是多少:" guess
#使用正则匹配,判断是否输入了字母或符号等无效输入
    [[ $guess =~ [[:alpha:]] ||  $guess =~ [[:punct:]] ]] && echo "无效
输入" && exit
    let count++
    if [ $guess -eq $num ];then
        echo "恭喜,你猜对了,总共猜了$count 次!"
        exit
    elif [ $guess -gt $num ];then
        echo "Oops,猜大了"
    else
        echo "Oops,猜小了"
    fi
done
```

3.8 实战案例：如何通过 read 命令读取文件中的数据

前面已经讲解了如何使用 read 命令读取用户的标准输入信息并给变量赋值，这里结合 while 循环可以批量地从文件中读取数据并给变量赋值。

首先，回顾并了解 read 命令的几个特性。

当定义三个变量并通过键盘输入三个值时，输入的三个值会按照顺序分别被赋值给每个变量。

```
[root@centos7 ~]# read key1 key2 key3            #定义变量等待赋值
a b c                                            #手动输入赋值（空格键分隔）
[root@centos7 ~]# echo $key1
a
[root@centos7 ~]# echo $key2
```

```
b
[root@centos7 ~]# echo $key3
c
```

当定义了三个变量，但输入时仅输入一个值时，则后两个变量的值为空。

```
[root@centos7 ~]# read key1 key2 key3          #定义变量等待赋值
abc                                            #输入 abc,但没有找空格键分隔
[root@centos7 ~]# echo $key1
abc
[root@centos7 ~]# echo $key2 $key3             #key2 和 key3 的值为空
```

当定义两个变量但输入三个或多个值时，则从第二个值开始及后面的所有值都会被赋值给第二个变量。如果只定义一个变量，那么不管通过键盘输入多少值都会被赋值给变量。

```
[root@centos7 ~]# read key1 key2               #通过 read 命令为变量赋值
a b c d e
[root@centos7 ~]# echo $key1                   #按顺序将第一个值赋值给 key1
a
[root@centos7 ~]# echo $key2                   #后面所有值赋值给 key2
b c d e
[root@centos7 ~]# read key1
a b c
[root@centos7 ~]# echo $key1
a b c
```

然后看如何结合 while 循环批量读取数据并通过 read 命令给变量赋值，基本格式如下。

```
while read line
do
命令
done < 文件名
```

或者

```
命令 | while read line
do
```

```
命令
Done
```

开始执行 while 循环后，read 命令会从标准输入或管道中读取数据，如果能读取到数据则执行 do 和 done 之间的所有命令，与标准 while 语句一样，命令执行完后会返回到 while 语句，继续下一次循环，直到 read 命令读取文件内容失败，则整个循环结束。下面通过几个简单的案例，学习基本语法格式。为此，需要先创建一个测试性的文本文件。

```
[root@centos7 ~]# vim test.txt
```

```
hello the world
welcome to beijing
Hi Rick
Let's go to play
```

仅简单验证语法格式不必编写脚本，在命令行即可完成验证。下面的 while 语句，每循环一次，read 命令就会从 test.txt 文件中读取一行内容，因为仅定义了一个变量，变量名称为 line，所以通过重定向输入从 test.txt 文件中读取的一整行内容都会被赋值给变量 line。

```
[root@centos7 ~]# while read line
> do
>     echo -ne "\033[1;32mI said:\033[0m"
>     echo "$line"
> done < test.txt
I said:hello the world
I said:welcome to beijing
I said:Hi Rick
I said:Let's go to play
```

类似的方式，当使用 read 命令从文件中读取数据并赋值给两个变量时，每一行第一个空格前的内容会赋值给第一个变量，后面的所有内容会赋值给第二个变量。

```
[root@centos7 ~]# while read key1 key2
> do
>     echo "key1:$key1-----key2:$key2"
> done < test.txt
key1:hello-----key2:the world
```

```
key1:welcome-----key2:to beijing
key1:Hi-----key2:Rick
key1:Let's-----key2:go to play
```

但是，如果数据文件的分隔符不是空格怎么办呢？通过 read 命令如何更好地处理这样的数据呢？可以通过修改 IFS 变量，实现自定义数据分隔符。下面看一个读取 passwd 文件的示例。

```
[root@centos7 ~]# while_read1.sh
```

```
#!/bin/bash
#功能描述(Description):循环读取文件中的数据
#通过 IFS 定义输入数据的分隔符
#read 定义 7 个变量,分别对应/etc/passwd 每行数据中的 7 列

IFS=":"
while read user pass uid gid info home shell
do
    echo -e "My UID:$uid,\tMy home:$home"
done < /etc/passwd
```

该脚本的部分输出结果如下。

```
[root@centos7 ~]# chmod +x while_read1.sh
[root@centos7 ~]# ./while_read1.sh
My UID:0,    My home:/root
My UID:1,    My home:/bin
My UID:2,    My home:/sbin
My UID:3,    My home:/var/adm
My UID:4,    My home:/var/spool/lpd
My UID:5,    My home:/sbin
My UID:6,    My home:/sbin
......
```

通过上面的示例，可以顺利地读取/etc/passwd 文件中的每行数据。但直接在脚本开始时修改 IFS 变量的值，会对整个脚本都有影响，如果仅仅希望 read 命令在读取数据时以冒号为分隔符，同时又不影响其他程序，则可以使用如下的方式完成相同的工作。

[root@centos7 ~]# **while_read2.sh**

```
#!/bin/bash
#功能描述(Description):循环读取文件中的数据
#通过 IFS 定义输入数据的分隔符(临时修改,仅对 read 有效)
#read 定义 7 个变量,分别对应/etc/passwd 每行数据中的 7 列
while IFS=":" read user pass uid gid info home shell
do
   echo -e "My UID:$uid,\tMy home:$home"
done < /etc/passwd
```

另一种语法格式是使用管道将数据传递给 while 循环，批量读取数据文件，下面通过一个命令行的案例，学习该语法格式。但需要注意，通常情况下使用重定向导入的方式往往比管道的效率高。

```
[root@centos7 ~]# df -h | grep ^/ | while read name size other
> do
>    echo "$name $size"
> done
/dev/sda2 118G
/dev/sda1 197G
/dev/loop0 3.8G
/dev/loop1 936M
```

上面的命令首先过滤所有以/开始的分区挂载信息，然后将数据通过管道的方式传递给 while 循环，read 命令定义了三个变量，name 对应的是磁盘名称，size 对应的是磁盘总容量，other 对应的是其他所有信息。在 while 循环体内，通过 echo 命令输出磁盘设备名称和总容量。

3.9 until 和 select 循环

在 Shell 脚本环境中还有另外两个循环语句，分别是 until 和 select。until 实现与 while 一样的功能，select 循环主要用于创建菜单选项。

until 语句的语法格式如下。

```
until 条件判断
do
命令序列
done
```

与 while 语句相反，until 循环语句只有当条件判断结果为真时才退出循环，而当条件判断结果为假时则执行循环体中的命令。until 语句的流程图如图 3-10 所示。

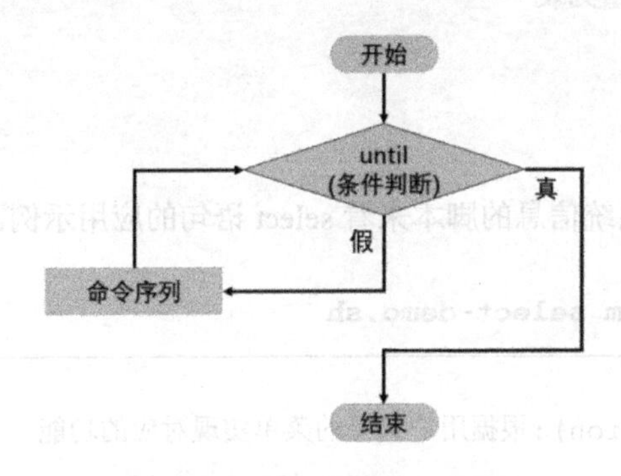

图 3-10　until 语句的流程图

由于 until 语句与 while 语句可以实现相同的功能，在生产环境中更多地会使用 while 语句编写循环脚本，所以这里也仅通过一个简单的示例学习 until 语句的语法格式即可。

```
[root@centos7 ~]# vim until-demo.sh
```

```
#!/bin/bash
#until 语句仅当条件判断为真时才退出循环

i=1
until [ $i -ge 5 ]
do
    echo $i
    let i++
done
```

```
[root@centos7 ~]# chmod +x until-demo.sh
[root@centos7 ~]# ./until-demo.sh
1
2
3
4
```

分析上面脚本的输出结果可知，当变量 i=5 时，满足 until 命令后面的判断条件，而一旦满足条件，则整个循环结束，也就不会在屏幕上显示 5 的值了，所以循环体仅循环 4 次就结束了。

使用 select 循环的主要目的是方便地创建菜单，其基本语法格式如下。

```
select  变量名   in   值列表
do
   命令序列
Done
```

下面通过一个查看系统信息的脚本来看 select 语句的应用示例。

```
[root@centos7 ~]# vim select-demo.sh
```

```
#!/bin/bash
#功能描述(Description):根据用户选择的菜单实现对应的功能

echo "请根据提示选择一个选项"
select item in "CPU" "IP" "MEM" "exit"
do
   case $item in
   "CPU")
      uptime;;
   "IP")
      ip a s;;
   "MEM")
      free;;
   "exit")
      exit;;
   *)
      echo error;;
   esac
done
```

```
[root@centos7 ~]# chmod +x select-demo.sh
[root@centos7 ~]# ./select-demo.sh
请根据提示选择一个选项
1) CPU
```

```
2) IP
3) MEM
4) exit
#? 1
 21:50:19 up 35 days, 17 min, 10 users,  load average: 0.07, 0.14, 0.14
#? 4
#选择 4 后退出脚本。
```

3.10　中断与退出控制

在执行循环的过程中，有时候并不希望执行完所有的循环命令！比如，如果编写了一个循环脚本，脚本会通过循环逐一访问远程某个网段（如 192.168.4.0/24）内的所有主机，并试图将所有主机重启或关机。但是如果执行脚本的这台主机的 IP 地址也在这个网段内呢？所以，在有些特殊的情况下并不希望完整地执行完所有循环命令。Shell 针对循环专门设计了中断与退出语句：continue、break 和 exit。

continue 命令可以结束单次循环，continue 命令后面的所有语句不再执行，进而直接跳转到下一次循环。如果脚本使用了循环的嵌套功能，则 continue 命令后面可以跟数字参数（数字要求大于或等于 1），表示对第几层循环执行跳出操作。但是，注意：这里的跳出操作并不是让整个循环结束，而是仅仅结束这一次循环，并进入下一次循环。下面通过几个简单示例来演示它的功能。

```
[root@centos7 ~]# vim continue-demo1.sh
```

```
#!/bin/bash
#功能描述(Description):continue 基本语法演示

for i in {1..5}
do
    [ $i -eq 3 ] && continue
    echo $i
done
```

```
[root@centos7 ~]# chmod +x continue-demo1.sh
[root@centos7 ~]# ./continue-demo1.sh
1
```

```
2
4
5
```

分析执行结果可知，一个正常的 for i in {1..5}应该循环 5 次，每循环一次将执行 echo $i 显示变量的值。但是，上面这个示例的循环体中，设置了一个变量 i 等于 3 的判断条件，当变量 i 的值等于 3 时就会触发并执行 continue 命令，而 continue 命令一旦被执行，continue 后面的所有命令都不会再被执行，并且 continue 命令会让循环体直接进入下一次循环，也就是变量 i 获取 4 这个值。而在后面的循环中变量 i 的值都不等于 3，所以 continue 命令不会再被触发执行，也不会再对后面的循环产生影响。最终屏幕显示的结果是 1、2、4、5。

下面看一个复杂的案例，学习嵌套循环与 continue 之间的关系。

```
[root@centos7 ~]# vim continue-demo2.sh
```

```
#!/bin/bash
#功能描述(Description):continue 基本语法演示

for i in 1 2
do
   echo $i
   for j in a b
   do
      echo $j
   done
done

echo "---"

for i in 1 2
do
   echo $i
   for j in a b
   do
      [ $j == a ] && continue
      echo $j
   done
done
```

```
echo "---"

for i in 1 2
do
  echo $i
  for j in a b
  do
     [ $j == a ] && continue 2
     echo $j
  done
done
```

```
[root@centos7 ~]# chmod +x continue-demo2.sh
[root@centos7 ~]# ./continue-demo2.sh
1
a
b
2
a
b
--------
1
b
2
b
--------
1
2
```

分析脚本执行结果。

第一组嵌套 for 循环是没有任何中断的正常循环，当变量 i 等于 1 时，会执行 do 和 done 之间的所有命令，所以，内嵌 for 循环变量 j 会依次对 a 和 b 取值，结果就是当变量 i=1 并在屏幕上输出 1 后，执行内嵌循环分别输出 a 和 b。同样的道理，变量 i=1 循环完成后，变量 i 获取第二个值 2，而当变量 i=2 时，脚本再次执行 do 和 done 之间的命令，也就是执行内嵌循环，屏幕在输出 2 后会依次输出 a 和 b。

第二组嵌套 for 循环中使用了 continue 中断语句，continue 后面没有添加参数则默认仅跳出当前层的循环，脚本执行后，首先变量 i 取值为 1，接着执行内嵌函数，但是因为当变量 j 的值等于 a 时 continue 后面的语句不再执行，内嵌循环体直接跳入下一次循环，而内嵌循环变量 j 首先取值为 a，满足了设定的条件，所以不会显示变量 j 的值（也就是 a），循环体直接跳入下一次循环，变量 j 取值为 b，而 b 不等于 a，条件不满足则不会执行 continue 命令，脚本正常显示变量 j 的值 b。最终依次输出 1、b、2、b。这里可以发现 continue 对外层 for i in 1 2 并没有任何影响。

第三组嵌套 for 循环使用了 continue 中断，并且添加了 2 为参数，这样 continue 中断的就不再只是内嵌的循环，而是中断上一层的循环语句，也就是会中断 for i in 1 2 使其进入下一次循环。首先变量 i 取值为 1，在屏幕上显示变量 i 的值后进入内嵌循环，内嵌循环开始后，变量 j 取值为 a，因为满足了 a==a 的判断条件，continue 2 语句被触发，这样直接导致 for i in 1 2 提前结束并进入下一次循环。此时，变量 i 继续循环并取值为 2，在屏幕上显示变量 i 的值后进入内嵌循环，同样的道理，内嵌循环变量 j 先取值为 a 并满足了等于 a 的条件判断，外面的循环 for i in 1 2 再次中断，并且变量 i 不再有其他值列表，因此整个循环结束。最终屏幕仅显示 1 和 2。

下面再学习另外一个中断命令 break，该命令可以结束整个循环体，break 后面的所有语句不再执行，并且整个循环提前结束。如果脚本使用了循环的嵌套功能，则 break 命令后面可以跟数字参数（数字要求大于或等于 1），表示对第几层循环执行中断。下面通过简单示例演示它的功能。

```
[root@centos7 ~]# vim break-demo.sh
```

```
#!/bin/bash
#功能描述(Description):break 基本语法演示

for i in {1..5}
do
    [ $i -eq 3 ] && break
    echo $i
done
echo "game over"
```

```
[root@centos7 ~]# chmod +x break-demo.sh
[root@centos7 ~]# ./break-demo.sh
1
```

```
2
game over.
```

分析脚本执行结果可知，第一次和第二次循环在屏幕上正常显示 1 和 2，当进入第三次循环变量 i=3 的条件满足时 break 被触发，整个循环提前结束，后续的所有循环不再执行，但是需要注意，此时脚本并没有结束运行，还有后续的 echo 命令，屏幕正常显示 game over。

最后看一个中断级别最高的命令 exit，该命令会直接结束整个脚本，exit 后面也可以跟数字参数，表示脚本的退出状态，如果没有指定数字参数，则脚本的退出状态就是上一个命令的退出状态。下面通过几个简单示例演示它的功能。

```
[root@centos7 ~]# vim exit-demo1.sh
```

```
#!/bin/bash
#功能描述(Description):exit 基本语法演示

for i in {1..5}
do
    [ $i -eq 3 ] && exit
    echo $i
done
echo "game over."
```

```
[root@centos7 ~]# chmod +x exit-demo1.sh
[root@centos7 ~]# ./exit-demo1.sh
1
2
```

分析脚本执行结果，与 break 示例一样，前面两次循环正常输出数字 1 和 2，当循环至第三次 i 取值为 3 时，exit 命令被触发导致整个脚本结束，虽然循环体中后面还有 echo 命令，但是后面有再多命令也不会被执行。

```
[root@centos7 ~]# vim exit-demo2.sh
```

```
#!/bin/bash
#功能描述(Description):exit 基本语法演示
#exit 不指定退出状态码时,返回上一个命令的退出状态码
#exit 前面的命令是 cd,命令不会出错,脚本退出后的状态码会是 0
```

```
ls /etc/passwd
cd
exit
```

```
[root@centos7 ~]# chmod +x exit-demo2.sh
[root@centos7 ~]# ./exit-demo2.sh
/etc/passwd
[root@centos7 ~]# echo $?                         #查看退出状态码
0
[root@centos7 ~]# vim exit-demo3.sh
```

```
#!/bin/bash
#功能描述(Description):exit 基本语法演示
#虽然脚本中 cd 命令的参数是错误的,屏幕也会返回错误信息
#但是,exit 指定了退出状态码,整个脚本的退出状态码则为 0

ls /etc/passwd
cd -xyz
exit 0
```

```
[root@centos7 ~]# chmod +x exit-demo3.sh
[root@centos7 ~]# ./exit-demo3.sh
/etc/passwd
./exit-demo3.sh: 第 7 行:cd: -x: 无效选项
cd: 用法:cd [-L|[-P [-e]]] [dir]
[root@centos7 ~]# echo $?                    #虽然脚本出错，但退出状态码为 0
0
[root@centos7 ~]# vim exit-demo4.sh
```

```
#!/bin/bash
#功能描述(Description):exit 基本语法演示
#虽然脚本执行没有出现错误，但是脚本退出状态码为 127

ls /etc/passwd
exit 127
```

```
[root@centos7 ~]# chmod +x exit-demo4.sh
[root@centos7 ~]# ./exit-demo4.sh
/etc/passwd
[root@centos7 ~]# echo $?
127
```

3.11　Shell 小游戏之机选双色球

双色球彩票投注分为红色球和蓝色球，每注投注号码由 6 个红色球号码和 1 个蓝色球号码组成，红色球号码从 1～33 中选择，蓝色球号码从 1～16 中选择，投注时不管是红色球还是蓝色球都不允许出现重复的号码。

为了编写这样一个机选双色球的脚本，需要先了解几个技巧。

```
[root@centos7 ~]# echo "12" | grep 1
12
[root@centos7 ~]# echo "12 18 1 2" | grep 1
12 18 1 2
[root@centos7 ~]# echo "12 18 1 2" | grep -w 1
12 18 1 2
```

分析上面的命令可以得出，当 grep 不使用任何参数时，过滤出来的数据只要包含关键词即可，比如数字 1，12、18、1 都是包含 1 的，都会被过滤出来。如果使用这种方式判断红色球号码是否重复就会有问题，如果先随机产生一个编号为 12 的红色球，则后面就不会再产生编号为 1 的红色球。而 grep 在使用-w 参数后，就可以实现对单词的过滤，仅匹配一个独立的内容为 1 的词。

```
[root@centos7 ~]# ball=""
[root@centos7 ~]# ball+=a
[root@centos7 ~]# ball+=b
[root@centos7 ~]# ball+=b
[root@centos7 ~]# echo $ball
Abc
```

通过上面这种+=的方式，可以将任意个数的字符追加保存到一个变量中，而机选双色球中的红色球就需要这样的一个变量，在这个变量中保存所有随机的 6 组红色球号码。

```
[root@centos7 ~]# echo "hello the world" | wc
1       3       16
[root@centos7 ~]# echo "hello the world" | wc -l
1
[root@centos7 ~]# echo "hello the world" | wc -w
```

```
3
[root@centos7 ~]# echo "hello the world" | wc -c
16
```

使用 wc 命令可以对数据进行统计操作，不同的选项输出的结果不同，常用选项功能如表 3-3 所示。如果一个红色球是一个独立的数字单词，那么使用 wc 命令就可以统计数字是否满足机选六组红色球的需求。

表 3-3 wc命令常用选项功能

命令选项	描述
-c	输出数据的字节数
-l（小写字母L）	输出数据的行数
-w	输出数据的单词数

完整的机选双色球代码示例如下。

```
[root@centos7 ~]# vim double-color.sh
```

```
#!/bin/bash
#功能描述(Descrtiption):机选双色球
#红色球 1～33,蓝色球 1～16,红色球号码不可以重复
#6 组红色球,1 组蓝色球

RED_COL='\033[91m'
BLUE_COL='\033[34m'
NONE_COL='\033[0m'
red_ball=""

#随机选择号码为 1～33 的红色球(6 个),号码为 1～16 的蓝色球(1 个)
#每选出一个号码通过+=的方式存储到变量中
#通过 grep 判断新机选的红色球号码是否已经存在,-w 选项过滤单词
while :
do
    clear
    echo "---机选双色球---"
    tmp=$[RANDOM%33+1]
    echo "$red_ball" | grep -q -w $tmp && continue
    red_ball+=" $tmp"
```

```
    echo -en "$RED_COL$red_ball$NONE_COL"
    word=$(echo "$red_ball" | wc -w)
    if [ $word -eq 6 ]; then
       blue_ball=$[RANDOM%16+1]
       echo -e "$BLUE_COL $blue_ball$NONE_COL"
       break
    fi
    sleep 0.5
done
```

```
[root@centos7 ~]# chmod +x double-color.sh
[root@centos7 ~]# ./double-color.sh
---机选双色球---
 28 16 5 14 6 15 16
```

4

第 4 章 请开始你的表演，数组、Subshell 与函数

通过前面的学习，相信你已经可以独立编写 Shell 脚本解决很多实际的问题了，可以轻松并且自动化地完成日常工作了。但是 Shell 脚本的功能还远不止于此，在生产环境中还有很多更复杂的问题需要解决，我们还需要再接再厉，学习更多高级功能。

4.1 强悍的数组

Shell 支持一种特殊的变量——数组。数组是一组数据的集合，数组中的每个数据被称为一个数组元素。目前 Bash 仅支持一维索引数组和关联数组，Bash 对数组大小没有限制。

定义和调用索引数组的基本语法格式如下。

```
定义索引数组语法格式一
数组名[索引 1]=值 1
数组名[索引 2]=值 2
数组名[索引 n]=值 n
定义索引数组语法格式二
数组名=(值 1 值 2 值 3 ...)
```

```
[root@centos7 ~]# name[0]="Jacob"
[root@centos7 ~]# name[1]="Rose"
[root@centos7 ~]# name[2]="Vicky"
[root@centos7 ~]# name[3]="Rick"
[root@centos7 ~]# name[4+4]="TinTin"
```

这里定义了一个变量名称为 name 的数组，该数组中存储了 5 组数据，索引（也称为下标）分别为 0、1、2、3、8，索引可以是算术表达式，但要求运算的结果是整数。可以通过索引定义数组，同样也可以使用索引获取数组中某个元素的值。注意，数字索引可以是一个变量，索引可以不连续。

```
[root@centos7 ~]# echo ${name[0]}
Jacob
[root@centos7 ~]# echo ${name[1]}
Rose
[root@centos7 ~]# echo ${name[8]}
TinTin
[root@centos7 ~]# echo ${name[4+4]}                #索引可以使用算术表达式
TinTin
[root@centos7 ~]# echo ${name[4]}                  #访问不存在的索引,值为空

[root@centos7 ~]# echo ${name[3]}
Rick
[root@centos7 ~]# echo ${name[2]}
Vicky
[root@centos7 ~]# name[8]="Tin"                    #数组元素可以被修改
[root@centos7 ~]# echo ${name[8]}
Tin
[root@centos7 ~]# echo ${name[*]}                  #查看数组中所有元素的值
Jacob Rose Vicky Rick Tin
[root@centos7 ~]# echo ${name[-1]}                 #数组中最后一个元素的值
Tin
```

```
[root@centos7 ~]# echo ${name[-2]}                    #数组中倒数第二个元素的值
Rick
[root@centos7 ~]# echo ${#name[*]}                    #统计数组中所有元素的个数
5
[root@centos7 ~]# echo ${name[@]}                     #列出数组中所有元素的值
Jacob Rose Vicky Rick Tin
```

使用*提取数组中的所有元素时会把所有元素视为一个整体，而使用@则将数组所有元素视为若干个体。

```
[root@centos7 ~]# for i in "${name[*]}"
> do
>     echo $i
> done
Jacob Rose Vicky Rick Tin
```

因为${name[*]}将所有数组元素视为一个整体，所以 for 循环仅循环一次就结束，变量 i 也仅取一次值，i="Jacob Rose Vicky Rick Tin"。

```
[root@centos7 ~]# for i in "${name[@]}"
> do
>     echo $i
> done
Jacob
Rose
Vicky
Rick
Tin
```

因为${name[@]}将所有数组元素视为独立的个体，所以 name 数组中有多少个元素，for 循环就会循环多少次，每循环一次变量 i 获取其中一个元素的值。

在使用数组时，数组的索引也可以是变量，这个功能 Shell 脚本中的普通变量是不可能实现的。

```
[root@centos7 ~]# i=1
[root@centos7 ~]# addr$i="beijing"                    #报错，变量名不能使用变量
bash: addr2=beijing: command not found...
```

```
[root@centos7 ~]# addr[$i]="beijing"          #数组的索引可以是变量
[root@centos7 ~]# i=2
[root@centos7 ~]# addr[$i]="anhui"
[root@centos7 ~]# echo ${addr[*]}
beijing anhui
```

使用第二种方式创建数组与使用第一种方式效果一样。使用第二种方式创建的数组，虽然没有明确指定索引，但系统会默认使用以 0 为起始值的有序数字为索引。所有数组元素的值之间使用空格符分隔。

```
[root@centos7 ~]# name1=(Jacob Rose Rick Vicky TinTin)
[root@centos7 ~]# echo ${name[0]}
Jacob
[root@centos7 ~]# echo ${name[1]}
Rose
[root@centos7 ~]# echo ${name[*]}
Jacob Rose Vicky Rick TinTin
[root@centos7 ~]# echo ${!name1[*]}               #获取数组的所有索引
0 1 2 3 4
[root@centos7 ~]# echo ${!name1[@]}               #获取数组的所有索引
0 1 2 3 4
```

使用$()或``也可以将命令的执行结果赋值给数组变量。

```
[root@centos7 ~]# df /
文件系统          1K-块     已用      可用 已用% 挂载点
/dev/sda2     123723328 61519688 55895800   53% /
[root@centos7 ~]# df / | tail -n +2               #删掉标题,从第二行开始显示
/dev/sda2     123723328 61519688 55895800   53% /
[root@centos7 ~]# root=($(df / | tail -n +2))
[root@centos7 ~]# echo ${root[*]}
/dev/sda2 123723328 61519688 55895800 53% /
[root@centos7 ~]# echo ${root[1]}
123723328
[root@centos7 ~]# echo ${root[2]}
61519688
```

除了可以使用数字作为数组的索引，是否还可以使用其他的字符串作为数组的索引呢？

从 4.0 版本开始 Bash 为我们提供了一种新的关联数组，使用关联数组，数组的下标可以是任意字符串。关联数组的索引要求具有唯一性，但索引和值可以不一样。

定义和调用关联数组的基本语法格式如下。

```
declare -A 数组名
数组名[key1]=值 1
数组名[key2]=值 2
或者
数组名=([key1]=值 1  [key2]=值 2 ... ...)
```

需要先使用“declare -A 数组名称”才可以定义一个关联数组。其他的语法与普通数组一致。需要注意的是，普通的索引数组无法转换为关联数组。

```
[root@centos7 ~]# declare -A man
[root@centos7 ~]# man[name]=TOM
[root@centos7 ~]# man[age]=26
[root@centos7 ~]# man[addr]=beijing
[root@centos7 ~]# man[phone]=13899999999
[root@centos7 ~]# echo ${man[*]}
TOM 13899999999 26 beijing
[root@centos7 ~]# declare -A woman
[root@centos7 ~]# woman=([name]=lucy [age]=25 [addr]=xian
[phone]=13988888888)
[root@centos7 ~]# echo ${woman[*]}
lucy 13988888888 25 xian
[root@centos7 ~]# unset woman[age]                    #删除数组中某个元素
[root@centos7 ~]# unset woman                         #删除数组变量
```

虽然可以使用${数组名[@]}或${数组名[*]}一次性获取数组中所有元素的值，但是如何单独将数组中的每个元素值提取出来呢？使用循环可以遍历数组的所有元素的值。

```
[root@centos7 ~]# name=(Jacob Rose Rick Vicky)
[root@centos7 ~]# for i in "${name[@]}"
> do
>     echo $i
> done
Jacob
```

```
Rose
Rick
Vicky
[root@centos7 ~]# for i in ${!name[@]}
> do
>     echo ${name[i]}
> done
Jacob
Rose
Rick
Vicky
[root@centos7 ~]# i=0
[root@centos7 ~]# while [ $i -le ${#name[@]} ]
> do
>     echo ${name[i]}
>     let i++
> done
Jacob
Rose
Rick
Vicky
[root@centos7 ~]# declare -A woman
[root@centos7 ~]# woman=([name]=lucy [phone]=13988888888 [age]=87
[addr]=xian)
[root@centos7 ~]# echo ${!woman[*]}
name phone age addr
[root@centos7 ~]# for i in ${!woman[@]}
> do
>     echo ${woman[$i]}
> done
lucy
13988888888
87
xian
```

4.2　实战案例：斐波那契数列

斐波那契数列又称为黄金分割数列或兔子数列，是数学家里昂纳多・斐波那契提出的一种数列。该数列是由斐波那契对兔子繁殖问题的思考推理而来的，假设兔子在出生两个月后就有繁殖能力，一对成年兔子每个月能生出一对小兔子，如果所有兔子都不死，那么一年以后可以繁殖多少对兔子？这个问题可以通过表 4-1 表示。

表 4-1 斐波那契数列表

月数	1	2	3	4	5	6	7	8	9	10	11	12	...
小兔子对数	1	0	1	1	2	3	5	8	13	21	34	55	...
成年兔子对数	0	1	1	2	3	5	8	13	21	34	55	89	...
总对数	1	1	2	3	5	8	13	21	34	55	89	144	...

分析表格数据，第一个月小兔子没有繁殖能力，所以小兔子对数为 1，成年兔子对数为 0。第二个月小兔子成长为成年兔子，所以小兔子对数为 0，成年兔子对数为 1。第三个月成年兔子开始繁殖小兔子，所以小兔子对数为 1，成年兔子对数为 1。第四个月成年兔子再繁殖一对小兔子，并且上个月的小兔子成长为成年兔子，因此小兔子对数为 1，成年兔子对数为 2。依此类推，可以算出第 12 个月兔子的总对数为 144。兔子数列如图 4-1 所示。

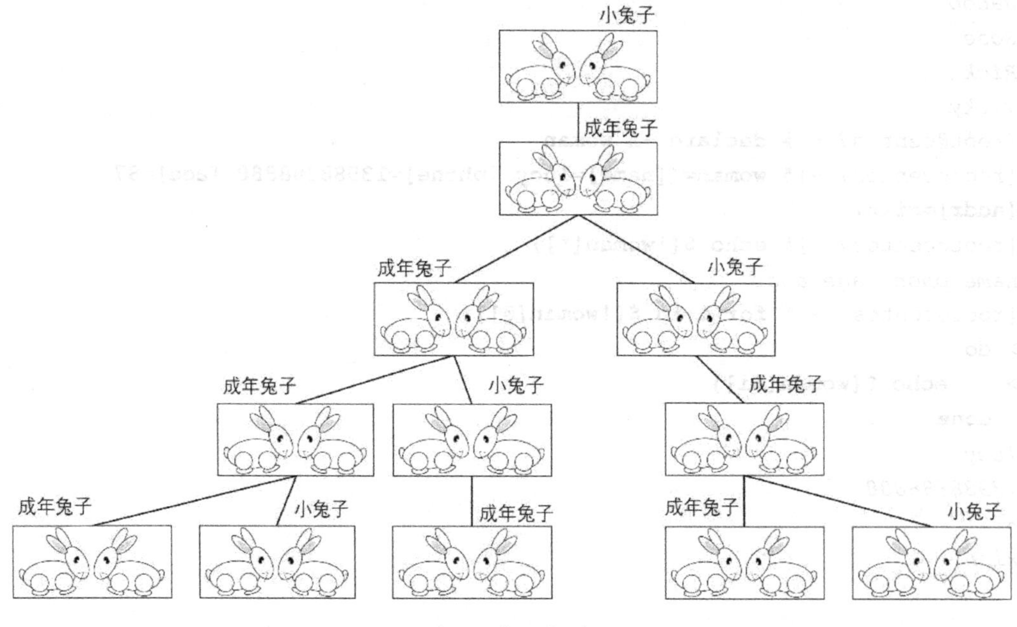

图 4-1 兔子数列

该数列的特点是从第 3 个数开始，后面的数字等于前面两个数字之和，如 1+1=2,1+2=3, 2+3=5,3+5=8…

总结推导公式为：$F(n)=F(n-1)+F(n-2)$ ($n>=3,F(1)=1,F(2)=1$)。

另外，该数列当 n 趋向无穷大时，前一项的值除以后一项的值所得结果无限接近黄金分割比例（0.618）。1/1=1, 1/2=0.5, 2/3=0.666, 3/5=0.625,...,1 346 269/2 178 309=0.618 033 988 75。因此，斐波那契数列也被称为黄金分割数列。

如何使用 Shell 计算斐波那契数列呢？可以将计算的数字保存到一个数组中，数组的索引就是 1,2,3,4 等，数组第三个元素的值等于第一个元素和第二个元素值的和，第四个元素的值等于第二个元素和第三个元素值的和。具体代码如下。

```
[root@centos7 ~]# vim fibo_v1.sh
```

```
#!/bin/bash
#功能描述(Description):使用数组推导斐波那契数列
#F(n)=F(n-1)+F(n-2) (n>=3, F(1)=1,F(2)=1).

fibo=(1 1)
read -p "请输入需要计算的斐波那契数的个数:" num
for ((i=2;i<=$num;i++))
do
   let fibo[$i]=fibo[$i-1]+fibo[$i-2]
done
echo ${fibo[@]}
```

```
[root@centos7 ~]# chmod +x fibo_v1.sh
[root@centos7 ~]# ./fibo_v1.sh
请输入需要计算的斐波那契数的个数: 6
1 1 2 3 5 8 13
[root@centos7 ~]# ./fibo_v1.sh
请输入需要计算的斐波那契数的个数: 12
1 1 2 3 5 8 13 21 34 55 89 144 233
```

4.3　实战案例：网站日志分析脚本

通常情况下各种业务服务都会产生大量的日志文件，而对日志文件数据进行分析、统计是日常运维工作中非常重要的一个环节。通过对日志文件数据的分析，可以了解业务的运行状态、是否存在潜在的安全威胁、热点数据、时间段趋势、客户来源等信息。

使用数组可以非常方便地对数据进行存储与统计，下面以 Nginx 的日志文件为例，编写一个访问日志文件的分析脚本。在使用脚本分析日志文件前需要了解 Nginx 访问日志的内容与格式，Nginx 访问日志案例如下。

```
[root@centos7 ~]# cat access.log
    172.40.62.167 - - [30/Sep/2018:22:38:57 +0800] "GET /styles/blue-theme.css HTTP/1.1" 200 130510 "http://127.0.0.1/setup.php" "Mozilla/5.0 (X11; Linux x86_64) AppleWebKit/537.36 (KHTML, like Gecko) Chrome/60.0.3112.113 Safari/537.36"
    172.40.58.146 - - [19/Nov/2018:09:01:46 +0800] "GET /course HTTP/1.1" 404 169 "-" "Mozilla/5.0 (X11; Linux x86_64; rv:52.0) Gecko/20100101 Firefox/52.0"
    172.40.58.152 - - [19/Nov/2018:08:58:40 +0800] "GET /favicon.ico HTTP/1.1" 200 32988 "-" "Mozilla/5.0 (X11; Linux x86_64; rv:52.0) Gecko/20100101 Firefox/52.0"
    ......部分内容省略......
```

这里以其中一行数据为例，介绍每列数据的含义。

```
172.40.62.167 - - [30/Sep/2018:22:38:57 +0800] "GET /styles/blue-theme.css HTTP/1.1" 200 130510 "http://127.0.0.1/setup.php" "Mozilla/5.0 (X11; Linux x86_64)
```

在这条日志消息中，172.40.62.167 是客户端的 IP 地址。第二列是一个固定的字符串"-"，没有任何含义。当 Nginx 配置了用户认证后，客户端访问网站时输入用户名和密码，则第三列的内容为用户名，如果没有配置用户认证则这一列也是固定字符串"-"。第四列方括号内的内容为服务器本地时间（客户端在什么时间访问的服务器）。第五列双引号内的内容包括客户端请求的页面和使用的协议，协议一般为 HTTP/1.1 或 HTTP2.0。第六列为 HTTP 返回的状态码。第七列是 Nginx 服务器发送给客户端的字节数（不包括响应头的大小）。第八列告诉服务器客户端是从哪个页面链接访问的，没有通过任何链接访问时这列内容为固定字符串"-"。第九列双引号内的内容是客户端信息，包含客户端使用的操作系统及浏览器等信息。

下面是完整的脚本案例。

```
[root@centos7 ~]# vim nginx_log.sh
```

```
#!/bin/bash
#功能描述(Description):Nginx 标准日志分析脚本
#统计信息包括:
#1.页面访问量 PV
#2.用户量 UV
#3.人均访问量
#4.每个 IP 的访问次数
#5.HTTP 状态码统计
#6.累计页面字节流量
#7.热点数据

GREEN_COL='\033[32m'
NONE_COL='\033[0m'
line='echo ++++++++++++++++++++++++++++++++++'

read -p "请输入日志文件:" logfile
echo

#统计页面访问量(PV)
PV=$(cat $logfile | wc -l)

#统计用户数量(UV)
UV=$(cut -f1 -d' '  $logfile | sort | uniq | wc -l)

#统计人均访问次量
Average_PV=$(echo "scale=2;$PV/$UV" | bc)

#统计每个 IP 的访问次数
declare -A IP
while read ip other
do
   let IP[$ip]+=1
done < $logfile

#统计各种 HTTP 状态码的个数,如 404 报错的次数、500 报错的次数等
declare -A STATUS
while read ip dash user time zone method file protocol code size other
do
   let STATUS[$code]++
```

```
done < $logfile

#统计网页累计访问字节大小
while read ip dash user time zone method file protocol code size other
do
    let Body_size+=$size
done < $logfile


#统计热点数据
declare -A URI
while read ip dash user time zone method file protocol code size other
do
    let URI[$file]++
done < $logfile

echo -e "\033[91m\t日志分析数据报表\033[0m"

#显示 PV 与 UV 访问量,平均用户访问量
$line
echo -e "累计 PV 量: $GREEN_COL$PV$NONE_COL"
echo -e "累计 UV 量: $GREEN_COL$UV$NONE_COL"
echo -e "平均用户访问量: $GREEN_COL$Average_PV$NONE_COL"

#显示网页累计访问字节数
$line
echo -e "累计访问字节数: $GREEN_COL$Body_size$NONE_COL Byte"

#显示指定的 HTTP 状态码数量
$line
for i in 200 404 500
do
    if [ ${STATUS[$i]} ];then
        echo -e "$i 状态码次数:$GREEN_COL ${STATUS[$i]} $NONE_COL"
    else
        echo -e "$i 状态码次数:$GREEN_COL 0 $NONE_COL"
    fi
done

#显示每个 IP 的访问次数
```

```
    $line
    for i in ${!IP[@]}
    do
        printf "%-15s 的访问次数为: $GREEN_COL%s$NONE_COL\n" $i ${IP[$i]}
    done
    echo

    #显示访问量大于 500 的 URI
    echo -e "$GREEN_COL 访问量大于 500 的 URI:$NONE_COL"
    for i in "${!URI[@]}"
    do
        if [ ${URI["$i"]} -gt 500 ];then
            echo "-----------------------------------------"
            echo  "$i"
            echo "${URI[$i]}次"
            echo "-----------------------------------------"
        fi
    done
```

```
[root@centos7 ~]# chmod +x nginx_log.sh
[root@centos7 ~]# ./nginx_log.sh                         #执行脚本,输出如下信息
请输入日志文件: /usr/local/nginx/logs/access.log
            日志分析数据报表
+++++++++++++++++++++++++++++++++++
累计 PV 量: 5749
累计 UV 量: 1
平均用户访问量: 5749.00
+++++++++++++++++++++++++++++++++++
累计访问字节数: 36716107 Byte
+++++++++++++++++++++++++++++++++++
200 状态码次数: 4639
404 状态码次数: 126
500 状态码次数: 0
+++++++++++++++++++++++++++++++++++
172.40.62.167   的访问次数为: 134
172.40.0.71     的访问次数为: 2
172.38.58.152   的访问次数为: 3
172.40.62.173   的访问次数为: 2
127.0.0.1       的访问次数为: 363
172.40.54.226   的访问次数为: 3
```

```
192.168.4.254  的访问次数为: 6
172.39.50.118  的访问次数为: 3017
172.40.1.18    的访问次数为: 2208
192.168.4.11   的访问次数为: 5
172.40.58.145  的访问次数为: 4
172.40.56.213  的访问次数为: 2
访问量大于 500 的 URI:
-----------------------------------
/jsrpc.php?output=json-rpc
3533 次
```

4.4 常犯错误的 SubShell

通过当前 Shell 启动的一个新的子进程或子 Shell 被称为 SubShell（子 Shell）。子 Shell 会自动继承父 Shell 的很多环境，如变量、工作目录、文件描述符等，但是反之，子 Shell 中的环境仅在子 Shell 中有效，父 Shell 无法读取子 Shell 的环境。例如，如果在父 Shell 中定义全局变量，子 Shell 中就可以调用该变量。但当在子 Shell 中定义一个局部或全局变量时，父 Shell 是无法读取该变量的。基于这样的特性，编写的脚本有时就可能出现潜在的问题。

如何生成子 Shell 呢？使用分组命令符号()就可以让命令在子 Shell 中运行，通过 Shell 变量 BASH_SUBSHELL 可以查看子 Shell 的信息，该变量的初始值为 0，每启动一个子 Shell 该变量的值会自动加 1，下面通过简单的示例验证效果。

```
[root@centos7 ~]# vim subshell_01.sh
```

```
#!/bin/bash
#描述(Description):子 Shell 演示示例
#子 Shell 会继承父 Shell 的绝大多数环境,但父 Shell 无法读取子 Shell 的环境

hi="hello"
echo "+++++++++++++++"
echo "+    我是父 Shell    +"
echo "+++++++++++++++"
echo "PWD=$PWD"
echo "bash_subshll=$BASH_SUBSHELL"
```

```
#通过()开启子 Shell
(
sub_hi="I am a subshell"
echo -e "\t+++++++++++++++"
echo -e "\t+   进入子 Shell   +"
echo -e "\t+++++++++++++++"
echo -e "\tPWD=$PWD"
echo -e "\tbash_subshll=$BASH_SUBSHELL"
echo -e "\thi=$hi"
echo -e "\tsub_hi=$sub_hi"
cd /etc;echo -e "\tPWD=$PWD"
)

echo  "+++++++++++++++"
echo  "+   返回父 Shell    +"
echo  "+++++++++++++++"
echo "PWD=$PWD"
echo "hi=$hi"
echo "sub_hi=$sub_hi"
echo "bash_subshll=$BASH_SUBSHELL"
```

```
[root@centos7 ~]# chmod +x subshell_01.sh
[root@centos7 ~]# ./subshell_01.sh
+++++++++++++++
+    我是父 Shell   +
+++++++++++++++
PWD=/root
bash_subshll=0
+++++++++++++++
    +   进入子 Shell    +
+++++++++++++++
    PWD=/root
    bash_subshll=1
    hi=hello
    sub_hi=I am a subshell
    PWD=/etc
+++++++++++++++
+   返回父 Shell    +
+++++++++++++++
```

```
PWD=/root
hi=hello
sub_hi=
bash_subshll=0
```

分析脚本执行结果，启动脚本后进入的 Shell 被认为是父 Shell，当前工作目录是/root，变量 BASH_SUBSHELL 的值为默认初始值 0。通过()启动了一个子 Shell，子 Shell 继承了父 Shell 的变量与工作目录等环境信息，因此，在子 Shell 中当前工作目录依然是/root，父 Shell 定义的变量 hi，在子 Shell 中依然可以正常使用并在屏幕上显示该变量的值，同时变量 BASH_SUBSHELL 的值会自动加 1（结果为 0+1=1）。最后为了验证父 Shell 不可以读取子 Shell 的环境信息，在子 Shell 中定义了一个名称为 sub_hi 的变量，并在子 Shell 中切换工作目录到/etc。当()结束脚本再次回到父 Shell 时，会发现子 Shell 切换工作目录对父 Shell 无效，父 Shell 当前工作目录依然是/root，而子 Shell 定义的变量 sub_hi 在父 Shell 中也无法被调用，父 Shell 开始时定义的变量 hi 依然可以使用，回到父 Shell 后 BASH_SUBSHELL 自动减 1（1-1=0）。脚本执行流程如图 4-2 所示。

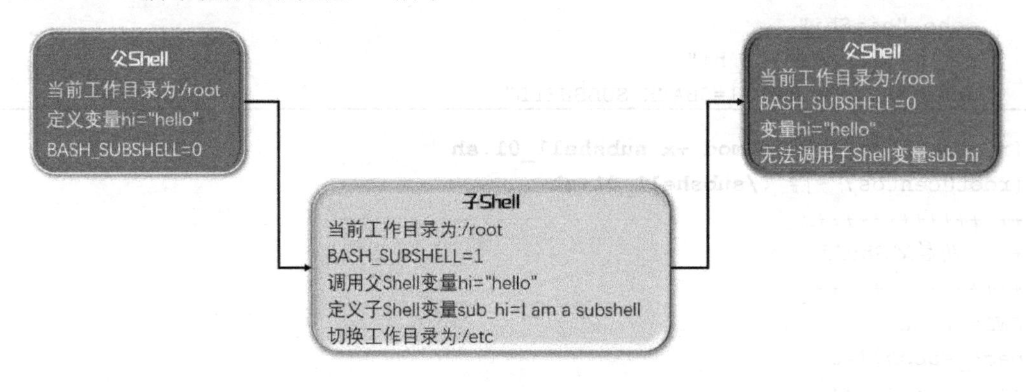

图 4-2　脚本执行流程

再看一个多级子 Shell 的例子。

[root@centos7 ~]# **vim subshell_02.sh**

```
#!/bin/bash
#描述(Description):多级子 Shell 演示示例
#子 Shell 会继承父 Shell 的绝大多数环境,但父 Shell 无法读取子 Shell 的环境


hi="hello"
```

```
echo "+++++++++++++++"
echo "+   我是父 Shell   +"
echo "+++++++++++++++"
echo "bash_subshll=$BASH_SUBSHELL"

#通过()开启子 Shell
(
echo -e "\t+++++++++++++++"
echo -e "\t+   进入子 Shell   +"
echo -e "\t+++++++++++++++"
echo -e "\tbash_subshll=$BASH_SUBSHELL"
  (
  echo -e "\t\t+++++++++++++++"
  echo -e "\t\t+   进入子 Shell   +"
  echo -e "\t\t+++++++++++++++"
echo -e "\t\tbash_subshll=$BASH_SUBSHELL"
pstree | grep subshell
  )
)


echo  "+++++++++++++++"
echo "+    返回父 Shell    +"
echo  "+++++++++++++++"
echo "bash_subshll=$BASH_SUBSHELL"
```

```
[root@centos7 ~]# chmod +x subshell_02.sh
[root@centos7 ~]# ./subshell_02.sh
+++++++++++++++
+  我是父 Shell     +
+++++++++++++++
bash_subshll=0
    +++++++++++++++
    +   进入子 Shell     +
    +++++++++++++++
    bash_subshll=1
        +++++++++++++++
        +    进入子 Shell     +
        +++++++++++++++
        bash_subshll=2
```

```
    |---bash---subshell_02.sh---subshell_02.sh---subshell_02.sh-+-grep
+++++++++++++++
+    返回父 Shell    +
+++++++++++++++
bash_subshll=0
```

分析脚本执行结果，每启动一个子 Shell 会导致变量 BASH_SUBSHELL 的值加 1，该变量的初始值是 0，进入第一个子 Shell 后为 1，在子 Shell 中再进入一个子 Shell 会使该变量的值再次加 1，通过变量 BASH_SUBSHELL 的值可以知道脚本启动了多少个子 Shell。进入第二个子 Shell 后执行 pstree 命令还可以很清晰地看出进程列表，从脚本的输出结果可以看出，在 Bash 进程下启动了一个 subshell_02.sh 脚本，在该脚本中通过()再次启动了一个子进程 subshell_02.sh，依此类推。多级子 Shell 执行流程如图 4-3 所示。

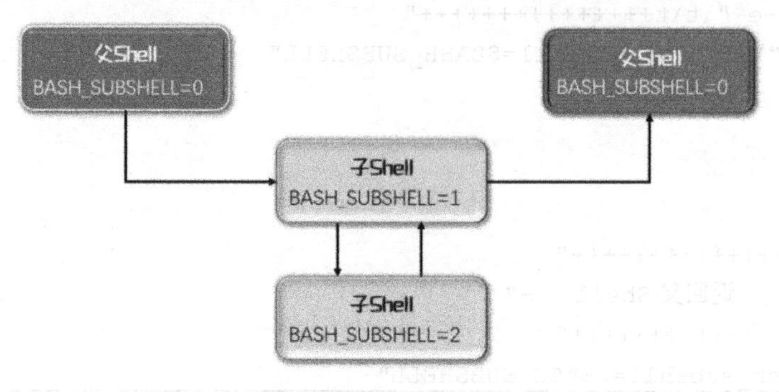

图 4-3　多级子 Shell 执行流程

除了()可以启动子 Shell，还有别的方式可以启动子 Shell 吗？

使用&符号将命令放入后台会产生新的子 Shell，另外使用管道符号|或者分组命令符号()也会产生新的子 Shell，使用命令替换$()也会产生新的子 Shell，在 Shell 脚本中执行一个外部命令同样会启动新的子 Shell。

先来看一个使用管道开启子 Shell 后导致脚本运行错误的案例。该脚本希望通过循环读取 df 命令并输出第四列内容，统计所有存储设备剩余容量的总和。

```
[root@centos7 ~]# vim subshell_03.sh
```

```
#!/bin/bash
```

```
#描述(Description):使用管道开启子 Shell 后导致运行错误的案例演示

sum=0
df | grep "^/" | while read name total used free other
do
  let sum+=free
done
echo $sum
```

```
[root@centos7 ~]# chmod +x subshell_03.sh
[root@centos7 ~]# ./subshell_03.sh
0
```

上面的脚本之所以返回值为 0，是因为使用了管道符号，管道会导致整个 while 循环都在子 Shell 中执行，在子 Shell 中通过循环读取 df 命令输出的第四列值并求和，而等所有循环结束，脚本返回父 Shell 后，子 Shell 中计算的所有值在父 Shell 中都无法被调用。为了方便追踪错误，将上面的脚本进行适当修改，重新编写如下脚本。

```
[root@centos7 ~]# vim subshell_03_bug.sh
```

```
#!/bin/bash
#描述(Description):使用管道开启子 Shell 后导致运行错误的案例演示

sum=0
df | grep "^/" | while read name total used free other
do
    echo "free=$free"
    let sum+=free
    echo "sum=$sum"
done
echo $sum
```

```
[root@centos7 ~]# chmod +x subshell_03_bug.sh
[root@centos7 ~]# ./subshell_03_bug.sh
free=30312376
sum=30312376
free=131241396
sum=161553772
0
```

整个脚本执行流程如图 4-4 所示。分析脚本执行结果，通过管道进入子 Shell 后，确实可以读取磁盘剩余容量，第一个磁盘的剩余容量大约为 30GB，因为 sum 初始值为 0，所以第一次循环 sum 的值为 30 312 376，第二次循环继续读取第二个设备的剩余空间，容量大约为 130GB，再次求和后 sum 的值为 161 553 772，到这里整个循环都是可以正常工作的。但是，当所有设备容量都读取完毕，循环结束后脚本会返回父 Shell 中，在父 Shell 中再次显示 sum 的值时，输出结果为 0。同样的道理，当脚本执行结束返回命令行后，在命令行中再次查看 sum 的值，将找不到该变量。

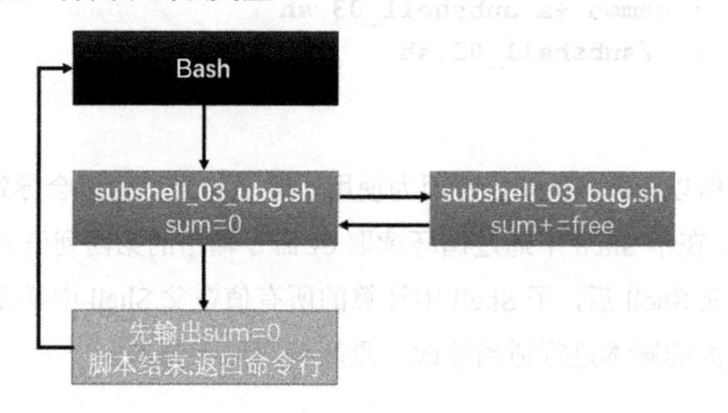

图 4-4 脚本执行流程图

如何才可以解决这样的问题呢？通过文件重定向的方式读取文件，就不会再开启子 Shell。所以，在前面的 nginx_log.sh 日志分析脚本中，在需要读取文件并对文件进行分析时应该使用重定向输入，而不是使用管道开启子 Shell。

```
[root@centos7 ~]# vim subshell_04.sh
```

```
#!/bin/bash
#描述(Description):通过文件重定向读取文件解决子 Shell 问题

tmp_file="/tmp/subshell-$$.txt"
df | grep "^/" > $tmp_file
while read name total used free other
do
    let sum+=free
done < $tmp_file
rm -rf $tmp_file
echo $sum
```

在脚本中使用外部命令，包括加载其他脚本也都会开启一个子 Shell，所以在脚本中需要调用其他脚本时一定要使用 source 加载。

```
[root@centos7 ~]# vim /root/env.sh
```

```
#!/bin/bash
#定义几个被其他脚本调用的公共变量

file="/etc/passwd"
password="I-have-a-dream"
error_info="Please try again later"
```

```
[root@centos7 ~]# vim subshell_05.sh
```

```
#!/bin/bash
#描述(Description):执行外部命令或加载其他脚本也会开启子 Shell

pstree
bash /root/env.sh
echo "passwd=$password"
echo "Error:$error_info"

source ./env.sh
echo "passwd=$password"
echo "Error:$error_info"
```

```
[root@centos7 ~]# chmod +x subshell_05.sh
[root@centos7 ~]# ./subshell_05.sh
... (省略部分 pstree 输出结果) ...
        |bash——subshell_05.sh——pstree
passwd=
Error:
passwd=I-have-a-dream
Error:Please try again later.
```

从脚本执行的结果可知，在脚本中调用外部命令 pstree 时，查看进程树可以看到 pstree 命令是在 subshell_05.sh 下启动的一个子进程。而通过 Bash 调用 env.sh 脚本也会产生子 Shell，读取完 env.sh 程序返回父 Shell 后，再显示变量的值则为空。因此，如果需要在脚本中调用其他脚本最好使用 source 命令加载，使用 source 命令加载脚本不会开启子 Shell。

最后看一个后台进程的问题示例。前面章节中我们编写了测试某个网段内所有主机是否可以连通的脚本，但是默认仅在 ping 通主机 1 之后才会继续测试主机 2，依此类推。如果测试一台主机需要 3 秒，254 台主机就需要 762 秒（约 12 分钟），可以使用&将 ping 命令放入后台，这样做的好处是可以并发测试。下面的脚本通过变量 count 统计可以连通的主机数量，但是，因为&也会导致启动子 Shell，所有子 Shell 中定义的计算变量的值无法在父 Shell 中调用，结果就导致脚本执行完成后，屏幕返回值永远为 0。

[root@centos7 ~]# **vim subshell_06.sh**

```
#!/bin/bash
#描述(Description):使用&在后台进程开启子 Shell

count=0
for i in {1..254}
do
   ping -c1 -i0.2 -W1 192.168.4.$i >/dev/null  && let count++ &
done
echo $count
```

4.5 启动进程的若干种方式

接下来讨论在 Shell 中执行命令创建进程的几种方式：fork 方式、exec 方式、source 方式。

1）fork 方式

通常情况下在系统中通过相对路径或绝对路径执行一个命令时，都会由父进程开启一个子进程，当子进程结束后再返回父进程，这种行为过程就叫作fork。当脚本中正常调用一个外部命令[1]或其他脚本时，都会fork一个子Shell进程，我们的命令会运行在这个子Shell中。比如下面这个脚本中的所有语句都会fork一个子进程。

[root@centos7 ~]# **vim subshell_06.sh**

```
#!/bin/bash
#功能描述(Description):fork 子进程的示例
```

1. 脚本中调用内部命令比较特殊，不会开启子 Shell。

```
#调用外部命令时会 fork 子进程
sleep 5

#绝对路径或相对路径调用外部脚本时会 fork 子进程
/root/tmp.sh
cd /root; ./tmp.sh
```

这个脚本在执行的过程中会打开另一个终端窗口，反复执行 pstree 可以获得如下的进程树信息。可以看出，当脚本调用一个外部命令 sleep 时，系统会 fork 一个子 Shell，sleep 命令是在子 Shell 中执行的。当脚本通过相对路径或绝对路径调用其他脚本（如 tmp.sh）时，也会 fork 一个子进程，并且 tmp.sh 脚本中的命令被触发执行时也会再次 fork 子进程。

```
[root@centos7 ~]# pstree
bash——fork.sh——sleep
bash——fork.sh——tmp.sh——sleep
```

使用 fork 方式开启的子进程是父进程的一个副本，因此会自动单向继承父进程的环境，如环境变量、位置变量、资源权限、内存中的数据、信号等。但是，父进程无法继承子进程的环境。

在脚本中调用其他命令时，正常情况下都会开启子进程，子进程结束后返回父进程，继续执行下一个命令，再次开启子进程，进程结束再次返回父进程，依此类推，直到脚本执行结束，如图 4-5 所示。

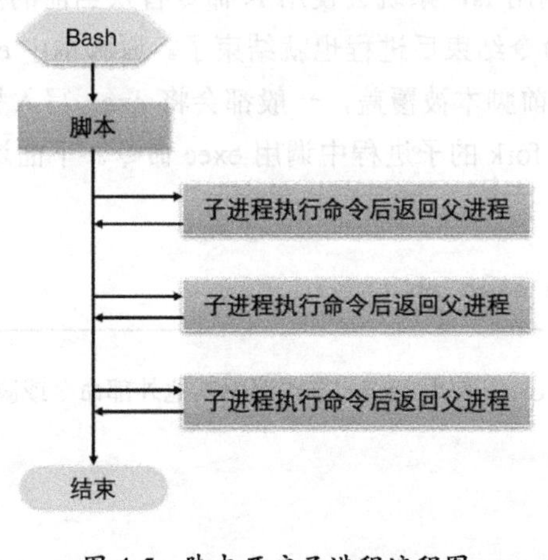

图 4-5　脚本开启子进程流程图

2）exec 方式

也可以使用内部命令 exec 调用其他命令或脚本，语法格式如下。

```
exec  [命令]  [参数]
```

使用 exec 方式调用其他命令或脚本时，系统不会开启子进程，而是使用新的程序替换当前的 Shell 环境，因为当前 Shell 环境被替换了，所以当 exec 调用的程序结束后，当前环境会被关闭，如图 4-6 所示是 exec 执行命令流程图。

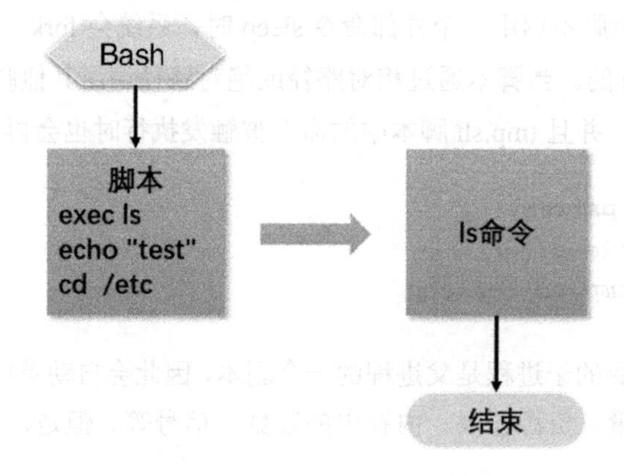

图 4-6　exec 执行命令流程图

如图 4-6 所示，一个脚本中包含三个命令，一个是通过 exec 执行 ls 命令，一个是使用 echo 命令让屏幕回显一个字符串信息，最后一个是 cd 命令，用于切换目录。但是，因为第一个命令使用 exec 调用 ls，系统会使用 ls 命令替换当前的整个脚本，整个进程就变成了一个 ls 命令，当 ls 命令结束后进程也就结束了。原脚本中 exec 后面的所有命令都不会再被执行！为了防止当前脚本被覆盖，一般都会将 exec 写入另一个脚本，先使用 fork 方式调用该脚本，然后在 fork 的子进程中调用 exec 命令。下面这个脚本在执行完 ls 命令后会直接退出。

```
[root@centos7 ~]# vim exec.sh
```

```
#!/bin/bash
#功能描述(Description):使用 exec 方式调用其他外部命令或脚本示例

exec ls
echo "test"
cd /etc
```

但是有一个特例，当 exec 后面的参数是文件重定向时，不会替换当前 Shell 环境，脚本后续的其他命令也不会受到任何影响。

3）source 方式

使用 source 命令或.（点）可以不开启子 Shell，而在当前 Shell 环境中将需要执行的命令加载进来，执行完加载的命令后，继续执行脚本中后续的指令。

下面看一个简单的示例。

```
[root@centos7 ~]# vim /root/tmp.sh
```

```
#!/bin/bash

env="world"
```

```
[root@centos7 ~]# vim source.sh
```

```
#!/bin/bash
#Description:使用 source 加载外部脚本
source /root/tmp.sh
echo "hi,$env"
ls /
```

在上面的 source.sh 脚本中使用 source 命令加载/root/tmp.sh 脚本，source 命令会在不开启子 Shell 的情况下，将 tmp.sh 中的所有命令加载到当前 Shell 环境中，类似 tmp.sh 文件中的所有命令就是编写在 source.sh 文件中的一样，如图 4-7 所示。

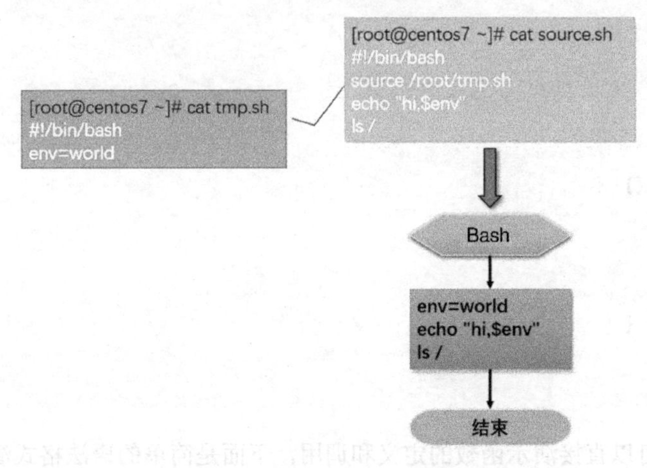

图 4-7　使用 source 加载脚本

从进程树的角度分析，如果不使用 source 命令加载 tmp.sh，而是直接使用路径调用脚本，则进程树效果如下。

```
bash——source.sh——tmp.sh(env="world")
```

如果使用 source 命令加载其他脚本（如 tmp.sh），则其他脚本中的命令将被载入当前 Shell 中直接执行，进程树效果如下。

```
bash——source.sh (env="world")
```

4.6 非常实用的函数功能

与大多数开发语言一样，Shell 同样支持函数功能。函数就是给一段代码起一个别名，也就是函数名，定义函数名的规则与定义变量名的规则基本一致，但是函数名允许以数字开头。使用函数可以方便地封装某种特定功能的代码，在调用函数时不需要关心它是如何实现的，只需知道这个函数是做什么的，就可以直接调用它完成某项功能。函数必须先定义，才能被调用。合理地使用函数可以将一个大的工程分割为若干小的功能模块，代码的可读性更好，还可以有效避免代码重复。

定义函数的语法格式有多种，可以任选一种方式，调用函数时直接写函数名即可。

```
方式一：
函数名称() {
    代码序列
}
方式二：
function 函数名() {
    代码序列
}
方式三：
function 函数名 {
    代码序列
}
```

在命令行就可以直接演示函数的定义和调用，下面是简单的语法格式演示。

```
[root@centos7 ~]# mkdir() {                                    #定义函数
> mkdir /tmp/test
> touch /tmp/test/hi.txt
> }
```

定义函数并不会导致函数内的任何命令被执行，仅当通过函数名称调用时，函数内的命令才会被触发执行。

```
[root@centos7 ~]# mymkdir                                      #通过名称调用函数
[root@centos7 ~]# ls /tmp/test/hi.txt                          #确认函数执行结果
-rw-r--r--. 1 root root 0 Dec  6 22:18 /tmp/test/hi.txt
```

如果需要取消函数，可以使用 unset 命令取消函数的定义。

```
[root@centos7 ~]# unset mymkdir                                #取消函数定义
```

在实际编写脚本时，经常会使用函数的功能给脚本编写提示信息，比如脚本的帮助或用法信息。下面就是这样的示例脚本文件。

```
[root@centos7 ~]# vim usage.sh
```

```
#!/bin/bash
#功能描述(Description):使用函数输出帮助信息

function print_usage() {
    cat << EOF
Usage: --help | -h
  Print help information for script
Usage: --memory | -m
  Monitor memory information
Usage: --network | -n
  Monitor network interface information
EOF
}
case $1 in
--memory|-m)
    free;;
--network|-n)
```

```
    ip -s link;;
  --help|-h)
    print_usage;;
  *)
    print_usage;;
  esac
```

通过上面的示例可以知道，函数其实类似于别名，就是给一段代码起一个别名，当调用该别名时函数中的代码就会被触发执行。但是，前面示例中的函数并不能被反复调用，因为函数体内编写的代码用的全部都是常量，所以在第二次被调用时就会创建名称相同的目录与文件。这样的函数非常不灵活。怎么解决这个问题呢？答案是使用变量！Shell 中的函数支持传递参数，可以通过向函数体内传递变量参数，确保函数可以被反复调用。

在函数体内部可以通过变量$1、$2 读取位置参数，在调用函数时添加相应的参数即可，或者读取其他全局变量都可以实现传递变量参数的功能。

实现上面功能的函数代码如下。

```
[root@centos7 ~]# mkdir() {                                    #定义函数
> mkdir -p $1
> touch $1/$2
> }
[root@centos7 ~]# mymkdir /tmp/code hi.html                    #调用函数
[root@centos7 ~]# ls -l /tmp/code/hi.html                      #确认函数执行结果
-rw-r--r--. 1 root root 0 Dec  6 23:12 /tmp/code/hi.html
[root@centos7 ~]# mymkdir /tmp/shell test.sh                   #调用函数
[root@centos7 ~]# ls -l /tmp/shell test.sh                     #确认函数执行结果
-rw-r--r--. 1 root root 0 Dec  6 23:12 /tmp/shell/test.sh
```

有了这种通过位置变量传递参数的机制，就可以使用函数编写更加灵活的脚本，比如监控服务功能就可以写成函数，通过传递变量就可以编写一个通用的监控服务是否启动的脚本。

```
[root@centos7 ~]# vim check_service.sh
```

```
#!/bin/bash
#功能描述(Description):使用函数监控服务是否启动的脚本案例
```

```
date_time=$(date +'%Y-%m-%dT%H:%M:%S%z')

function check_services() {
   for i in "$@"
   do
      if systemctl --quiet is-active ${i}.service; then
         echo -e "[$date_time)]: \033[92mservice $i is active\033[0m"
      else
         echo "[$date_time]: service $i is not active" >&2
      fi
   done
}

check_services httpd sshd vsftpd
```

上面的脚本在调用函数时添加了不止一个参数，而在函数体内通过$@就可以读取所有位置参数，并通过 for 循环遍历每一个参数，在 for 循环内部使用 if 语句判断服务是否启动。这个脚本中定义的函数也可以被反复调用，每次调用时添加不同的位置参数，即可检测不同服务的状态。

4.7 变量的作用域与 return 返回值

Shell 脚本中执行函数时并不会开启子进程，默认在函数外部或函数内部定义和使用变量的效果相同。函数外部的变量在函数内部可以直接调用，反之函数内部的变量也可以在函数外部直接调用。但这样会导致变量混淆、数据可能被错误地修改等问题，下面通过一个示例看看变量的作用域问题。

```
[root@centos7 ~]# vim function-demo1.sh
```

```
#!/bin/bash
#功能描述(Description):函数中变量的作用域示例之全局变量

#默认定义的变量为在当前 Shell 中全局有效
global_var1="hello"
global_var2="world"
```

```
#定义 demo 函数,在函数内部定义新的变量并修改函数外部的变量
function demo() {
    echo -e "\033[46mfunction [demo] started...\033[0m"
    func_var="Topic:"
    global_var2="Broke Girls"
    echo "$func_var $global_var2"
    echo -e "\033[46mfunction [demo] end.\033[0m"
}

demo
echo
echo "$func_var $global_var1 $global_var2"
```

```
[root@centos7 ~]# chmod +x function-demo1.sh
[root@centos7 ~]# ./function-demo1.sh
function [demo] started...
Topic: Broke Girls
function [demo] end.

Topic: hello Broke Girls
```

分析脚本输出结果，在demo函数外部定义的两个变量在函数内部都可以被调用，并且还可以被修改。默认global_var1 和global_var2 为当前Shell环境中的全局变量[1]，而执行函数不会开启子Shell，因此在函数内部也可以调用和修改变量。示例中在函数内部修改了global_var2 的参数值，而在demo函数中定义的变量func_var默认也是全局变量，因此在函数外部使用echo命令调用函数内部变量func_var是可以正常显示的，而global_var2 参数值在函数中被修改了，最终脚本输出的也是修改后的内容。

但是，这样的结果有时并不是我们希望看到的。在一个实际工程脚本文件中，有时会因为在函数外部和函数内部定义了相同名称的变量，从而导致数据被意外篡改！如何防止在函数内部修改函数外部的全局变量呢？可以通过 local 语句定义仅在函数内部有效的局部变量。

```
[root@centos7 ~]# vim function-demo2.sh
```

1. 这里的全局变量指的是仅在当前 Shell 中有效的变量，与使用 export 定义的全局变量不同，后者定义的变量是在所有的子进程中依然有效的变量。

```
#!/bin/bash
#功能描述(Description):函数中变量的作用域示例之局部变量

#默认定义的变量为当前 Shell 全局有效
global_var1="hello"
global_var2="world"

#定义 demo 函数,在函数内部定义新的局部变量并修改局部变量
function demo() {
    echo -e "\033[46mfunction [demo] started...\033[0m"
    local global_var2="Broke Girls"
    echo "调用变量:$global_var1 $global_var2"
    echo -e "\033[46mfunction [demo] end.\033[0m"
}

demo
echo
echo "$global_var1 $global_var2"
```

```
[root@centos7 ~]# chmod +x function-demo2.sh
[root@centos7 ~]# ./function-demo2.sh
function [demo] started...
调用变量:hello Broke Girls
function [demo] end.

hello world
```

分析执行结果，首先在脚本开始时定义了两个全局变量 global_var1 和 global_var2，然后在函数内部使用 local 命令定义一个与全局变量重名的局部变量 global_var2，并设置新的变量值，但是这样并不会覆盖全局变量的值。在函数内部调用变量 global_var1 时，因为在函数内部没有与之重名的变量，所以直接显示全局变量的值。而在函数内部调用变量 global_var2 时，因为在函数内部定义了与全局变量重名的 global_var2，系统会优先调用函数内部的局部变量，所以输出的结果为 Broke Girls。最后当函数执行结束时，在函数外部再次使用 echo 命令调用 global_var1 和 global_var2 变量，并不会受函数的任何影响，输出结果仍然是全局变量的值：hello world。

正常情况下定义的普通变量和数组都是在当前 Shell 中有效的全局变量。但是使用 declare

定义的关联数组则是一种特殊情况，在函数外部定义的关联数组为全局变量，而在函数体内部定义的关联数组则默认是在函数内部有效的局部变量。

```
[root@centos7 ~]# vim function-demo3.sh
```

```
#!/bin/bash
#功能描述(Description):函数中变量的作用域示例

#在函数外部定义的数组和关联数组都是全局变量
a=(aa bb cc)
declare -A b
b[a]=11
b[b]=22

#定义 demo 函数
#在函数内部定义的普通数组为全局变量
#在函数内部定义的关联数组为局部变量

function demo() {
a=(xx yy zz)
declare -A b
b[a]=88
b[b]=99
echo ${a[@]}
echo ${b[@]}
}

demo
echo ${a[@]}
echo ${b[@]}
```

```
[root@centos7 ~]# chmod +x function-demo3.sh
[root@centos7 ~]# ./function-demo3.sh
xx yy zz
88 99
xx yy zz
11 22
```

分析脚本执行结果，在函数体外定义的普通数组变量 a 和在函数体内定义的普通数组重名，因为默认情况下都是全局变量，所以数组变量 a 的值被覆盖，不管在函数内部还是外部，屏幕显示的都是覆盖后的新值（xx yy zz）。而关联数组是个特例，在函数外部定义的关联数组 b 为全局变量，虽然在函数内部也定义了同名的关联数组变量，但是仅在函数内部调用数组 b 时才显示 88 和 99，在函数外部调用数组 b 时显示的结果依然是 11 和 22。

最后还有一个注意事项，定义函数不会导致函数被执行，因此在没有调用函数时，无论是全局变量还是局部变量，都不可以在外部和内部之间相互调用。

```
[root@centos7 ~]# vim function-demo4.sh
```

```
#!/bin/bash
#功能描述(Description):函数中变量的作用域示例

#默认定义的变量为在当前 Shell 中全局有效
global_var1="hello"
global_var2="world"

#定义 demo 函数,在函数内部定义新的局部变量并修改局部变量
function demo() {
    func_var="Test"
    global_var2="Broke Girls"
    echo "全局变量:$global_var1 $global_var2"
}

echo "函数内部变量:[$func_var]"
echo "$global_var1 $global_var2"
```

```
[root@centos7 ~]# chmod +x function-demo4.sh
[root@centos7 ~]# ./function-demo4.sh
函数内部变量:[]
hello world
```

分析脚本执行结果，在这个示例中仅定义了函数，但并没有调用函数，因此在函数内部定义的变量 func_var 及对变量 global_var2 的修改实际上都没有被执行。当在函数外部使用 echo 命令调用 func_var 时实际就是空值，global_var1 和 global_var2 变量的值也没有任何变化，最后的输出结果为 hello world。

执行完函数后，默认整个函数的状态码为函数内部最后一个命令的返回值。我们在 3.10

节中学习了使用 exit 命令自定义返回码，但是在函数中如果使用了 exit 命令就会导致整个脚本直接退出。可以使用 return 命令立刻让函数中断并返回特定的状态码，并且不会影响脚本中后续的其他命令。

```
[root@centos7 ~]# vim function-demo5.sh
```

```
#!/bin/bash
#功能描述(Description):自定义函数返回码

#默认以函数中最后一条命令的状态作为返回码
demo1() {
    uname  -r
}

#使用 return 可以让函数立刻结束,并返回状态码,return 的有效范围为 0~255
demo2(){
    echo "start demo2"
    return 100
    echo "demo2 end."
}

#如果使用 exit 定义函数的返回码,则执行函数会导致脚本退出
demo3() {
    echo "hello"
    exit
}

demo1
echo "demo1 status: $?"
demo2
echo "demo2 status: $?"
demo3
echo "demo3 status :$?"
```

```
[root@centos7 ~]# chmod +x function-demo5.sh
[root@centos7 ~]# ./function-demo5.sh
3.10.0-693.el7.x86_64
demo1 status: 0
start demo2
demo2 status: 100
hello
```

分析脚本执行结果，脚本中定义了三个函数，分别是 demo1、demo2 和 demo3。demo1 函数中没有自定义任何返回码，因此在脚本中调用 demo1 函数后，使用 echo 命令查看函数返回状态码为 0（也就是函数内 uname -r 命令的返回码）。demo2 函数使用 return 命令自定义的返回码为 100，因为 return 会让函数立刻中断，所以调用 demo2 函数时，屏幕仅显示 start demo2 而不会显示 demo2 end，调用完函数后，再通过 echo 命令查看函数的返回码为自定义的 100。最后一个函数使用了 exit 命令，该命令不仅中断了函数，同时中断了整个脚本，因此调用 demo3 函数时，屏幕显示 hello，然后整个脚本意外中断，并没有执行后续的 echo 命令，也没有显示 demo3 函数的返回码。

4.8　实战案例：多进程的 ping 脚本

前面已经使用循环语句编写过 ping 某个网络内所有主机连通性的脚本，但是当时的脚本并没有使用函数，也没有使用&符号开启后台子进程脚本，所以整个脚本的执行效率非常低。现在学习了函数及子 Shell 的知识，就可以重新优化编写功能更强大、效率更高的 ping 测试脚本了。

```
[root@centos7 ~]# vim multi_ping_v1.sh
```

```
#!/bin/bash
#Version:1.0
#功能描述(Description):使用函数与&后台进程实现多进程 ping 测试

net="192.168.4"
multi_ping() {
    ping -c2 -i0.2 -W1 $1 &>/dev/null
    if [ $? -eq 0 ];then
        echo "$1 is up"
    else
        echo "$1 is down"
    fi
}

#通过循环反复调用函数，将其放入后台并行执行
for i in {1..254}
do
```

```
    multi_ping $net.$i &
done
```

```
[root@centos7 ~]# chmod +x multi_ping_v1.sh
[root@centos7 ~]# ./ multi_ping_v1.sh
[root@centos7 ~]# 192.168.4.6 is up
192.168.4.10 is up
192.168.4.12 is up
192.168.4.13 is up
192.168.4.11 is up
192.168.4.254 is up
192.168.4.253 is up
192.168.4.5 is down
192.168.4.1 is down
192.168.4.2 is down
... ...(部分输出内容省略)
```

分析脚本执行结果，因为在循环体中是以后台方式执行 multi_ping 函数的，所以不再需要等待第一台主机测试完成后再测试下一台主机，瞬间就可以将 254 台主机的测试任务都放入后台执行。屏幕的返回结果是无序的，谁先回应 ping 消息，屏幕就先返回谁的信息。

这样的脚本仅耗时几秒就可以测试整个网段。但是，这个脚本还是有问题！脚本瞬间将 254 个进程放入后台，脚本瞬间已经把所有需要执行的命令都执行完毕，然后脚本退出。所以在执行完脚本后的一瞬间，当脚本中的命令执行完后系统就返回命令行，而在系统返回命令行后，还在后台执行 ping 的命令会开始慢慢返回执行结果（可以连通或不能连通的信息），因此 192.168.4.6 is up 这个信息就显示在命令提示符的后面。更大的问题是，其实脚本执行的一瞬间就返回命令行，但是 254 个 ping 返回全部结果却需要几秒，等所有返回结果都显示在屏幕上后，屏幕就有可能宕机！因为系统早已返回命令行，命令行的提示符也已经在脚本执行后的一瞬间返回并显示了，这样就需要手动执行一个回车操作才可以继续后面的其他操作。出现这样的问题就是因为脚本退出的速度太快，解决这个问题可以使用 wait 命令，该命令后如果输入进程号作为参数，可以等待某个进程或后台进程结束并返回该进程的状态。如果没有指定任何参数，则 wait 会等待当前 Shell 激活的所有子进程结束，返回状态为最后一个进程的退出状态。

我们可以继续优化上面的脚本，在脚本最后添加一个 wait 命令，这样可以在所有的后台子进程都结束，也就是所有的 ping 测试都结束后，再退出脚本。

```
[root@centos7 ~]# vim multi_ping_v2.sh
```

```
#!/bin/bash
#Version:2.0
#功能描述(Description):使用函数与&后台进程实现多进程 ping 测试
#使用 wait 命令等待所有子进程结束后再退出脚本

net="192.168.4"

multi_ping() {
   ping -c2 -i0.2 -W1 $1 &>/dev/null
   if [ $? -eq 0 ];then
      echo "$1 is up"
   else
      echo "$1 is down"
   fi
}

#通过循环反复调用函数并将其放入后台并行执行
for i in {1..254}
do
   multi_ping $net.$i &
done
wait
```

4.9　控制进程数量的核心技术——文件描述符和命名管道

经过前面的优化，一个多进程的脚本基本已经成型。但还有问题需要解决，在执行多进程脚本的同时在其他终端窗口使用 ps aux 命令查看进程列表，会发现同时启动了几百个进程，对于 ping 这样的小程序还好，如果是一个非常消耗 CPU、内存、磁盘 I/O 资源的程序呢？启动几百个这样的程序并行执行，系统会瞬间崩溃！

```
[root@centos7 ~]# ps aux                                        #查看并发进程
... ...(部分输出内容省略)
root     9434     S    11:26    0:00          ping -c2 -i0.2 -W1 192.168.4.180
```

```
root     9435     S    11:26   0:00         ping -c2 -i0.2 -W1 192.168.4.213
root     9436     S    11:26   0:00         ping -c2 -i0.2 -W1 192.168.4.181
root     9439     S    11:26   0:00         ping -c2 -i0.2 -W1 192.168.4.184
root     9440     S    11:26   0:00         ping -c2 -i0.2 -W1 192.168.4.166
root     9441     S    11:26   0:00         ping -c2 -i0.2 -W1 192.168.4.214
```

我们需要想办法控制进程的数量，比如一次仅启动 10 个进程，等待这 10 个进程都结束再启动 10 个，依此类推。如何控制进程的数量呢？这里需要引入文件描述符和命名管道的概念。

1）文件描述符

文件描述符是一个非负整数，而内核需要通过这个文件描述符才可以访问文件。当我们在系统中打开已有的文件或新建文件时，内核每次都会给特定的进程返回一个文件描述符，当进程需要对文件进行读或写操作时，都要依赖这个文件描述符进行。文件描述符就像一本书的目录页数（也叫索引），通过这个索引可以找到需要的内容。在 Linux 或类 UNIX 系统中内核默认会为每个进程创建三个标准的文件描述符，分别是 0（标准输入）、1（标准输出）和 2（标准错误）。通过查看/proc/PID 号/fd/目录下的文件，就可以查看每个进程拥有的所有文件描述符。

```
[root@centos7 ~]# ls -l /proc/$$/fd/              #查看当前 Shell 的文件描述符
total 0
lrwx------ 1 root root 64 Dec  9 20:41 0 -> /dev/pts/0
lrwx------ 1 root root 64 Dec  9 20:41 1 -> /dev/pts/0
lrwx------ 1 root root 64 Dec  9 20:41 2 -> /dev/pts/0
lrwx------ 1 root root 64 Dec  9 22:12 255 -> /dev/pts/0
[root@centos7 ~]# ls -l /proc/1/fd/               #查看 systemd 的文件描述符
lrwx------ 1 root root 64 12月  9 2018 0 -> /dev/null
lrwx------ 1 root root 64 12月  9 2018 1 -> /dev/null
lr-x------ 1 root root 64 12月  9 22:12 10 -> anon_inode:inotify
lr-x------ 1 root root 64 12月  9 22:12 11 -> /proc/swaps
lrwx------ 1 root root 64 12月  9 22:12 12 -> socket:[11463]
lr-x------ 1 root root 64 12月  9 22:12 13 -> anon_inode:inotify
lr-x------ 1 root root 64 12月  9 22:12 14 -> anon_inode:inotify
lr-x------ 1 root root 64 12月  9 22:12 15 -> pipe:[11466]
l-wx------ 1 root root 64 12月  9 22:12 16 -> pipe:[11466]
lr-x------ 1 root root 64 12月  9 22:12 17 -> pipe:[11467]
......(部分输出内容省略)
```

当打开文件时系统内核就会为特定的进程自动创建对应的文件描述符。下面通过示例演示这样一个过程，首先开启一个命令终端，在命令行中使用 vim 打开任意一个文件。

```
[root@centos7 ~]# vim /var/log/messages
```

同时开启第二个终端窗口，通过 ps 命令查看 vim 进程的进程号，并观察该进程的文件描述符。

```
[root@centos7 ~]# ps -ao user,pid,comm | grep vim
root        9714    vim
[root@centos7 ~]# ls -l /proc/9714/fd/
lrwx------ 1 root root 64 12月  9 22:30 0 -> /dev/pts/6
lrwx------ 1 root root 64 12月  9 22:30 1 -> /dev/pts/6
lrwx------ 1 root root 64 12月  9 22:27 2 -> /dev/pts/6
lrwx------ 1 root root 64 12月  9 22:30 4 -> /var/log/.messages.swp
```

通过实验可以很清楚地看到，vim 进程除了拥有三个标准文件描述符外，还拥有一个编号为 4 的文件描述符，该文件描述符索引/var/log/.messages.swp 文件。因为 vim 程序默认会将所有的修改都写入该文件，只有在 vim 中执行保存命令才会将数据同步到/var/log/messages。实时的文件读写操作的其实都是/var/log/.messages.swap 文件。

除了系统自动创建文件描述符，还可以通过命令手动自定义文件描述符。

创建文件描述符语法格式如下。

```
exec 文件描述符 <> 文件名
```

调用文件描述符语法格式如下。

```
&文件描述符
```

关闭文件描述符语法格式如下。

```
exec 文件描述符<&-
```

或者

```
exec 文件描述符>&-
```

```
[root@centos7 ~]# touch test.txt                    #创建空文件
[root@centos7 ~]# ls -l /proc/$$/fd                 #查看文件描述符
... ...(部分输出内容省略)
l-wx------. 1 root root 64 Dec 10 21:57 12 -> /root/test.txt
[root@centos7 ~]# exec 12>test.txt                  #创建仅可输出的文件描述符
[root@centos7 ~]# echo hello >&12                   #通过&12 调用文件描述符
[root@centos7 ~]# echo "world" >&12
[root@centos7 ~]# cat test.txt                      #确认内容是否重定向成功
hello
world
[root@centos7 ~]# cat <&12                          #报错,不支持输入
cat: -: Bad file descriptor
[root@centos7 ~]# exec 12<&-                        #关闭文件描述符
[root@centos7 ~]# echo "jacob" >&12                 #关闭后无法再使用该描述符
-bash: 12: Bad file descriptor
```

上面案例中首先创建了一个仅可以重定向输出的文件描述符（12），可以通过&12 调用该文件描述符，使用 echo 将消息重定向输出到 12 这个文件描述符就等同于输出到文件 test.txt。但是，当调用该文件描述符进行重定向导入时会失败，该文件描述符不支持重定向输入。

```
[root@centos7 ~]# exec 13<test.txt                 #创建仅可输入的文件描述符
[root@centos7 ~]# cat <&13                         #通过文件描述符读文件内容
hello
world
[root@centos7 ~]# exec 13<test.txt                 #注意,文件仅可以被读取一次
[root@centos7 ~]# echo "world" >&13                #报错,不支持输出
echo: write error: Bad file descriptor
[root@centos7 ~]# exec 13<&-                       #关闭输入文件描述符
```

上面的命令首先创建了一个仅可以重定向输入的文件描述符（13），通过&13 就可以调用该文件描述符，使用 cat 命令重定向输入 13 这个文件描述符就等同于读取 test.txt 的文件内容。但是，该文件描述符不能用于重定向输出。

能不能创建一个既可以输出又可以实现输入功能的文件描述符呢？答案是可以的！

```
[root@centos7 ~]# exec 14<>test.txt                #创建可读写的文件描述符
[root@centos7 ~]# cat <&14                         #读取文件内容
```

```
hello
world
[root@centos7 ~]# echo "Rick" >&14                      #重定向写入
[root@client ~]# cat test.txt                           #确认内容被写入
hello
world
Rick
[root@centos7 ~]# exec 14<&-                            #关闭文件描述符
```

下面看一个非常容易导致数据丢失的案例，在生产环境中如果不注意这样的问题，有可能会付出惨痛的代价。

```
[root@centos7 ~]# echo "init" > new.txt                 #新建文件
[root@centos7 ~]# exec 12>new.txt                       #创建文件描述符
[root@centos7 ~]# echo "Vicky" >&12                     #重定向输出
[root@centos7 ~]# exec 12<&-                            #关闭文件描述符
[root@centos7 ~]# cat new.txt                           #数据被覆盖（旧数据丢失）
Vicky
[root@centos7 ~]# exec 12>>new.txt                      #创建文件描述符（追加）
[root@centos7 ~]# echo "TinTin" >&12                    #重定向输出
[root@centos7 ~]# exec 12<&-                            #关闭文件描述符
[root@centos7 ~]# cat new.txt                           #验证，数据未覆盖
Vicky
TinTin
```

使用 cat 命令可以通过文件描述符读取文件的全部内容。另外，read 命令后跟-u 选项也可以通过文件描述符读取文件内容，但不同的是，read 命令每次仅读取一行数据。通过下面的演示，再多学习一些文件描述符的细节技术。

```
[root@centos7 ~]# echo "line1
> line2
> line3" > new.txt                                      #新建一个三行的文件
[root@centos7 ~]# exec 12<new.txt                       #新建文件描述符
[root@centos7 ~]# read -u12 content                     #读取一行赋值给变量
[root@centos7 ~]# echo $content                         #查看变量的值是否正确
line1
[root@centos7 ~]# read -u12 content                     #再读取一行赋值给变量
[root@centos7 ~]# echo $content                         #查看变量的值是否正确
```

```
line2
[root@centos7 ~]# read -u12 content                #读取最后一行内容
[root@centos7 ~]# echo $content                    #验证内容是否正确
line3
[root@centos7 ~]# read -u12 content                #无内容可读
[root@centos7 ~]# echo $content                    #确认变量的值为空

[root@centos7 ~]# cat <&12                         #cat 也无法读取任何内容
[root@centos7 ~]# exec 12<&-                       #关闭文件描述符
```

从上面这一系列的操作演示中，我们要理解，文件描述符并不是简单地对应一个文件的。文件描述符中还包含有很多文件相关的信息，如权限、文件偏移量等。文件偏移量更像一个指针，它指向某个文件的位置，默认情况下该指针指向的是文件的起始位置，当使用 read 命令读取一行数据后，该指针会指向下一行数据，再使用 read 读取一行内容，指针再往下移动一行，依此类推，直到文件结束。通过文件描述符读取文件行的流程如图 4-8 所示。

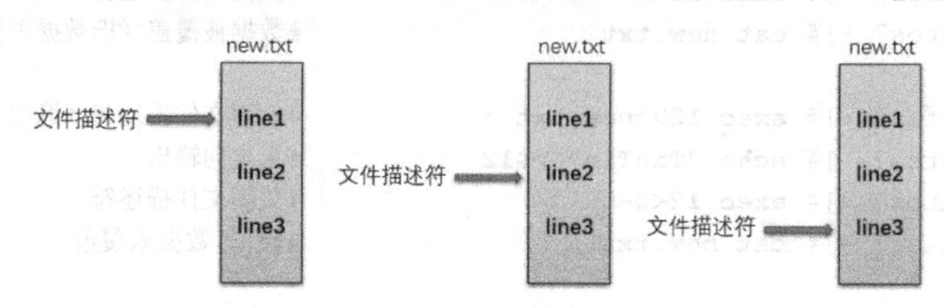

图 4-8　通过文件描述符读取文件行的流程

因为 cat 命令会读取文件的全部内容，所以当我们使用 cat 命令读取文件描述符时，文件描述符的指针会一次性跳到文件的末尾，一旦到了文件末尾，则再通过文件描述符读取文件的内容就为空，因为没有内容可读了。但是可以重新打开文件描述符，还可以再次从开始位置读取数据内容。

同样的道理，也可以每次仅读取文件的任意个字符。这样的话，指针就会停留在特定字符的后面，等待下一次再通过文件描述符读取文件内容时，就会继续从这个位置读取后续的内容。read 命令可以通过-n 选项指定读取任意字符的数据。

```
[root@centos7 ~]# exec 12<new.txt                  #创建文件描述符
[root@centos7 ~]# read -u12 -n1 content            #仅读取一个字符的数据
[root@centos7 ~]# echo $content                    #查看变量的值并验证
l
```

```
[root@centos7 ~]# read -u12 -n1 content                #继续读取下一个字符
[root@centos7 ~]# echo $content                        #查看变量的值并验证
i
[root@centos7 ~]# read -u12 -n3 content                #读取后续的 3 个字符数据
[root@centos7 ~]# echo $content                        #查看变量的值并验证
ne1
[root@centos7 ~]# exec 12<&-                           #关闭文件描述符
```

不仅查看内容会导致指针移动，写入数据同样也会导致指针移动。通过文件描述符追加写入数据后，就不能再查看了，因为指针已经移动到了文件末尾的位置。

创建文件描述符时，如果文件描述符对应的文件不存在，系统会自动创建一个新的空文件。

```
[root@centos7 ~]# exec 12<>file.txt                    #创建读写文件描述符
[root@centos7 ~]# echo "Linux" >&12                    #通过文件描述符写数据
[root@centos7 ~]# echo "Unix" >&12                     #追加写入其他数据
[root@centos7 ~]# cat <&12                             #通过文件描述符查看为空
[root@centos7 ~]# cat file.txt                         #查看文件内容正常
Linux
Unix
[root@centos7 ~]# exec 12<&-                           #关闭文件描述符
```

上面的操作，先开启一个可读写的文件描述符，然后通过重定向输出的方式往文件中写入两行数据，同时文件描述符中的偏移量指针也随之往下移动。当使用文件描述符读取数据时，指针已经移动到最后，此时再使用 cat 命令查看文件后续内容则为空，但是前面写入文件的内容不会丢失，使用文件名的方式直接访问，数据都还在。

2）命名管道

接下来，学习命名管道的知识。管道是进程间通信的一种方式，前面已经介绍了匿名管道，使用|符号就可以创建一个匿名管道，顾名思义，系统会自动创建一个可以读写数据的管道，但是这个管道并没有名称。一个程序往管道中写数据，另一个程序就可以从管道中读取数据。但是匿名管道仅可以实现父进程与子进程之间的数据交换，能不能实现任意两个无关的进程之间的通信呢？答案是肯定的，使用命名管道，也叫FIFO[1]文件。

[1] 即 First In First Out，先进先出，先写入的数据被先读出来，后写入的数据被后读出来。

命名管道具有如下几个特征。

- FIFO 文件由命令创建（mknod 或 mkfifo 命令），可以在文件系统中直接看到。
- 写入管道的数据一旦被读取后，就不可以再重复读取。
- 进程往命名管道中写数据时，如果没有其他进程读取数据，则写进程会被阻塞。
- 进程尝试从命名管道中读取数据时，如果管道中没有数据，则读进程会被阻塞。
- 命名管道中的数据常驻内存，并不实际写入磁盘，读写效率会更高。

通过简单的命令演示如何创建命名管道及读写数据被阻塞的案例。

```
[root@centos7 ~]# mkfifo pipe_file1                  #创建命名管道,不指定权限
[root@centos7 ~]# mkfifo -m 664 pipe_file2           #创建命名管道,并设置权限
[root@centos7 ~]# ls -l pipe_file1 pipe_file2        #查看文件属性,第一列为p
prw-r--r--. 1 root root 0 12月 13 23:34 pipe_file1
prw-rw-r--. 1 root root 0 12月 13 23:35 pipe_file2
[root@centos7 ~]# echo "hello world" > pipe_file1   #写阻塞
```

使用 echo 命令将数据重定向导入管道，因为暂时没有其他进程从管道中读取数据，所以写数据的 echo 命令被阻塞。

开启另一个命令终端窗口，执行读操作时，回到第一个窗口写阻塞会自动被解除。

```
[root@centos7 ~]# cat pipe_file1                     #读数据,并解除写阻塞
hello world
```

与上面的演示类似，反之当从命名管道中读取数据时，如果管道中并没有数据，读进程会被阻塞。因为前面的操作已经将 pipe_file1 中的数据读出，此时管道中已没有任何数据。

```
[root@centos7 ~]# cat pipe_file1                     #没有数据,读进程被阻塞
```

我们开启另一个命令终端窗口，执行写操作时，再回到第一个窗口读阻塞会自动被解除。

```
[root@centos7 ~]# echo "GoSpursGo" > pipe_file1     #写数据,并解除读阻塞
```

说了这么多文件描述符与命名管道的铺垫，该进入正题了，对于多进程的脚本如何控制进程的数量呢？通过命名管道的阻塞功能就可以有效地阻止开启过多的进程！但是只有命名管道还不够，正常情况下 cat 命令读取命名管道数据会一次性全部读完，这里需要每次

仅读取一行数据，而 read 命令通过文件描述符就可以读取文件的行数据。

```
[root@centos7 ~]# vim multi_procs.sh
```

```
#!/bin/bash

#创建命名管道文件,并绑定固定的文件描述符
pipefile=/tmp/procs_$$.tmp
mkfifo $pipefile
exec 12<>$pipefile

#通过文件描述符往命名管道中写入 5 行任意数据,用于控制进程数量
for i in {1..5}
do
   echo "" >&12 &
done

#通过 read 命令的-u 选项指定从特定的文件描述符中读取数据行
#每次读取一行数据,每读取一行数据就启动一个耗时的进程 sleep,并放入后台执行
#因为命名管道中只有 5 行数据,读取 5 行后 read 会被阻塞,也就无法继续启动 sleep 进程
#每当任意一个 sleep 进程结束,就通过文件描述符再写入任意数据到命名管道
#当管道中有数据后,read 则可以继续读取数据,继续开启新的进程,依此类推
for j in {1..20}
do
   read -u12
   {
      echo -e "\033[32mstart sleep No.$j\033[0m"
      sleep 5
      echo -e "\033[31mstop sleep No.$j\033[0m"
      echo "" >&12
   } &
done
wait
rm -rf $pipefile
```

有了这样的技巧可以控制进程数量后，就可以再次修改前面的 ping 测试脚本，实现一个可以任意控制进程数量的多进程 ping 测试脚本。

```
[root@centos7 ~]# vim multi_ping_v3.sh
```

```
#!/bin/bash
#Version:3.0
#功能描述(Description):控制进程数量的 ping 测试脚本
#使用 wait 命令等待所有子进程结束后再退出脚本

num=10           #控制进程数量
net="192.168.4"
pipefile="/tmp/multiping_$$.tmp"

multi_ping() {
    ping -c2 -i0.2 -W1 $1 &>/dev/null
    if [ $? -eq 0 ];then
        echo "$1 is up"
    else
        echo "$1 is down"
    fi
}

#创建命名管道文件,创建其文件描述符,通过重定向将数据导入管道文件
mkfifo $pipefile
exec 12<>$pipefile
for i in `seq $num`
do
    echo "" >&12 &
done

#通过循环反复调用函数并将其放入后台并行执行
#成功读取命名管道中的数据后开启新的进程
#所有内容读取完后 read 被阻塞,无法再启动新进程
#等待前面启动的进程结束后,继续往管道文件中写入数据,释放阻塞,再次开启新的进程
for j in {1..254}
do
    read -u12
    {
        multi_ping $net.$j
        echo "" >&12
    } &
```

```
done
wait
rm -rf $pipfile
```

4.10　实战案例：一键源码部署 LNMP 的脚本

在生产环境中为服务器安装部署软件包是运维人员非常重要的一项工作，一般可以通过 RPM、YUM 或者源码安装部署软件包。这些方式中源码包安装方式具有很多 RPM 所不具备的优势，比如可以自定义安装路径、自定义模块、获得更新的版本等，但是，使用源码包安装软件往往也是最复杂的一种方式。怎么办呢？我们即需要源码包的灵活性，又不希望每次安装都很麻烦。在生产环境中一般都会选择将源码包的安装步骤写入脚本，实现一键安装软件包的功能，也有部分企业是将源码自定义制作成个性化的 RPM 包。

下面的案例以使用源码部署目前比较主流的 LNMP 环境为例，编写一个自动化部署脚本。实现这样的脚本需要编写大量的代码，如果没有函数，脚本会显得杂乱无章，本案例会使用函数的方式编写。

> 注意
>
> 这里，我们关注的是如何编写一个自动化部署脚本，相关软件还需要读者自行到对应的官方网站下载。

首先通过变量设置一些颜色属性，方便在脚本运行过程中给使用者恰当颜色的信息提示。然后测试系统的 YUM 源是否可以使用，如果没有 YUM 源则无法完成源码包相关依赖软件的安装，如果 YUM 源可用就可以通过 install_deps 函数安装 LNMP 相关的依赖软件包。最后就是定义一系列的函数进行源码包的安装、修改配置文件、生成 systemd 启动配置文件。

```
[root@centos7 ~]# vim lnmp.sh
```

```
#!/bin/bash
#功能描述(Description):一键部署 LNMP 环境

#设置各种显示消息的颜色属性
SETCOLOR_SUCCESS="echo -en \\033[1;32m"
```

```
SETCOLOR_FAILURE="echo -en \\033[1;31m"
SETCOLOR_WARNING="echo -en \\033[1;34m"
SETCOLOR_NORMAL="echo -e \\033[0;39m"

#测试 YUM 源是否可用,awk 和 sed 的用法在后面章节中进行介绍
test_yum(){
    yum clean all &>/dev/null
    num=$(yum repolist -e 0 | awk '/repolist/{print $2}' | sed 's/,//')
    if [ $num -le 0 ];then
        $SETCOLOR_FAILURE
        echo -n "[ERROR]:没有 YUM 源!"
        $SETCOLOR_NORMAL
        exit
    fi
}

#安装 LNMP 环境所需要的依赖包
install_deps(){
yum -y install gcc pcre-devel openssl-devel cmake ncurses-devel
yum -y install gcc-c++ bison  bison-devel
yum -y install libxml2 libxml2-devel curl curl-devel libjpeg libjpeg-devel
yum -y install freetype gd gd-devel
yum -y install freetype-devel libxslt libxslt-devel bzip2 bzip2-devel
yum -y install libpng libpng-devel
}

#源码安装 Nginx:创建账户,激活需要的模块,禁用不需要的模块
install_nginx(){
    if ! id nginx &>/dev/null ;then
        useradd -s /sbin/nologin nginx
    fi
    tar -xf nginx-1.14.2.tar.gz
    cd nginx-1.14.2
    ./configure --prefix=/usr/local/nginx \
    --user=nginx --group=nginx \
    --with-http_stub_status_module \
    --with-stream \
    --with-http_realip_module \
    --with-http_ssl_module \
    --without-http_autoindex_module \
```

```
    --without-mail_pop3_module \
    --without-mail_imap_module \
    --without-mail_smtp_module
    $SETCOLOR_WARNING
    echo -n "正在编译 Nginx,请耐心等待..."
    $SETCOLOR_NORMAL
    make &>/dev/null && make install &>/dev/null
    cd ..
    ln -s /usr/local/nginx/sbin/nginx /usr/sbin/nginx
}

#默认源码安装的软件没有 service 文件无法通过 systemd 管理
#手动编写 service 文件,方便在 CentOS7 的环境中管理服务
conf_nginx_systemd(){
cat > /usr/lib/systemd/system/nginx.service <<- EOF
    [Unit]
    Description=nginx
    After=syslog.target network.target

    [Service]
    Type=forking
    PIDFile=/usr/local/nginx/logs/nginx.pid
    ExecStartPre=/usr/sbin/nginx -t
    ExecStart=/usr/local/nginx/sbin/nginx
    ExecReload=/usr/sbin/nginx -s reload
    ExecStop=/bin/kill -s QUIT $MAINPID

    [Install]
    WantedBy=multi-user.target
EOF
}

#源码安装部署 MySQL8.0 版本的数据库软件
#注意:需要提前到官网下载带 boost 版本的 MySQL(mysql-boost-8.0.13.tar.gz)
install_mysql8(){
    if ! id mysql &>/dev/null ;then
        useradd -s /sbin/nologin mysql
    fi
    tar -xf mysql-boost-8.0.13.tar.gz
    cd mysql-8.0.13/
```

```
        $SETCOLOR_WARNING
        echo "请确保有超过 2GB 的可用内存,否则编译可能出错,并提示 Killed (程序 cc1plus) "
        echo -n "编译 MySQL 需要一个漫长的过程,请耐心等待"
        $SETCOLOR_NORMAL
        sleep 5
    cmake  .  -DCMAKE_INSTALL_PREFIX=/usr/local/mysql \
    -DDEFAULT_CHARSET=utf8mb4 -DDEFAULT_COLLATION=utf8_general_ci \
    -DENABLED_LOCAL_INFILE=ON -DWITH_INNOBASE_STORAGE_ENGINE=1 \
    -DWITH_FEDERATED_STORAGE_ENGINE=1 \
    -DWITH_BLACKHOLE_STORAGE_ENGINE=1  \
    -DWITHOUT_EXAMPLE_STORAGE_ENGINE=1  \
    -DWITH_PARTITION_STORAGE_ENGINE=1 \
    -DWITH_PERFSCHEMA_STORAGE_ENGINE=1  -DWITH_BOOST=./boost  \
    -DSYSCONFDIR=/etc/  -DMYSQL_UNIX_ADDR=/tmp/mysql.sock
        #DCMAKE_INSTALL_PREFIX:指定安装路径
        #DDEFAULT_CHARSET:设置默认字符集
        #DDEFAULT_COLLATION:默认的字符集序,决定了字符的排列顺序
        #DENABLED_LOCAL_INFILE:允许通过本地文件导入数据库
        #DWITH_INNOBASE_STORAGE_ENGINE:开启 INNODB 存储引擎
        #DWITH_FEDERATED_STORAGE_ENGINE:开启 FEDERATED 存储引擎,支持远程数据库
        #DWITH_BLACKHOLE_STORAGE_ENGINE:开启 BLACKHOLE 黑洞存储引擎,主从同步进行
多级复制时使用
        #DWITHOUT_EXAMPLE_STORAGE_ENGINE:禁用 EXAMPLE 存储引擎
        #DWITH_PARTITION_STORAGE_ENGINE:开启 PARTITION 分区存储引擎
        #DWITH_PERFSCHEMA_STORAGE_ENGINE:开启 PERFSCHEMA 存储引擎
        #DWITH_BOOST:指定 BOOST 程序的目录位置
        #DSYSCONFDIR:指定配置文件目录
        #DMYSQL_UNIX_ADDR:指定 sock 文件位置
        make -j 5         #多进程编译
        make install
        chown -R mysql.mysql  /usr/local/mysql/
        mkdir /var/log/mariadb
        touch /var/log/mariadb/mariadb.log
        chown -R mysql.mysql  /var/log/mariadb/
        mkdir -p /var/lib/mysql/data/
        chown -R mysql.mysql  /var/lib/mysql/
        ln -s /usr/local/mysql/bin/* /bin/
        cat > /etc/ld.so.conf.d/mysql.conf <<- EOF
        /usr/local/mysql/lib
```

```
EOF
    cd ..
}

init_mysql8(){
#创建 MySQL 配置文件（设置 socket 文件、数据库目录、优化参数等）
cat > /etc/my.cnf <<- EOF
    [client]
    port = 3306
    socket = /tmp/mysql.sock

    [mysqld]
    port = 3306
    socket = /tmp/mysql.sock
    datadir = /var/lib/mysql/data
    skip-external-locking
    key_buffer_size = 16M
    max_allowed_packet = 1M
    table_open_cache = 64
    sort_buffer_size = 512K
    net_buffer_length = 16K
    read_buffer_size = 256K
    read_rnd_buffer_size = 512K
    myisam_sort_buffer_size = 8M
    thread_cache_size = 8
    tmp_table_size = 16M
    performance_schema_max_table_instances = 500
    back_log = 3000
    binlog_cache_size = 2048KB
    binlog_checksum = CRC32
    binlog_order_commits = ON
    binlog_rows_query_log_events = OFF
    binlog_row_image = full
    binlog_stmt_cache_size = 32768
    block_encryption_mode = "aes-128-ecb"
    bulk_insert_buffer_size = 4194304
    character_set_filesystem = binary
    character_set_server = utf8mb4
    default_time_zone = SYSTEM
    default_week_format = 0
```

```
delayed_insert_limit = 100
delayed_insert_timeout = 300
delayed_queue_size = 1000
delay_key_write = ON
disconnect_on_expired_password = ON
range_alloc_block_size = 4096
range_optimizer_max_mem_size = 8388608
table_definition_cache = 512
table_open_cache = 2000
table_open_cache_instances = 1
thread_cache_size = 100
thread_stack = 262144
explicit_defaults_for_timestamp = true
#skip-networking
max_connections = 10000
max_connect_errors = 100
open_files_limit = 65535
log-bin = mysql-bin
binlog_format = mixed
server-id  = 1
binlog_expire_logs_seconds = 864000
early-plugin-load = ""

default_storage_engine = InnoDB
innodb_file_per_table = 1
innodb_data_home_dir = /var/lib/mysql/data
innodb_data_file_path = ibdata1:10M:autoextend
innodb_log_group_home_dir = /var/lib/mysql/data
innodb_buffer_pool_size = 16M
innodb_log_file_size = 5M
innodb_log_buffer_size = 8M
innodb_flush_log_at_trx_commit = 1
innodb_lock_wait_timeout = 50

[mysqldump]
quick
max_allowed_packet = 16M

[mysql]
no-auto-rehash
```

```
    [myisamchk]
    key_buffer_size = 20M
    sort_buffer_size = 20M
    read_buffer = 2M
    write_buffer = 2M
EOF
#初始化 MySQL 数据库
    /usr/local/mysql/bin/mysqld --initialize-insecure \
    --basedir=/usr/local/mysql \
    --datadir=/var/lib/mysql/data/ \
    --user=mysql
#复制启动脚本
    cp /usr/local/mysql/support-files/mysql.server /etc/init.d/mysqld
}

install_php7(){
    useradd -s /sbin/nologin www
    tar -xf php-7.3.0.tar.gz
    cd php-7.3.0
    ./configure --prefix=/usr/local/php \
    --enable-fpm \
    --with-fpm-user=www --with-fpm-group=www \
    --with-curl --with-freetype-dir \
    --with-gd --with-gettext \
    --with-iconv-dir  \
    --with-libdir=lib64
    --with-libxml-dir  \
    --with-mysqli \
    --with-pdo-mysql \
    --with-openssl \
    --with-pcre-regex \
    --with-pdo-sqlite \
    --with-pear --with-png-dir \
    --with-xmlrpc --with-xsl \
    --with-zlib --enable-bcmath \
    --enable-libxml \
    --enable-inline-optimization \
    --enable-mbregex --enable-mbstring \
    --enable-opcache --enable-pcntl \
```

```
    --enable-shmop --enable-soap \
    --enable-sockets --enable-sysvsem --enable-xml
    make -j 5
    make install
    cp php.ini-production /usr/local/php/etc/php.ini
    sed -i 's#;date.timezone =#date.timezone = Asia/Shanghai#'
/usr/local/php/etc/php.ini
    sed -i 's#max_execution_time = .*#max_execution_time = 300#'
/usr/local/php/etc/php.ini
    sed -i 's#post_max_size =.*#post_max_size = 32M#'
/usr/local/php/etc/php.ini
    sed -i 's#max_input_time = .*#max_input_time = 300#'
/usr/local/php/etc/php.ini
    cp sapi/fpm/php-fpm.service /usr/lib/systemd/system/
    ln -s /usr/local/php/sbin/php-fpm /usr/sbin/
    ln -s /usr/local/php/bin/* /bin/
    cp /usr/local/php/etc/{php-fpm.conf.default,php-fpm.conf}
    cp /usr/local/php/etc/php-fpm.d/{www.conf.default,www.conf}
    cd ..
}

#调用执行函数,安装部署 LNMP 环境
test_yum
install_deps
install_nginx
conf_nginx_systemd
install_mysql8
init_mysql8
install_php7
```

4.11 递归函数

一个会自己直接或间接调用自己的函数称为递归函数。下面用递归函数的方式再次编写一个求斐波那契数列的和的脚本。

[root@centos7 ~]# **vim fibo_v2.sh**

```
#!/bin/bash
```

```
#功能描述(Description):使用数组推导斐波那契数列
#F(n)=F(n-1)+F(n-2) (n>=3, F(1)=1,F(2)=1).

#定义函数
Fibonacci() {
#前面两个斐波那契数不需要计算,直接设置为 1 即可
   if [[ $1 -eq 1 || $1 -eq 2 ]];then
      echo -n "1 "
   else
#后面的斐波那契数永远都是前面两个数的和
      echo -n "$[$(Fibonacci $[$1-1])+$(Fibonacci $[$1-2])] "
   fi
}

for i in {1..10}
do
   Fibonacci $i
done
echo
```

```
[root@centos7 ~]# chmod +x fibo_v2.sh
[root@centos7 ~]# ./fibo_v2.sh
1 1 2 3 5 8 13 21 34 55
```

需要注意的是，因为递归函数会自己调用自己，如果不设置任何退出机制，就会变成死循环递归调用，所以一般都需要设置一个条件，当条件触发后就结束递归。另外一个需要注意的是，递归函数仅当递归结束后，之前启动的调用函数才会依次关闭，如果递归次数特别多，会有大量的函数被反复调用而不关闭，非常容易导致内存中的数据溢出，进而导致程序出错。上面的脚本随着计算数量的增大计算性能会降低，如图 4-9 所示，如果想得到第五个斐波那契数，就需要将前面所有的斐波那契数重新计算一遍，所以在可使用循环解决的问题中应该尽量避免过多使用递归函数，在一些不需要递归计算的环境中可以考虑使用递归函数。

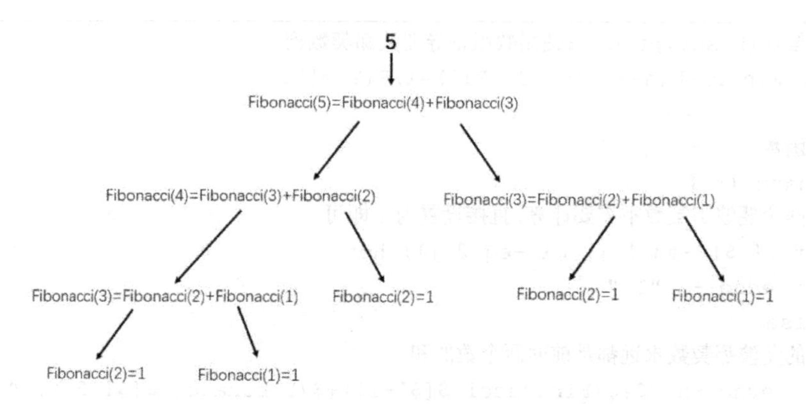

图 4-9　递归调用流程

4.12　排序算法之冒泡排序

对数据进行分析时经常需要进行排序处理，比如按占用 CPU 的时间对进程排序、按出现的次数频率对数据排序、按大小对数据进行排序等。对数据的排序可用使用 sort 命令，也可尝试自己编写排序脚本，自定义排序算法。常见的排序算法有很多，如冒泡排序、插入排序、选择排序、快速排序、堆排序、归并排序、希尔排序、二叉树排序等。

冒泡排序是一种比较简单的排序算法。冒泡排序不断地比较相邻的两个数据的大小，根据大小进行排序（升序或降序），如果顺序不对则彼此交换位置，依此类推，当所有的数据都比较完成后，一定可以找出一个最大或最小的值。通过彼此交换位置慢慢把大的或小的数据浮现出来，就像气泡浮出水面一样，所以这种算法被称为“冒泡排序”。如图 4-10 所示是冒泡排序的流程图。假设有 7 个待排序的数字，我们进行完第一轮的 6 次比较后一定能得出一个最大值，第一个数值冒泡出来。同理，第二轮进行 5 次[1]比较后一定可以获得剩余所有数字中的最大值。依此类推，进行 6 轮这样的比较后，所有数据会按从小到大的顺序排列。

[1] 第二轮仅需要 5 次比较的原因是第一轮比较得出的值已经是最大值，不需要再进行后续的比较操作。

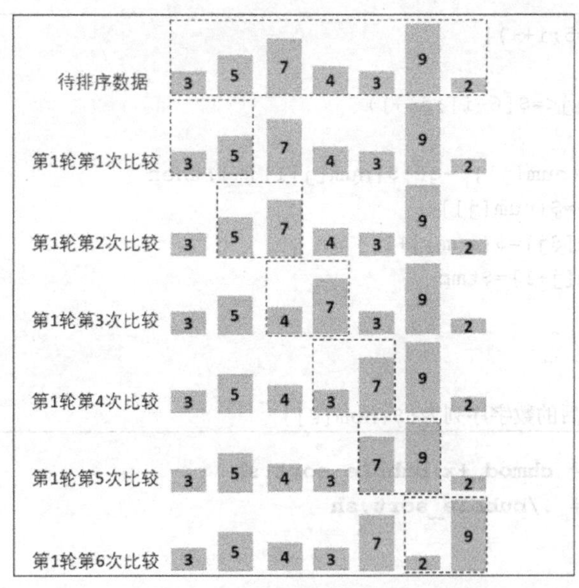

图 4-10　冒泡排序的流程图

先写一个简单的 6 个数字排序的脚本，看看冒泡排序的代码如何实现。

```
[root@centos7 ~]# vim bubble_sort.sh
```

```
#!/bin/bash
#功能描述(Description):通过简单的数字比较演示冒泡算法
#使用数组保存用户输入的 6 个随机数
for i in {1..6}
do
    read -p "请输入数字:" tmp
    if echo $tmp | grep -qP "\D" ;then
        echo "您输入的不是数字"
        exit
    fi
    num[$i]=$tmp
done
echo "您输入的数字序列为:${num[@]}"

#冒泡排序
#使用 i 控制进行几轮比较,使用 j 控制每轮比较的次数
#对 6 个数字而言,需要进行 5 轮比较,每进行一轮后,下一轮就可以少比较 1 次
```

```
for ((i=1;i<=5;i++))
do
    for ((j=1;j<=$[6-i];j++))
    do
        if [ ${num[j]} -gt ${num[j+1]} ];then
            tmp=${num[j]}
            num[$j]=${num[j+1]}
            num[j+1]=$tmp
        fi
    done
done
echo "经过排序后的数字序列为:${num[@]}"
```

```
[root@centos7 ~]# chmod +x bubble_sort.sh
[root@centos7 ~]# ./bubble_sort.sh
请输入数字:8
请输入数字:3
请输入数字:22
请输入数字:88
请输入数字:1
请输入数字:90
您输入的数字序列为:8 3 22 88 1 90
经过排序后数字序列为:1 3 8 22 88 90
```

下面通过冒泡算法编写一个根据当前系统所有进程所占物理内存大小的排序脚本。

```
[root@centos7 ~]# vim proc_buble_sort.sh
```

```
#!/bin/bash
#功能描述(Description):根据进程所占物理内存的大小对进程进行排序

#保存当前系统所有进程的名称及其所占物理内存大小的数据到临时文件
tmpfile="/tmp/procs_mem_$$.txt"
ps --no-headers -eo comm,rss > $tmpfile

#定义函数实现冒泡排序
#使用 i 控制进行几轮的比较,使用 j 控制每轮比较的次数
#使用变量 len 读取数组个数,根据内存大小进行排序,并且调整对应的进程名称的顺序
bubble() {
local i j
```

```
local len=$1
for ((i=1;i<=$[len-1];i++))
do
    for ((j=1;j<=$[len-i];j++))
    do
        if [ ${mem[j]} -gt ${mem[j+1]} ];then
            tmp=${mem[j]}
            mem[$j]=${mem[j+1]}
            mem[j+1]=$tmp
            tmp=${name[j]}
            name[$j]=${name[j+1]}
            name[j+1]=$tmp
        fi
    done
done
echo "排序后进程序列:"
echo "--------------------------------------------------"
echo "${name[@]}"
echo "--------------------------------------------------"
echo "${mem[@]}"
echo "--------------------------------------------------"
}

#使用两个数组(name,mem)分别保存进程名称和进程所占内存大小
i=1
while read proc_name proc_mem
do
    name[$i]=$proc_name
    mem[$i]=$proc_mem
    let i++
done < $tmpfile
rm -rf $tmpfile
#调用函数,根据内存大小对数据进行排序
bubble ${#mem[@]}
```

4.13 排序算法之快速排序

快速排序简称快排，是在冒泡排序的基础上演变出来的算法。这种算法的主要思想是

挑选一个基准数字，然后把所有比该数字大的数字放到该数字的一边，其他比该数字小的数字放到该数字的另一边，然后递归对该基准数字两边的所有数字做相同的比较排序，直到所有数字都变为有序数字。快速排序的效率取决于挑选的基准数字，如果基准数字是一个比较折中的数字，则基准数字两边就比较均衡，这样比较的次数就会大大减少。如果基准数字偏大或偏小，就会导致基准数字两边的数字个数不均衡，最终需要进行数字比较的次数依然很多。通常我们会选择第一个元素或最后一个元素作为基准数字。

如图 4-11 所示为快速排序的流程图。图 4-11 中选择 5 作为基准数字，想办法把比 5 小的数字放左边，比 5 大的数字放右边，这样就可以确保 5 已经被排序。然后，对 5 左边的数字递归调用相同的算法，比如选择 4 作为基准数字，把比 4 小的数放左边，比 4 大的数放右边。但是，这种比较与冒泡排序的最大区别就是 5 左边的数字在排序比较时，不需要再与 5 右边的数字进行比较。同样的道理对 5 右边的所有数字也执行递归调用快速排序的算法，就可以最终完成所有数字的排序工作。

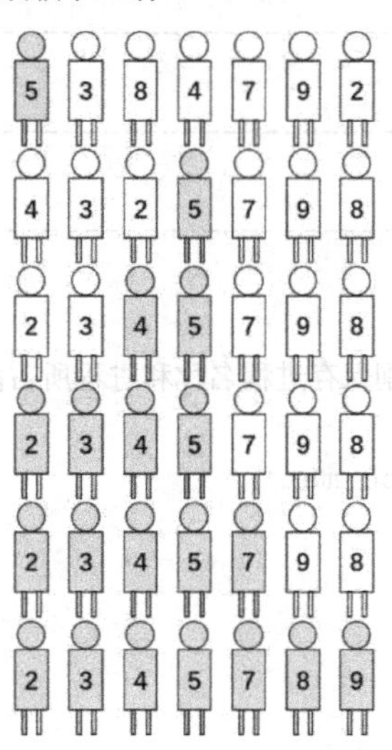

图 4-11　快速排序的流程图

但是，这里的一个问题是：如何才可以把比 5 小的数字放左边，比 5 大的数字放右边呢？具体的快速排序算法如图 4-12 所示。首先，选择 5 作为基准数字保存，并设置两个变量 i 和 j，i 为最左边的坐标，j 为最右边的坐标。然后，将 j 向左移动（找到比 5 小的时候停止），将 i 向右移动（找到比 5 大的时候停止）。如图 4-12 所示，j 的初始位置 2 就比 5 小，所以停止移动，i 向右移动，找到比 5 大的数字 8，将 2 和 8 的位置互换。完成后继续将 j 向左移动（找到比 5 小的时候停止），i 向右移动（找到比 5 大的时候停止），最后，当 i 和 j 的位置重叠时，判断该位置上的数字与基准数字 5 的关系，决定是否与基准数字 5 交互位置。经过这么一轮比较后 5 的位置一定是正确的位置了，依此类推，再对 5 左边和右边的数字序列执行相同的递归算法即可。

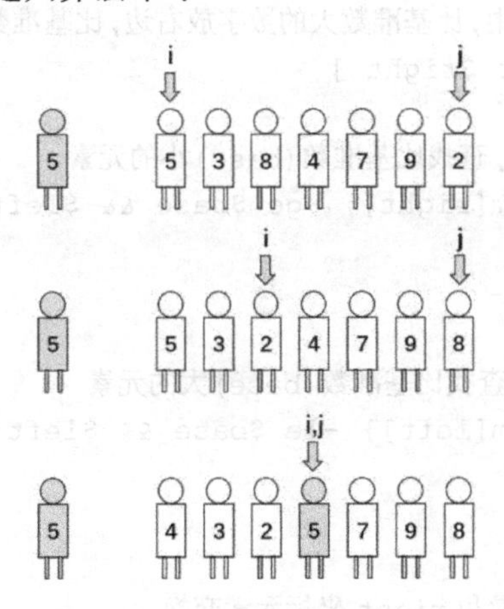

图 4-12　具体的快速排序算法

下面一起看看如何使用 Shell 脚本实现快速排序算法。

```
[root@centos7 ~]# vim quick_sort.sh
```

```
    #!/bin/bash
    #功能描述(Description):采用分治思想改进快速排序算法(快排)

    #初始化一个数组
    num=(5 3 8 4 7 9 2)

    #定义一个可以递归调用的快速排序函数
    quick_sort(){
        #先判断需要进行比较的数字个数,$1 是数组最左边的坐标,$2 是数组最右边的坐标
        #左边的坐标要小于右边的坐标,否则表示需要排序的数字只有一个,不需要排序可以直接
退出函数
        if [ $1 -ge $2 ];then
            return
        fi

        #定义局部变量,base 为基准数字,这里选择的是最左边的数字 num[$1]
```

```
    #i 表示左边的坐标,right 表示右边的坐标(也可以使用 i 和 j 表示左右坐标)
    local base=${num[$1]}
    local left=$1
    local right=$2

    #在要排序的数字序列中,比基准数大的数字放右边,比基准数小的数字放左边
    while [ $left -lt $right ]
    do
        #right 向左移动,查找比基准数(base)小的元素
        while [[ ${num[right]} -ge $base && $left -lt $right ]]
        do
            let right--
        done
        #left 向右移动,查找比基准数(base)大的元素
        while [[ ${num[left]} -le $base && $left -lt $right ]]
        do
            let left++
        done
        #将 left 坐标元素和 right 坐标元素交换
        if [ $left -lt $right ];then
            local tmp=${num[$left]}
            num[$left]=${num[right]}
            num[$right]=$tmp
        fi
    done

    #将基准数字与 left 坐标元素交换
    num[$1]=${num[left]}
    num[left]=$base

    #递归调用快速排序算法,对 i 左边的元素进行快速排序
    quick_sort $1 $[left-1]
    #递归调用快速排序算法,对 i 右边的元素进行快速排序
    quick_sort $[left+1] $2
}

#调用函数对数组进行排序,排序后输出数组的所有元素
quick_sort 0 ${#num[@]}
echo ${num[*]}
```

4.14　排序算法之插入排序

插入排序顾名思义就是提取一个数字后，对已排序的数字从后往前依次比较，选择合适的位置插入。这种算法的优点是，任意一个数字可能不需要对比所有数字就可以找到合适的位置，当然最差的情况也有可能需要对比所有数字后才能确定合适的位置。

通常，初始情况下默认的第一个数字是已经排序的数字。接着，提取下一个数字，拿这个数字从后往前跟已经排序的数字反复逐一比较，直到该数字找到合适的位置并插入。这样反复提取下一个数字并跟前面已排序的数字逐一比较，最终也可以获得一个有序的数字序列。如图 4-13 所示为插入排序的流程图。

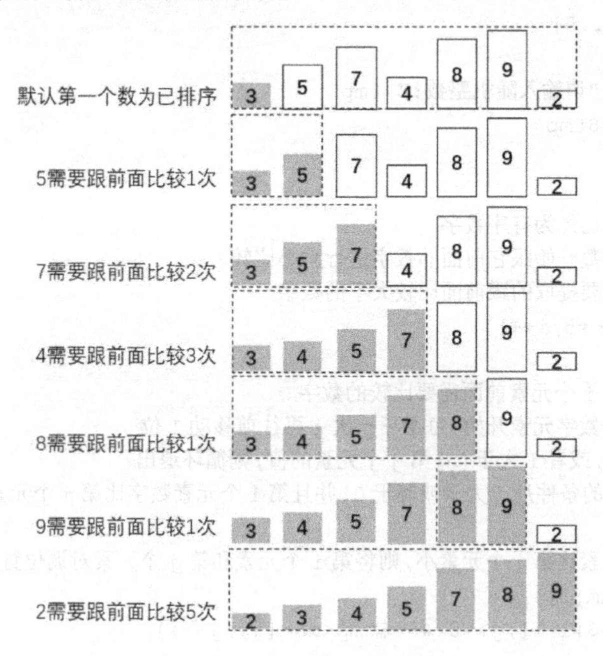

图 4-13　插入排序的流程图

以流程图中的几个数字为例，初始情况下 3 被默认识别为已排序数字序列。提取下一个数字 5，而 5 不需要跟所有数字进行比较，仅跟它前面的数字 3 进行比较即可。再提取下一个数字 7，依次从后往前跟已排序的数字进行比较，分别需要与 5 和 3 进行比较并确定合适的位置。再提取下一个数字 4，分别与 7、5 和 3 进行比较，比较后将 4 插入 3 和 5 中间。再提取下一个数字 8，因为前面的数字都是已经排序的数字，当 8 与 7 比较后就可以确定位置，不再需要与前面的每个数字进行比较。依此类推，最终可以完成所有数字的排序。在数字基本有序的情况下，插入排序的效率比较高，只需要很少的移动即可完成最终的排序工作。

下面来看看具体的插入排序的代码是如何编写的。

```
[root@centos7 ~]# vim insertion_sort_v2.sh
```

```
#!/bin/bash
#功能描述(Description):插入排序算法演示,升序排序

#通过循环读取 5 个随机整数赋值给数组变量 num
for x in {1..5}
do
    read -p "请输入随机整数:" tmp
    num[$x]=$tmp
done

#默认第 1 个数已经为有序数字
#直接从第 2 个数开始跟它前面的数字进行大小比较
#使用 i 控制需要提取的跟前面比较大小的数字
for ((i=2;i<=5;i++))
do
#使用 j 控制第 i 个元素前面需要比较的数字
#j 从第 i-1 个数字元素开始,每循环一次 j 再往前移动 1 位
#如果 j 小于 0,或者 i 大于(>)第 j 个元素的值,则循环退出
#可以继续循环的条件是 j 大于或等于 0,并且第 1 个元素数字比第 j 个元素数字小,否则循环就
退出
#如果第 i 个元素比第 j 个元素小,则将第 i 个元素和第 j 个元素对调位置
    tmp=${num[i]}
    for ((j=$[i-1];j>=0 && $tmp<num[j];j--))
    do
            num[j+1]=${num[j]}
            num[j]=$tmp
    done
done
echo ${num[@]}
```

有些读者具有其他编辑语言的基础，可能还不习惯这种类 C 语言风格的 for 循环，同样的算法功能，也可以使用 for 循环嵌套 while 循环的方式实现。

```
[root@centos7 ~]# vim insertion_sort_v2.sh
```

```
#!/bin/bash
#功能描述(Description):插入排序算法演示,升序排序

#通过循环读取 5 个随机整数赋值给数组变量 num
for x in {1..5}
do
    read -p "请输入随机整数:" tmp
    num[$x]=$tmp
done

#默认第 1 个数已经为有序数字
#直接从第 2 个数开始跟它前面的数字进行大小比较
#使用 i 控制需要提取出来跟前面比较大小的数字
for ((i=1;i<=5;i++))
do
#使用 j 控制第 i 个元素前面需要进行比较的数字
#j 从第 i-1 个数字元素开始,每循环一次 j 再往前移动 1 位
#如果 j 小于 0,或者 i 大于(>)第 j 个元素的值,则循环退出
#可以继续循环的条件是 j 大于或等于 0,且第 1 个元素数字比第 j 个元素数字小,否则循环退出
#如果第 i 个元素比第 j 个元素小,则将第 i 个元素和第 j 个元素对调位置
    tmp=${num[i]}
    j=$[i-1]
    while [[ $j -ge 0 && $tmp -lt ${num[j]} ]]
    do
          num[j+1]=${num[j]}
          num[j]=$tmp
          let j--
    done
done
echo ${num[@]}
```

4.15　排序算法之计数排序

前面学习的算法中无论是冒泡排序还是快速排序都是基于比较进行排序的，还有一种特殊的排序算法是不需要进行比较的，名为计数排序。这种排序算法的核心思想就是多创

建一个数组，用于统计待排序数组中每个元素出现的次数。该算法的核心理念如图 4-14 所示，2、1、2、7、3、8 是需要排序的数字，这个数字序列中的最大值为 8，需要额外创建一个计数数组 count，该数组有 9 个下标，分别为 count[0]~count[8]，count 数组中所有元素的初始值为 0，接着用待排序数组的元素值，作为计数数组的下标进行自加运算。如第一个数为 2，就执行 count[2]++，第三个待排序的数还是 2，就再执行 count[2]++。依此类推，使用 count 数组统计所有待排序数字出现的次数。最终，根据 count 数组元素的值打印对应的下标即可，如 count[0]的值是 0，就不打印，count[1]的值是 1 就打印一次 1，count[2]的值是 2 就打印两次 2，所有下标打印完就完成了数字的排序工作。

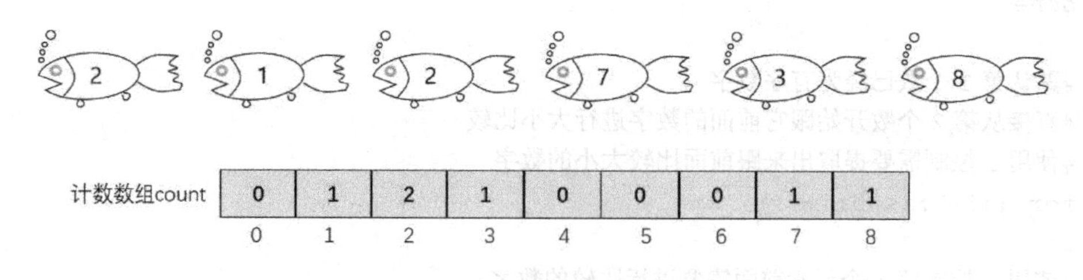

图 4-14 计数排序的核心理念

为了让代码变得简单，便于分析计数排序的核心算法，下面的代码使用常量进行计数排序。

[root@centos7 ~]# **vim count_sort_v1.sh**

```
#!/bin/bash
#功能描述(Description):计数排序算法,版本 1

#创建一个需要排序的数组
num=(2 8 3 7 1 4 3 2 4 7 4 2 5 1 8 5 2 1 9)
#需要排序的数组中最大值为 9,因此创建可以存 10 个数字的数组,初始值都为 0
count=(0 0 0 0 0 0 0 0 0 0)

#num 数组中有 19 个数,下标为 0～18,使用循环读取 num 中每个元素的值
#以每个元素的值为 count 数组的下标,进行自加 1 的统计运算
for i in `seq 0 18`
do
    let count[${num[i]}]++
done
```

```
#使用循环读取 count 数组中每个元素值(也就是次数)
#根据次数打印对应的下标
for i in `seq 0 9`
do
   for j in `seq ${count[i]}`
   do
      echo -n "$i "
   done
done
echo
```

上面的脚本使用的都是常量，人为分析待排序数组的最大值，人为创建计数数组并赋初始值。下面再写一个可以自动分析待排序数组的最大值，自动创建计数数组赋初始值，最终实现排序功能的完整代码案例。

[root@centos7 ~]# **vim count_sort_v2.sh**

```
#!/bin/bash
#功能描述(Description):计数排序算法,版本 2

#创建一个需要排序的数组
num=(2 8 3 7 1 4 3 2 4 7 4 2 5 1 8 5 2 1 9)

#根据 num 数组的最大值创建一个对应空间大小的统计数组
#该数组初始值都为 0,即使没有数据初始值也为 0
max=${num[0]}
for i in  `seq $[${#num[@]}-1]`
do
   [ ${num[i]} -gt $max ] && max=${num[i]}
done
for i in `seq 0 $max`
do
   count[$i]=0
done

#循环读取 num 数组中的每个元素值,以每个元素值为 count 数组的下标,做自加 1 的统计工作
for i in `seq 0 $[${#num[@]}-1]`
do
   let count[${num[i]}]++
```

```
done

#使用循环读取 count 数组中的每个元素值(也就是次数)
#根据次数打印对应的下标
for i in `seq 0 $[${#count[@]}-1]`
do
    for j in `seq ${count[i]}`
    do
        echo -n "$i "
    done
done
echo
```

4.16 Shell 小游戏之单词拼接 puzzle

再次以一个小游戏作为本章内容的结尾，相信很多读者都玩过文字拼接组词的游戏。

```
[root@centos7 ~]# vim puzzle.sh
```

```
#!/bin/bash
#功能描述(Description):文字组合拼接游戏

tmpfile="/tmp/puzzle-$$.txt"
#正确的英文原文
cat > $tmpfile << EOF
The best hearts are always the bravest.
History teaches, but it has no pupils.
Dreams are the food of human progress.
Questions can't change the truth. But they give it motion.
We can only see a short distance ahead, but we can see plenty there that needs to be done.
Endeavor to see the good in every situation.
Life is not a problem to be solved, but a reality to be experienced.
Love is composed of a single soul inhabiting two bodies.
Everyone can rise above their circumstances and achieve success if they are dedicated to and passionate about what they do.
Nothing is impossible, the word itself says I'm possible!
Life isn't about finding yourself. Life is about creating yourself.
```

```
EOF

#定义函数:随机读取文件的行
get_line(){
    local num=$[RANDOM%`cat $1 | wc -l`+1]
    line=`head -$num $1 | tail -1`
}

#定义函数:将文件行中的所有单词拆散并保存到数组 word 中
break_line(){
    index=0
    for i in $line
    do
        word[$index]=$i
        let index++
    done
}

#定义函数:随机输出数组中所有元素的值
get_word(){
   while :
   do
      #统计数组中的最大值,使用随机数对最大值取余,例如数组中有 8 个单词,则对 8 取余
(0-7)
      local max=${#word[@]}
      local num=$[RANDOM%max]
      #将已经提取的随机数组下标保存到 tmp 临时变量,如果下标已经在 tmp 中则不再显示
该下标的值
      #如果随机下标没有在 tmp 变量中,则显示对应数组下标的值(也就是某个单词)
      if ! echo $tmp | grep -qw $num ;then
          echo -n "${word[num]}  "
          local tmp="$tmp $num"
      fi
      #判断当所有下标都提取完成后退出 while 循环
      if [ `echo $tmp | wc -w` -eq ${#word[@]} ];then
         break
      fi
   done
   echo;echo
}
```

```
#调用函数完成单词拼接游戏
get_line $tmpfile
break_line
clear
echo "--------------------------------------------------"
echo -e "\033[34m尝试将下面的单词重新组合为一个完整的句子:\033[0m"
echo "--------------------------------------------------"
get_word

#读取用户的输入信息,并通过 tr 命令将用户输入的多个空格压缩为一个空格(去除重复的空格)
read -p "请输入:" input
input=`echo $input | tr -s ' '`

#判断用户输入的信息是否正确
if grep -q "^$input$" $tmpfile ;then
   echo -e "\033[32m完全正确,恭喜!\033[0m"
else
   echo -e "\033[36mOops,再接再厉!\033[0m"
fi
rm -rf $tmpfile
```

第 5 章 一大波脚本技巧正向你走来

通过前面章节的学习，你已经掌握了 Shell 脚本的核心语法。但是，有没有一些更高级的内容可以让我们在人前炫技一下呢？请继续往下看，你会掌握更多、更棒的 Shell 使用技巧。

5.1 Shell 八大扩展功能之花括号

Shell 脚本支持七种类型的扩展功能：花括号扩展（brace expansion）、波浪号扩展（tilde expansion）、参数与变量替换（parameter and variable expansion）、命令替换（command substitution）、算术扩展（arithmetic expansion）、单词切割（word splitting）和路径替换（pathname expansion）。这些扩展技巧在编写脚本时非常有用。

在 Shell 脚本中可以使用花括号对字符串进行扩展。我们可以在一对花括号中包含一组以分号分隔的字符串或者字符串序列组成一个字符串扩展，注意最终输出的结果以空格分隔。使用该扩展时花括号不可以被引号引用（单引号或双引号），在括号的数量必须是偶数个。

```
[root@centos7 ~]# echo {r,f,j}                         #对字符串扩展
r f j
[root@centos7 ~]# echo {hello,jacob}                   #对字符串扩展
hello jacob
[root@centos7 ~]# echo {22,33,56,87}
22 33 56 87
[root@centos7 ~]# echo {a..z}                          #对字符串序列扩展
a b c d e f g h i j k l m n o p q r s t u v w x y z
```

字符串序列后面可以跟一个可选的步长整数，该步长的默认值为 1 或-1。

```
[root@centos7 ~]# echo {a..z..2}                       #a 至 z,步长为 2
a c e g i k m o q s u w y
[root@centos7 ~]# echo {a..z..3}                       #a 至 z,步长为 3
a d g j m p s v y
[root@centos7 ~]# echo {a..z..4}
a e i m q u y
[root@centos7 ~]# echo {1..9..2}                       #1 至 9,步长为 2
1 3 5 7 9
[root@centos7 ~]# echo {1..9..3}
1 4 7
[root@centos7 ~]# echo "{1..9}"                        #花括号扩展不可以使用引号
{1..9}
[root@centos7 ~]# echo '{a..z}'
{a..z}
```

使用花括号扩展时在花括号前面和后面都可以添加可选的字符串，且花括号扩展支持嵌套。

```
[root@centos7 ~]# echo t{i,o}p
tip top
[root@centos7 ~]# echo t{o,e{a,m}}p
top teap temp
[root@centos7 ~]# mkdir -p /test/t{o,e{a,m}}p
[root@centos7 ~]# ls /test/
```

```
teap  temp  top
[root@centos7 ~]# touch /test/t{e{a,m},o}p/{a,b,c,d,e}t.txt
[root@centos7 ~]# tree /test/
/test/
├── teap
│   ├── at.txt
│   ├── bt.txt
│   ├── ct.txt
│   ├── dt.txt
│   └── et.txt
├── temp
│   ├── at.txt
│   ├── bt.txt
│   ├── ct.txt
│   ├── dt.txt
│   └── et.txt
└── top
    ├── at.txt
    ├── bt.txt
    ├── ct.txt
    ├── dt.txt
    └── et.txt
3 directories, 15 files
[root@centos7 ~]# chmod 600 /test/t{e{a,m},o}p/{a,b,c,d,e}t.txt
[root@centos7 ~]# ls -l /test/top/
-rw------- 1 root root 0 1月  28 22:07 at.txt
-rw------- 1 root root 0 1月  28 22:07 bt.txt
-rw------- 1 root root 0 1月  28 22:07 ct.txt
-rw------- 1 root root 0 1月  28 22:07 dt.txt
-rw------- 1 root root 0 1月  28 22:07 et.txt
[root@centos7 ~]# cp /test/top/at.txt{,.bak}              #利用扩展，备份文件
[root@centos7 ~]# ls /test/top/at*
/test/top/at.txt  /test/top/at.txt.bak
[root@centos7 ~]# mv /test/top/bt.txt{,bt.doc}            #利用扩展，重命名
[root@centos7 ~]# ls /test/top/bt*
/test/top/bt.txtbt.doc
```

5.2　Shell 八大扩展功能之波浪号

波浪号在 Shell 脚本中默认代表当前用户的家目录，我们也可以在波浪号后面跟一个有效

的账户登录名称，可以返回特定账户的家目录。但是，注意账户必须是系统中的有效账户。

```
[root@centos7 ~]# echo ~                                    #显示当前用户的家目录
/root
[root@centos7 ~]# echo ~/test
/root/test
[root@centos7 ~]# echo ~natasha                             #显示特定用户的家目录
/home/natasha
```

波浪号扩展中使用~+表示当前工作目录，~-则表示前一个工作目录。

```
[root@centos7 ~]# cd /root/
[root@centos7 ~]# cd /tmp/
[root@centos7 tmp]# echo ~+
/tmp
[root@client tmp]# echo ~-
/root
```

5.3 Shell 八大扩展功能之变量替换

在 Shell 脚本中我们会频繁地使用$对变量进行扩展替换，变量字符可以放到花括号中，这样可以防止需要扩展的变量字符与其他不需要扩展的字符混淆。如果$后面是位置变量且多于一个数字，必须使用{}，如$1、${11}、${12}。

```
[root@centos7 ~]# hi="Go Spurs Go"
[root@centos7 ~]# echo $hi
Go Spurs Go
[root@centos7 ~]# echo ${hi}
Go Spurs Go
```

如果变量字符串前面使用感叹号(!)，可以实现对变量的间接引用，而不是返回变量本身的值。感叹号必须放在花括号里面，且仅能实现对变量的一层间接引用。

```
[root@centos7 ~]# player="DUNCAN"
[root@centos7 ~]# mvp=player
[root@centos7 ~]# echo ${mvp}                               #直接返回变量的值
player
```

```
[root@centos7 ~]# echo ${!mvp}                    #间接引用player变量的值
DUNCAN
[root@centos7 ~]# other=mvp
[root@centos7 ~]# echo ${!other}                  #仅可以实现一层间接调用
player
```

变量替换操作还可以测试变量是否存在及是否为空，若变量不存在或为空，则可以为变量设置一个默认值。Shell 脚本支持多种形式的变量测试与替换功能，变量测试具体语法如表 5-1 所示。

表 5-1　变量测试具体语法

语法格式	功能描述
${变量:-关键字}	如果变量未定义或值为空，则返回关键字。否则，返回变量的值
${变量:=关键字}	如果变量未定义或值为空，则将关键字赋值给变量，并返回结果。否则，直接返回变量的值
${变量:?关键字}	如果变量未定义或值为空，则通过标准错误显示包含关键字的错误信息。否则，直接返回变量的值
${变量:+关键字}	如果变量未定义或值为空，就直接返回空。否则，返回关键字

变量 animals 未定义，因此使用 echo 返回变量的结果为空。

```
[root@centos7 ~]# echo $animals
<返回结果为空>
```

根据变量替换的规则，当变量未定义或者变量定义了但是值为空时，返回关键字 dog。但也仅仅返回关键字 dog，不会因此改变 animals 的值，所以 animals 的值还是空。

```
[root@centos7 ~]# echo ${animals:-dog}
dog
[root@centos7 ~]# echo $animals
<返回结果为空>
```

我们再通过示例验证一下即便定义了 animals 变量，但值为空时，依然会返回关键字。

```
[root@centos7 ~]# animals=""
[root@centos7 ~]# echo ${animals:-dog}
dog
```

不管变量未定义还是变量的值为空，下面的示例都会返回关键字并且会修改变量的值。

```
[root@centos7 ~]# echo ${animals:=lion}
lion
[root@centos7 ~]# echo ${animals}
lion
[root@centos7 ~]# color=""
[root@centos7 ~]# echo ${color:=blue}
blue
[root@centos7 ~]# echo $color
blue
```

而当变量的值为非空时，这种扩展将直接返回变量自身的值。

```
[root@centos7 ~]# content="路漫漫其修远兮,吾将上下而求索."
[root@centos7 ~]# echo ${content:-OK}
路漫漫其修远兮,吾将上下而求索.
[root@centos7 ~]# echo ${content:=OK}
路漫漫其修远兮,吾将上下而求索.
[root@centos7 ~]# echo $content
路漫漫其修远兮,吾将上下而求索.
```

偶尔，我们还可以使用变量替换实现脚本的报错功能，判断一个变量是否有值，没有值或者值为空时就可以返回特定的报错信息。

```
[root@centos7 ~]# echo ${input:?'你没有输入变量的值!'}
-bash: input: 你没有输入变量的值!
```

再看一个与前面相反的结果，当变量有值且非空时，返回关键字，而当变量没有定义或值为空时，则返回空。

```
[root@centos7 ~]# echo ${key:+lock}                    #变量为空时就返回空

[root@centos7 ~]# key=heart
[root@centos7 ~]# echo ${key:+lock}                    #变量非空时返回关键字
lock
lock
```

前面章节中我们已经编写了几个创建系统账户并配置密码的案例，结合这里我们学的变量替换功能，还可以继续对脚本进行优化，实现更多的功能。

```
[root@centos7 ~]# vim useradd.sh
#!/bin/bash
#功能(Description):创建系统账户并配置密码

#判断未输入变量值时报错并退出脚本
read -p "请输入账户名称:"  username
username=${username:?"未输入账户名称,请重试."}

#如果 pass 变量被赋值，则直接使用该值。如果 pass 未被赋值，则设置初始密码
read -p "请输入账户密码,默认密码为[123456]:"  pass
pass=${pass:-123456}

if id $username &> /dev/null ;then
   echo "账户:$username 已存在."
else
   useradd $username
   echo "$pass" | passwd --stdin $username &> /dev/null
   echo -e "\033[32m[OK]\033[0m"
fi
```

变量的替换就这些吗？当然不是！变量替换还有非常实用的字符串切割与掐头去尾功能，具体语法如表 5-2 所示。

表 5-2　字符串切割与掐头去尾具体语法

语法格式	功能描述
${变量:偏移量}	从变量的偏移量位置开始，切割截取变量的值到结尾。 变量的偏移量起始值为0
${变量:偏移量:长度}	从变量的偏移量位置开始，截取特定长度的变量值。 变量的偏移量起始值为0
${变量#关键字}	使用关键字对变量进行模式匹配，从左往右删除匹配到的内容，关键字可以使用*符号，使用#匹配时为最短匹配（最短匹配掐头）
${变量##关键字}	使用关键字对变量进行模式匹配，从左往右删除匹配到的内容，关键字可以使用*符号，使用##匹配时为最长匹配（最长匹配掐头）

续表

语法格式	功能描述
${变量%关键字}	使用关键字对变量进行模式匹配，从右往左删除匹配到的内容，关键字可以使用*符号，使用%匹配时为最短匹配（最短匹配去尾）
${变量%%关键字}	使用关键字对变量进行模式匹配，从右往左删除匹配到的内容，关键字可以使用*符号，使用%%匹配时为最长匹配（最长匹配去尾）

这几种对变量的替换方式，都不会改变变量自身的值。

下面通过几个示例演示这些功能的具体应用。

首先定义一个变量 home，变量的偏移量从 0 开始递增，分别表示变量值每个字符的位置。示例中变量 home 的具体位置偏移量如表 5-3 所示。

```
[root@centos7 ~]# home="The oak tree, It was covered with yellow handkerchiefs."
```

表 5-3　变量的具体位置偏移量

T	h	e	空	o	a	k	空	t	r	e	e	,	.....	c	h	i	e	f	s	.
0	1	2	3	4	5	6	7	8	9	10	11	12	.....	48	49	50	51	52	53	54

从给定的位置偏移量开始对变量进行切割，如果设置了特定的长度，则截取给定长度的值后结束，如果没有指定截取的长度，则直接截取到变量的末尾。

```
[root@centos7 ~]# echo ${home:2}                #从位置 2 开始截取到变量末尾
e oak tree, It was covered with yellow handkerchiefs.
[root@centos7 ~]# echo ${home:14}               #从位置 14 开始截取到变量末尾
It was covered with yellow handkerchiefs.
[root@centos7 ~]# echo ${home:14:6}             #从位置 14 开始，截取 6 个字符后结束
It was
```

下面通过几个示例介绍对变量的掐头和去尾操作。使用#可以实现掐头，使用%可以实现去尾。

```
[root@centos7 ~]# echo ${home#Th}               #从左往右将匹配的 Th 删除
e oak tree, It was covered with yellow handkerchiefs.
[root@centos7 ~]# echo ${home#The}              #从左往右将匹配的 The 删除
```

```
oak tree, It was covered with yellow handkerchiefs.
[root@centos7 ~]# echo ${home#oak}            #变量开头无法匹配 oak，返回原值
The oak tree, It was covered with yellow handkerchiefs.
[root@centos7 ~]# echo ${home#*y}             #匹配 y 及其左边的所有内容并删除
ellow handkerchiefs.
```

因为一个#表示最短匹配，所以执行下面的命令仅删除第一个 o 及其左边的所有内容。

```
[root@centos7 ~]# echo ${home#*o}
ak tree, It was covered with yellow handkerchiefs.
```

如果需要做最长匹配，也就是一直找到最后一个指定的字符，并将该字符及其前面的所有字符全部删除就需要使用两个#符号。

```
[root@centos7 ~]# echo ${home##*o}
w handkerchiefs.
[root@centos7 ~]# echo ${home%efs.}               #从右往左删除 efs
The oak tree, It was covered with yellow handkerchi
```

从右往左删除，直到匹配 d 为止。一个%从右往左匹配到第一个 d 即停止，两个%也会从右往左匹配，但是要匹配到最后一个 d 才会停止。

```
[root@centos7 ~]# echo ${home%d*}
The oak tree, It was covered with yellow han
[root@centos7 ~]# echo ${home%%d*}
The oak tree, It was covere
```

如果变量是数组类型的变量，这些扩展还有效吗？答案是肯定的，感慨 Shell 的强大！

```
[root@centos7 ~]# tools=(car helicoper airplane train)
[root@centos7 ~]# echo ${tools[0]}                   #提取数组中的一个元素
car
[root@centos7 ~]# echo ${tools[0]:0:2}               #对数组中某个元素截取字符串
ca
[root@centos7 ~]# echo ${tools[1]:0:2}
he
[root@centos7 ~]# echo ${tools[1]:2:2}
li
```

```
[root@centos7 ~]# echo ${tools[1]#*e}          #根据数组中某个元素进行掐头操作
licoper
[root@centos7 ~]# echo ${tools[1]##*e}
r
[root@centos7 ~]# echo ${tools[1]%e*}          #根据数组中某个元素进行去尾操作
helicop
[root@centos7 ~]# echo ${tools[1]%%e*}
h
```

通过掐头去尾的方式可以实现对文件批量修改文件名或扩展名，下面是两个批量修改文件扩展名的案例。一个脚本是批量修改当前目录下的文件扩展名，另一个脚本是批量修改指定目录下的文件扩展名。

```
[root@centos7 ~]# vim rename_v1.sh
```

```
#!/bin/bash
#功能描述(Description):批量修改文件扩展名(对当前目录下的文件重命名)
#Author:http://manual.blog.51cto.com.

if [[ -z "$1" || -z "$2" ]];then
echo "Usage:$0 旧扩展名 新扩展名."
exit
fi

for i in `ls *.$1`
do
   mv $i ${i%.$1}.$2
done
```

```
[root@centos7 ~]# vim rename_v2.sh
```

```
#!/bin/bash
#功能描述(Description):批量修改文件扩展名(对指定目录下的文件重命名)
#Author:http://manual.blog.51cto.com.

if [[ -z "$1" || -z "$2" || -z "$3" ]];then
   echo "Usage:$0 指定路径 旧扩展名 新扩展名."
   exit
fi
```

```
for i in `ls $1/*.$2`
do
   mv $i ${i%.$2}.$3
done
```

最后通过表 5-4 学习变量内容的统计与替换，通过这一组功能我们可以查找变量、统计变量内容的字符数及对变量内容进行替换操作。

表 5-4　变量内容的统计与替换

语法格式	功能描述
${!前缀字符*}	查找以指定字符开头的变量名称，变量名之间使用IFS分隔
${!前缀字符@}	查找以指定字符开头的变量名称，@在引号中将被扩展为独立的单词
${!数组名称[*]}	列出数组中所有下标，*在引号中会被扩展为一个整体
${!数组名称[@]}	列出数组中所有下标，@在引号中会被扩展为独立的单词
${#变量}	统计变量的长度，变量可以是数组
${变量/旧字符串/新字符串}	将变量中的旧字符串替换为新字符串，仅替换第一个
${变量//旧字符串/新字符串}	将变量中的旧字符串替换为新字符串，替换所有
${变量^匹配字符}	将变量中的小写替换为大写，仅替换第一个
${变量^^匹配字符}	将变量中的小写替换为大写，替换所有
${变量,匹配字符}	将变量中的大写替换为小写，仅替换第一个
${变量,,匹配字符}	将变量中的大写替换为小写，替换所有

```
[root@centos7 ~]# echo ${!U*}                        #列出以 U 开头的所有变量名
UID USER
[root@centos7 ~]# echo ${!U@}                        #列出以 U 开头的所有变量名
UID USER
[root@centos7 ~]# echo ${!HO@}                       #列出以 HO 开头的所有变量名
HOME HOSTNAME HOSTTYPE
[root@centos7 ~]# cat diff.sh
```

```
#!/bin/bash
#功能描述(Description):对比${!字符串*}与${!字符串@}的区别

echo "-----------------------------------"
echo -e "\033[32m*将被扩展为一个整体,循环 1 次结束.\033[0m"
for i in "${!U*}"
do
   echo "变量名称为:$i"
```

```
done
echo
echo "------------------------------"
echo -e "\033[32m@将被扩展为独立的单词,循环 n 次结束.\033[0m"
for i in "${!U@}"
do
    echo -e "变量名称为:$i"
done
echo "------------------------------"
```

```
[root@centos7 ~]# ./diff.sh
------------------------------
*将被扩展为一个整体,循环 1 次结束.
变量名称为:UID USER
------------------------------
@将被扩展为独立的单词,循环 n 次结束.
变量名称为:UID
变量名称为:USER
------------------------------
[root@centos7 ~]# test1=(11 22 33 44)                    #定义普通数组变量 test1
[root@centos7 ~]# test2=(77 88 99 00)                    #定义普通数组变量 test2
[root@centos7 ~]# echo ${!test1[*]}                      #返回数组下标
0 1 2 3
[root@centos7 ~]# echo ${!test1[@]}
0 1 2 3
[root@centos7 ~]# declare -A str                         #定义关联数组
[root@centos7 ~]# str[a]=aaa                             #为数组赋值
[root@centos7 ~]# str[b]=bbb
[root@centos7 ~]# str[word]="key value"
[root@centos7 ~]# echo ${str[*]}                         #查看数组中所有的内容
key value aaa bbb
[root@centos7 ~]# echo ${!str[*]}                        #列出所有数组的下标
word a b
[root@centos7 ~]# echo ${!str[@]}                        #列出所有数组的下标
word a b
[root@centos7 ~]# play="Go Spurs Go"                     #定义普通变量并赋值
[root@centos7 ~]# echo ${#play}                          #统计变量的长度（包括空格）
11
[root@centos7 ~]# hi=(hello the world)                   #定义数组变量
[root@centos7 ~]# echo ${#hi}                            #默认统计 hi[0]的长度
```

```
5
[root@centos7 ~]# echo ${#hi[0]}
5
[root@centos7 ~]# echo ${#hi[1]}
3
[root@centos7 ~]# echo ${#hi[2]}
5
[root@centos7 ~]# phone=18811011011                #定义变量并赋值
[root@centos7 ~]# echo ${phone/1/x}                #将 1 替换为 x，仅替换第一个
x8811011011
[root@centos7 ~]# echo ${phone//1/x}               #将 1 替换为 x，替换所有
x88xx0xx0xx
[root@centos7 ~]# echo ${phone/110/x}              #仅替换第一个 110 为 x
188x11011
[root@centos7 ~]# echo ${phone//110/x}             #替换所有 110 为 x
188xx11
[root@centos7 ~]# echo $phone                      #变量替换不会修改变量的值
18811011011
[root@centos7 ~]# lowers="hello the world"         #定义变量并赋值
[root@centos7 ~]# echo ${lowers^}                  #将首字母替换为大写
Hello the world
[root@centos7 ~]# echo ${lowers^^}                 #将所有字母替换为大写
HELLO THE WORLD
[root@centos7 ~]# echo $lowers                     #变量替换不会修改变量的值
hello the world
[root@centos7 ~]# echo ${lowers^h}                 #将第一个 h 替换为大写
Hello the world
[root@centos7 ~]# echo ${lowers^^h}                #将所有 h 替换为大写
Hello tHe world
[root@centos7 ~]# echo ${lowers^^[heo]}            #将字母 h、e 和 o 替换为大写
HEllO tHE wOrld
[root@centos7 ~]# uppers="HELLO THE WORLD"         #定义变量并赋值
[root@centos7 ~]# echo ${uppers,}                  #将首字母替换为小写
hELLO THE WORLD
[root@centos7 ~]# echo ${uppers,,}                 #将所有字母替换为小写
hello the world
[root@centos7 ~]# echo "${uppers,H}"               #将第一个 H 替换为小写
hELLO THE WORLD
[root@centos7 ~]# echo "${uppers,,H}"              #将所有 H 替换为小写
hELLO ThE WORLD
```

```
[root@centos7 ~]# echo "${uppers,,[HOL]}"              #将字母 H、O 和 L 替换为小写
hEllo ThE WoRlD
```

5.4 Shell 八大扩展功能之命令替换

命令替换在本书 1.5 节有介绍，这里将其纳入替换扩展功能中再通过几个简单的示例复习一遍。我们可以通过$(命令)或者`命令`实现命令替换，推荐使用$(命令)这种方式，该方式支持嵌套的命令替换。

```
[root@centos7 ~]# echo -e "system CPU load:\n$(date +%Y-%m-%d;uptime)"
system CPU load:
2019-02-10
 17:54:04 up  1:26,  2 users,  load average: 0.00, 0.01, 0.05
[root@centos7 ~]# echo -e "system CPU load:\n`date +%Y-%m-%d;uptime`"
system CPU load:
2019-02-10
 17:54:41 up  1:27,  2 users,  load average: 0.00, 0.01, 0.05
[root@centos7 ~]# echo "系统当前登录人数:$(who |wc -l)"
系统当前登录人数:2
[root@centos7 ~]# echo "系统当前登录人数:`who |wc -l`"
系统当前登录人数:2
[root@centos7 ~]# du -sh $(pwd)                    #统计当前目录的存储容量
265M    /root
```

5.5 Shell 八大扩展功能之算术替换

通过算术替换扩展可以进行算术计算并返回计算结果，算术替换扩展的格式为$(()), 也可以使用$[]的形式，算术扩展支持嵌套。在本书 1.8 节中有具体介绍，这里再次通过简单的示例演示算术扩展的功能。

```
[root@centos7 ~]# i=1                              #为变量赋初始值
[root@centos7 ~]# echo $((i++))                    #先显示 i 的值，再自加 1
1
[root@centos7 ~]# echo $((i++))
```

```
2
[root@centos7 ~]# echo $((i++))
3
[root@centos7 ~]# i=1                          #为变量赋初始值
[root@centos7 ~]# echo $((++i))                #先自加 1，再显示 i 的值
2
[root@centos7 ~]# echo $((++i))
3
[root@centos7 ~]# echo $((++i))
4
[root@centos7 ~]# echo $((--i))                #先自减 1，再显示 i 的值
3
[root@centos7 ~]# echo $((--i))
2
[root@centos7 ~]# echo $((1+2))                #加法计算
3
[root@centos7 ~]# echo $((4+2))
6
[root@centos7 ~]# echo $((2*3))                #乘法计算
6
[root@centos7 ~]# echo $((20/5))               #除法计算
4
[root@centos7 ~]# echo $((20%5))               #取余计算
0
[root@centos7 ~]# echo $((2**3))               #幂运算
8
[root@centos7 ~]# echo $((2>=3))               #逻辑比较，1 代表对，0 代表错
0
[root@centos7 ~]# echo $((8>=3))
1
[root@centos7 ~]# echo $((3>=3))
1
[root@centos7 ~]# echo $((3>3))
0
[root@centos7 ~]# echo $((3<=3))
1
[root@centos7 ~]# echo $((3==3))
1
[root@centos7 ~]# echo $((3==4))
0
```

```
[root@centos7 ~]# echo $((3!=4))
1
```

5.6 Shell 八大扩展功能之进程替换

命令替换将一个命令的输出结果返回并且赋值给变量，而进程替换则将进程的返回结果通过命名管道的方式传递给另一个进程。

进程替换的语法格式为：<(命令)或者>(命令)。一旦使用了进程替换功能，系统将会在/dev/fd/目录下创建文件描述符文件，通过该文件描述符将进程的输出结果传递给其他进程。关于文件描述符和命名管道的内容可以参考本书的 4.9 节。

```
[root@centos7 ~]# who | wc -l
5
[root@centos7 ~]# wc -l <(who)
5 /dev/fd/63
[root@centos7 ~]# ls /dev/fd/63
ls: cannot access /dev/fd/63: No such file or directory
```

通过匿名管道(|)我们可以将一个命令的输出结果传递给另一个进程作为其输入的内容，上面的示例中 who | wc -l 的目的就是通过匿名管道统计当前系统登录人数。相同的功能我们还可以使用进程替换的方式来实现。<(who)会将 who 命令产生的结果保存到/dev/fd/63 这个文件描述符中，并将该文件描述符作为 wc -l 命令的输入参数，最终 wc -l <(who)的输出结果说明了在/dev/fd/63 这个文件中包含 5 行内容。需要注意的是，文件描述符是实时动态生成的，所以当进程执行完毕，再使用 ls 查看该文件描述符时会提示没有该文件。

使用进程替换我们还可以将多个进程的输出结果传递给一个进程作为其输入参数。在下面的案例中我们希望提取/etc/passwd 文件中的账户名称（第一列）和家目录（第六列），再提取/etc/shadow 中的密码信息（第二列），最后通过 paste 命令将数据合并为一个文件信息，paste 命令会逐行读取多个文件的内容并将多个文件合并。

```
[root@centos7 ~]# paste  <(cut -d: -f1,6 /etc/passwd)  <(cut -d: -f2 /etc/shadow)
```

在 Linux 系统中可以使用管道将前一个命令的输出重定向到文件，但是一旦使用了重定向输出到文件，命令的输出结果将无法在屏幕上显示。

```
[root@centos7 ~]# ls /etc/*.conf                          #有输出结果
/etc/asound.conf  /etc/fuse.conf   /etc/krb5.conf     /etc/locale.conf
 /etc/nsswitch.conf  /etc/sestatus.conf  /etc/vconsole.conf
...部分输出内容省略...
[root@centos7 ~]# ls /etc/*.conf > /tmp/conf.log         #重定向后屏幕无输出
```

使用 tee 命令既可以把内容重定向到文件，同时可以在屏幕上显示输出结果。下面的命令可以查看/etc 目录下所有以 conf 结尾的文件，并将输出结果保存到/tmp/conf.log 文件中。注意：如果系统中该文件已存在，则 tee 命令会覆盖该文件原有的内容。

```
[root@centos7 ~]# ls /etc/*.conf | tee /tmp/conf.log
/etc/asound.conf
/etc/chrony.conf
/etc/dracut.conf
...部分输出内容省略...
```

接下来我们再结合 tee 命令演示一个进程替换的案例。我们会创建三个扩展名为 sh 的文件和三个扩展名为 conf 的文件作为实验素材，然后可以将 ls|tee 的输出结果通过进程替换写入临时的文件描述符，最后通过 grep 对文件描述符的内容进行过滤，将以 sh 结尾的文件名重定向输出到 sh.log 文件，将以 conf 结尾的文件名重定向到 conf.log 文件。

```
[root@centos7 ~]# touch {a,b,c}.sh
[root@centos7 ~]# touch {11,22,33}.conf
[root@centos7 ~]# ls | tee >(grep sh$ > sh.log) >(grep conf$ > conf.log)
11.conf
22.conf
...部分输出内容省略...
[root@centos7 ~]# cat sh.log                              #验证输出结果
a.sh
b.sh
c.sh
[root@centos7 ~]# cat conf.log
11.conf
22.conf
33.conf
```

5.7 Shell 八大扩展功能之单词切割

单词切割也叫分词，Shell使用IFS[1]变量进行分词处理，默认使用IFS变量的值作为分隔符，对输入数据进分词处理后再执行命令。如果没有自定义IFS，则默认值为空格、Tab制表符和换行符。

```
[root@centos7 ~]# read -p "请输入 3 个字符:" x y z
请输入 3 个字符:1 2 3                                    #使用空格进行分词
[root@centos7 ~]# echo $x
1
[root@centos7 ~]# echo $y
2
[root@centos7 ~]# echo $z
3
[root@centos7 ~]# read -p "请输入 3 个字符:" x y z
请输入 3 个字符:123
[root@centos7 ~]# echo $x                               #123 作为整体会赋值给 x
123
[root@centos7 ~]# echo $y                               #y 和 z 变量的值为空

[root@centos7 ~]# echo $z

[root@centos7 ~]# read -p "请输入 3 个字符:" x y z
请输入 3 个字符:1,2,3
[root@centos7 ~]# echo $x
1,2,3
[root@centos7 ~]# echo $y $z

[root@centos7 ~]# IFS=$',' read -p "请输入 3 个字符:" x y z #指定分词分隔符为逗号
请输入 3 个字符:1,2,3
[root@centos7 ~]# echo $x
1
[root@centos7 ~]# echo $y
2
[root@centos7 ~]# echo $z
3
```

1. 关于 IFS 的概念可以参考本书 3.5 节的内容。

5.8 Shell 八大扩展功能之路径替换

除非使用 set -f 禁用路径替换，否则 Bash 会在路径和文件名中搜索*、？和[符号，如果找到了这些符号则进行模式匹配的替换，关于模式匹配与通配符在本书 2.13 节有详细讲解，Shell 在处理命令时对路径替换后的路径或文件进行处理。

如果使用 shopt 命令时开启了 nocaseglob 选项，则 Bash 在进行模式匹配时不区分大小写，默认是区别大小写的。另外，还可以在使用 shopt 命令时开启 extglob 选项，可以让 Bash 支持扩展通配符。shopt 命令的-s 选项可以开启特定的 Shell 属性，-u 选项可以关闭特定的 Shell 属性。

```
[root@centos7 ~]# touch {a,A,b,B}.txt                    #创建临时素材文件
[root@centos7 ~]# ls b*                                  #通配符查找文件，区分大小写
b.txt
[root@centos7 ~]# ls B*
B.txt
[root@centos7 ~]# shopt -s nocaseglob                    #设置 Shell 属性不区分大小写
[root@centos7 ~]# shopt nocaseglob                       #查看设置好的属性，检查结果为 on
nocaseglob      on
[root@centos7 ~]# ls B*
b.txt  B.txt
[root@centos7 ~]# ls b*
b.txt  B.txt
[root@centos7 ~]# shopt -u nocaseglob                    #关闭忽略大小写属性
[root@centos7 ~]# shopt nocaseglob                       #检查结果为 off
nocaseglob      off
[root@centos7 ~]# shopt -s extglob
[root@centos7 ~]# ls !(a.txt)                            #列出除 a.txt 以外的所有文件名
anaconda-ks.cfg  b.txt  B.txt
[root@centos7 ~]# ls !(a.txt|b.txt)
anaconda-ks.cfg  B.txt
[root@centos7 ~]# touch a{1,2,3,4}.txt                   #批量创建临时文件
[root@centos7 ~]# rm -rf  a[1-4].txt                     #使用通配符删除临时文件
```

关于路径或文件名，除了可以使用 Bash 自动的路径扩展功能，使用 basename 和 dirname 这两个外部命令，还可以截取一个路径中的路径部分或者文件名部分的内容。

```
[root@centos7 ~]# basename /a/b/c/d.txt                    #获取一个路径中的文件名
d.txt
[root@centos7 ~]# dirname /a/b/c/d.txt                     #仅保留路径，删除文件名
/a/b/c
[root@centos7 ~]# basename /etc/hosts
hosts
[root@centos7 ~]# dirname /etc/hosts
/etc
```

使用 ls 或者 find 命令列出文件时默认都是带路径的，而有些时候我们仅需要文件名即可，这时可以使用 basename 提取文件名。

```
[root@centos7 ~]# vim filebak.sh
```

```
#!/bin/bash
#功能描述(Description):循环对多个文件进行备份操作

for i in `ls /etc/*.conf`
do
   tar -czf  /root/log/$(basename $i).tar.gz  $i
done
```

5.9 实战案例：生成随机密码的若干种方式

创建账户时我们需要配置初始随机密码，使用手机号注册时需要随机验证码，抽奖活动需要随机点名，俄罗斯方块游戏需要随机出形状。这些案例都在说明一个问题，随机数据很重要！而在 Shell 脚本中如果需要生成随机数据有哪些方式呢？下面我们依次看看都有哪些方式。

1）使用字符串截取提取随机密码

```
[root@centos7 ~]# vim randpass.sh
```

```
#!/bin/bash
#功能描述(Description):使用字符串截取的方式生成随机密码

#定义变量:10 个数字+52 个字符
key="abcdefghijklmnopqrstuvwxyzABCDEFGHIJKLMNOPQRSTUVWXYZ0123456789"
```

```
randpass(){
    if [ -z "$1" ];then
        echo "randpass 函数需要一个参数,用来指定提取的随机数个数."
        return 127
    fi
#调用$1 参数,循环提取任意个数据字符
#用随机数对 62 取余数,返回的结果为[0-61]
    pass=""
    for i in `seq $1`
    do
        num=$[RANDOM%${#key}]
        local tmp=${key:num:1}
        pass=${pass}${tmp}
    done
    echo $pass
}

#randpass 8
#randpass 16

#创建临时测试账户,为账户配置随机密码,并将密码保存至/tmp/pass.log
useradd tomcat
passwd=$(randpass 6)
echo $passwd | passwd --stdin tomcat
echo $passwd > /tmp/pass.log
```

2）使用命令生成随机数据

```
[root@centos7 ~]# uuidgen                              #生成 16 进制随机字符串
be316a02-8d89-44ae-8f2e-5d83d9934f0c
[root@centos7 ~]# uuidgen
8620d8db-6cbc-47bd-86eb-2a0106a1563f
[root@centos7 ~]# openssl rand -hex 1                  #生成 16 进制随机字符串
53
[root@centos7 ~]# openssl rand -hex 2
2bbb
[root@centos7 ~]# openssl rand -hex 3
231982
[root@centos7 ~]# openssl rand -hex 4
```

```
9fa669e0
[root@centos7 ~]# openssl rand -base64 1          #生成含特殊符号的随机字符串
yA==
[root@centos7 ~]# openssl rand -base64 6
XQhuOB9I
[root@centos7 ~]# openssl rand -base64 10
wNvorRLslizGkg==
```

> **算一算**
> 使用 base64 算法生成的随机数据，其最终长度为(n/3)向上取整后再乘以 4。
> 如(1/3)=0.33333，向上取整为 1，最终 base64 编码后的长度为 1×4=4 位。
> 如(10/3)=3.33333，向上取整为 4，最终 base64 编码后的长度为 4×4=16 位。

```
[root@centos7 ~]# echo abc | openssl passwd -stdin  #对明文加密生成随机字符串
8I52ddkd1qwbI
[root@centos7 ~]# echo yuiop | openssl passwd -stdin
07Y8mZS9cq5hU
[root@centos7 ~]# date +%s                           #通过时间提取随机数字
1550503166
[root@centos7 ~]# date +%s                           #1970-1-1 到当前的秒数
1550503178
[root@centos7 ~]# date +%s%N                         #1970-1-1 到当前的纳秒数
1550503194947314165
```

3）使用设备文件生成随机数据

在 Linux 操作系统中默认提供了两个可以生成随机数据的设备文件：/dev/random 和 /dev/urandom。很多程序都会调用这些设备生成随机数据，比如 SSH、GPG、Tomcat。/dev/random 依赖于系统中断（Interrupt），因此当系统中断不足时该文件是无法提供足够的随机数据的，这样会导致需要使用 random 设备文件生成随机数据的程序阻塞。而 /dev/urandom 则不依赖于系统中断，在系统中断不足时也可以提供足够的随机数据。我们可以使用文本工具直接查看这两个文件，因为这两个文件可以提供无限的随机数据，所以需要使用 Ctrl+C 组合键才可以中断对这两个文件的查看。

```
[root@centos7 ~]# cat /dev/random
K p¥nkd¡H¹AN;¿µC0RU§SeÛő¤pTxTcn.BUㄝ!U8>¸[ı¦□㪚W3O□2Y6:Ω（随机数据）
...部分输出内容省略... #使用 Ctrl+C 组合键结束查看
[root@centos7 ~]# strings /dev/random
```

```
#~<n（随机数据）
}ot[
J=|U
YJB3\4
...部分输出内容省略... #使用 Ctrl+C 组合键结束查看
[root@centos7 ~]# cat /dev/random
$T'ƳUN□Ð¡O=}#Õx¸´D□粜ġ%P:醽-（随机数据）
...部分输出内容省略... #使用 Ctrl+C 组合键结束查看
[root@centos7 ~]# strings /dev/random
D{0AB（随机数据）
MGa9^=
"Nh)eH
qdtbP
...部分输出内容省略... #使用 Ctrl+C 组合键结束查看
```

random 和 urandom 这两个设备提供的随机数据可能会包含特殊符号，而有些验证码需要是纯数字的，有时密码需要是字母、数字且不包括特殊符号等，所以我们需要使用 tr 对原始数据进行过滤。另外，这两个设备文件为我们提供无限的随机数据，但是我们需要的密码或密钥之类的数据是需要有限位数的，因此我们还需要使用工具截取特定长度的随机数据。

使用 tr 命令可以从标准输入读取数据并对其进行替换、删除等操作后再输出结果。tr 命令的常用选项如表 5-5 所示。

表 5-5　tr命令的常用选项

选项	功能描述
-s	删除连续的多个重复数据
-d	删除包含特定集合的数据
-c	使用数据集1的差集

语法格式如下。

```
tr  [选项]  数据集 1  [数据集 2]
```

备注：数据集 1 是必需的，选项和数据集 2 是可选的。

tr 命令最简单的应用就是统一大小写，我们可以使用 tr 命令将所有小写替换为大写，或者将大写替换为小写。

```
[root@centos7 ~]# echo "hello the world" | tr 'h' 'H'      #小写 h 转换为大写
Hello tHe world
[root@centos7 ~]# echo "hello the world" | tr 'a-z' 'A-Z' #小写转换为大写
HELLO THE WORLD
[root@centos7 ~]# echo "HELLO THE WORLD" | tr 'A-Z' 'a-z' #大写转换小写
hello the world
[root@centos7 ~]# echo "hello the world" | tr h 9         #将 h 替换为 9
9ello t9e world
[root@centos7 ~]# echo "hello the world" | tr h x         #将 h 替换为 x
xello txe world
[root@centos7 ~]# tr 'a-z' 'A-Z' < /etc/passwd            #从标准输入读取数据
ROOT:X:0:0:ROOT:/ROOT:/BIN/BASH
...部分输出内容省略...
[root@centos7 ~]# echo "aaa" | tr -s a                    #删除重复的 a
a
[root@centos7 ~]# echo "aaabbb" | tr -s ab                #删除重复的 a 和 b
ab
[root@centos7 ~]# echo "aaabbbabab" | tr -s ab            #非连续的 a 不会删除

ababab
[root@centos7 ~]# echo "hello the world" | tr -d 'h'      #删除字母 h
ello te world
[root@centos7 ~]# echo "hello the world" | tr -d 'o'      #删除字母 o
hell the wrld
[root@centos7 ~]# echo "hello the world" | tr -d 'ho'     #删除 h 和 o
ell te wrld
[root@centos7 ~]# echo "hello the world" | tr -d 'a-e'    #删除包含 a-e 的所有字母
hllo th worl
[root@centos7 ~]# echo "hello the world" | tr -d 'a-h'    #删除包含 a-h 的所有字母
llo t worl
[root@centos7 ~]# echo "hello the world" | tr -cd o
oo[root@centos7 ~]#
```

这里 tr 命令使用了-c 选项，该选项的作用是提取数据集 1 的差集，也就是取反。对字母 o 取反，就是提取字母 o 以外的所有集合，包括特殊符号和控制符号，如换行符和回车符等。而上面的命令使用-c 选项对数据集 1（字母 o）取反后，还使用-d 选项将取反以后的数据集合进行了删除操作。最终在输出了两个字母 o 后，没有输出换行而直接显示了命令行提示符（本来应该有的换行符也被删除了）。

```
[root@centos7 ~]# echo "hello 666" | tr -cd a-z              #仅保留小写字母
hello[root@centos7 ~]# echo "hello 666" | tr -cd 0-9         #仅保留数字
666[root@centos7 ~]#
[root@centos7 ~]# echo "hello 666" | tr -cd '0-9\n'          #保留数字和换行符
666
[root@centos7 ~]# echo "h+ello_99" | tr -cd 'a-z0-9\n' #保留小写字母、数字和换行符
hello99

[root@centos7 ~]# echo "hello789" | tr -c '0-9' x  #将数字外的符号替换为x
xxxxx789x[root@centos7 ~]#
[root@centos7 ~]# echo "hello789" | tr -c 'a-z' x  #将小写字母外的符号替换为x
helloxxxx[root@centos7 ~]#
```

回到提取随机验证码或密码的问题，我们可以将 random 或 urandom 设备文件提供的多余数据删除，仅保留我们需要的数据，然后结合 head 之类的工具截取有效位数的数据。

提取 10 位包含字母、数字和下画线的随机数据。

```
[root@centos7 ~]# tr -cd '_a-zA-Z0-9' < /dev/random | head -c 10
UG0ALA54A9
[root@centos7 ~]# tr -cd '_a-zA-Z0-9' < /dev/urandom | head -c 10
H_Xw6EeM_W
```

提取 10 位包含存数字的随机数据。

```
[root@centos7 ~]# tr -cd '0-9' < /dev/random | head -c 10
7565206162
[root@centos7 ~]# tr -cd '0-9' < /dev/urandom | head -c 10
0800607214
```

4）通过 Hash 值生成随机数据

Hash 可以把任意长度的输入数据通过散列算法变换成固定长度的输出，输出值也叫散列值。Linux 系统自带很多支持散列算法的工具，如 md5sum、sha1sum、sha256sum、sha512sum 等，通过这些工具也可以生成随机数据。需要注意的是，这种方式提取的随机数据都是十

六进制数，也就是随机数据的范围是 0-9A-F。

```
[root@centos7 ~]# echo a | md5sum
60b725f10c9c85c70d97880dfe8191b3  -
[root@centos7 ~]# echo a | md5sum | cut -d' ' -f1
60b725f10c9c85c70d97880dfe8191b3
[root@centos7 ~]# echo a | sha256sum | cut -d' ' -f1
87428fc522803d31065e7bce3cf03fe475096631e5e07bbd7a0fde60c4cf25c7
[root@centos7 ~]# md5sum /etc/passwd | cut -d' ' -f1
3eefa436075f8d23f96ab6d25d97a17f
[root@centos7 ~]# sha256sum /etc/passwd | cut -d' ' -f1
5803ce26697d48e947cb3ab1acc3de53e5ec6f15733a55e8a5e407a010a08721
```

5）使用进程号或进程数量生成随机数

有时候我们编写的脚本需要生成一些临时文件，而临时文件的文件名就可以使用一些随机数据以防止与其他文件名冲突，这时就可以考虑使用进程号、进程个数、文件行数或者文件个数之类的方式生成随机数。其中进程个数和文件个数发生伪随机冲突的可能性比较大，不太适合重复执行的脚本。对于需要重复执行的脚本，采用当前进程的进程号更合适。

```
[root@centos7 ~]# vim randfile.sh
```

```
#!/bin/bash
#功能描述(Description):生成随机临时文件

#根据进程号生成随机文件
touch /tmp/$$.tmp

#根据进程数量生成随机文件
pnum=`ps aux | wc -l`
touch /tmp/$pnum.tmp

#根据文件个数生成随机文件
fnum=`find /etc |wc -l`
touch /tmp/$fnum.tmp

#根据文件行数生成随机文件
cnum=`cat /var/log/messages |wc -l`
touch /tmp/$cnum.tmp
```

5.10　Shell 解释器的属性与初始化命令行终端

Shell 脚本需要在命令终端执行，而命令终端往往支持大量属性与功能，因此设置好 Shell 解释器及命令终端的属性，可以为脚本的执行提供最佳的环境。

首先来看看 Shell 解释器的属性设置与查看方法，目前 CentOS 操作系统默认使用的是 Bash 解释器，因此我们将主要学习 Bash 的内部命令 set 和 shopt。通过这两个命令可以查看和设置 Bash 的很多特性。

使用 set -o 和 shopt 命令可以分别查看各自命令支持的所有属性及是否开启的标志。set 命令可以通过选项开启或关闭特定的 Bash 属性，shopt 命令可以通过-s 和-u 开启或关闭某些 Bash 属性。

```
[root@centos7 ~]# set -o
allexport        off
braceexpand      on
emacs            on
errexit          off
...部分输出内容省略...
[root@centos7 ~]# shopt
autocd           off
cdable_vars      off
cdspell          off
checkhash        off
...部分输出内容省略...
```

常用 set 命令属性如表 5-6 所示。

表 5-6　常用set命令属性

属性	set选项	功能描述
allexport	[+-]a	将函数和变量传递给子进程（默认关闭）
braceexpand	[+-]B	支持花括号扩展（默认开启）
errexit	[+-]e	当命令返回非0值时立刻退出（默认关闭）
hashall	[+-]h	将该命令位置保存到Hash表（默认开启）

续表

属性	set选项	功能描述
histexpand	[+-]H	支持使用!对历史命令进行扩展替换（默认开启）
noclobber	[+-]C	Bash使用重定向操作符>、>&和<>时，不会覆盖已存在的文件，可以使用>|绕过该限制（默认关闭）
noexec	[+-]n	仅读取命令，不执行命令，仅在脚本中有效（默认关闭）
nounset	[+-]u	变量进行扩展替换时如果变量未定义，则报错（默认关闭）

下面我们会对这些属性做逐一的案例演示和说明。

默认 Bash 定义的变量和函数都是局部的，进入子进程后这些变量和函数是无法再被调用和使用的，使用 set -a 可以让所有变量和函数默认就可以被子进程调用。

```
[root@centos7 ~]# test=123                          #定义局部变量
[root@centos7 ~]# bash                              #开启子进程
[root@centos7 ~]# echo $test                        #子进程无法获取父进程变量

[root@centos7 ~]# exit                              #返回父进程
[root@centos7 ~]# set -a                            #开启 allexport
[root@centos7 ~]# test=123
[root@centos7 ~]# bash
[root@centos7 ~]# echo $test                        #子进程可以获取父进程变量
123
[root@centos7 ~]# exit                              #返回父进程
[root@centos7 ~]# set +a                            #关闭 allexport
```

默认 Bash 是支持花括号替换功能的，这样我们就可以使用简单的命令快速生成一个数据序列，比如字母序列表、数字序列表等。该功能可以使用 braceexpand 属性来开启或关闭。

```
[root@centos7 ~]# echo {a..c}                       #默认支持花括号扩展
a b c
[root@centos7 ~]# set +B                            #关闭花括号扩展
[root@centos7 ~]# echo {a..c}                       #不支持扩展替换
{a..c}
[root@centos7 ~]# set -B                            #开启花括号扩展
```

有时在脚本的开始位置设置一个 set -e（errexit）是非常必要的。如果我们编写一个脚本，该脚本的主要功能是创建账户、设置账户密码，最后输出一条提示信息，而账户已经存在或有其他原因导致创建账户失败时，默认脚本依然会坚持执行完所有的脚本命令，很显然，这样会出现雪崩一样的错误提示。类似这样的脚本还有很多，向安装软件、修改配置文件、启动服务这些有关联性的脚本，都有可能因为前面的一个小小错误，而导致整个脚本大面积出错，设置 set -e 就可以在第一条命令出错时就将整个脚本停止运行。

```
[root@centos7 ~]# vim errexit.sh
cat errexit.sh
#!/bin/bash
#功能描述(Description):通过 set -e 设置命令返回非 0 状态时,脚本直接退出

set -e
useradd root
echo "123456" | passwd --stdin root
echo "已经将 root 密码修改为:123456."
[root@centos7 ~]# chmod +x errexit.sh
[root@centos7 ~]# ./errexit.sh
useradd: user 'root' already exists
```

hashall 可以让 Bash 记录执行过的命令路径，并将其路径保存到一个内存的 Hash 表中，这样下次执行相同命令时就不需要再通过 PATH 变量查找该命令的路径，通常情况下这样可以提高效率。但有时，程序的路径发生了变化，因为有 Hash 记录的存在反而会导致命令执行失败。

```
[root@centos7 ~]# ls                                  #先随便执行几条命令
[root@centos7 ~]# ip link show
[root@centos7 ~]# yum repolist
[root@centos7 ~]# hash                                #通过 hash 命令查看记录列表
hits    command
1    /usr/bin/yum
1    /usr/bin/ls
1    /usr/sbin/ip
```

可以看到，之前被执行过的外部命令都有具体的记录信息，hits 代表命中次数，也就是系统通过读取 Hash 表就可以定位到命令路径的次数。

```
[root@centos7 ~]# ls                                  #反复执行命令会让命中次数提高
```

```
[root@centos7 ~]# ls
[root@centos7 ~]# hash                                      #再次查看命中次数
hits    command
1    /usr/bin/yum
3    /usr/bin/ls
1    /usr/sbin/ip
```

通常出现上述情况是没有问题的。但是，如果我们将 ip 命令从/usr/sbin/目录移动到/bin/目录，此时系统依然根据 Hash 表中记录的位置执行命令，就无法找到 ip 程序。我们可以使用 hash -d 删除某个记录信息，或者使用 hash -r 清空整个 Hash 表，再或者直接使用 set +h 禁用 Hash 表，这些方法都可以解决类似的问题。

```
[root@centos7 ~]# mv /usr/sbin/ip /bin/                     #临时移动程序位置
[root@centos7 ~]# ip link show                              #执行命令失败,提示错误
bash: /usr/sbin/ip: command not found...
[root@centos7 ~]# hash -d ip                                #删除 Hash 表中 ip 的记录
[root@centos7 ~]# hash
hits    command
1    /usr/bin/yum
3    /usr/bin/ls
[root@centos7 ~]# ip link show                              #再次执行就可以成功
1: lo: <LOOPBACK,UP,LOWER_UP> mtu 65536 qdisc noqueue state UNKNOWN mode
DEFAULT group default qlen 1000
   link/loopback 00:00:00:00:00:00 brd 00:00:00:00:00:00
2: eth0: <BROADCAST,MULTICAST,UP,LOWER_UP> mtu 1500 qdisc pfifo_fast state
UP mode DEFAULT group default qlen 1000
   link/ether 52:54:00:4f:be:c3 brd ff:ff:ff:ff:ff:ff
[root@centos7 ~]# hash -r                                   #清空整个 Hash 表
[root@centos7 ~]# hash
hash: hash table empty
[root@centos7 ~]# set +h                                    #禁用 Hash 表
[root@centos7 ~]# hash
-bash: hash: hashing disabled
[root@centos7 ~]# set -h                                    #开启 Hash 表
```

Bash 可以通过设置 histexpand 属性支持使用感叹号调用历史命令，如!yum 就可以直接调用历史命令中最后一个以 yum 开始的命令。

```
[root@centos7 ~]# !yum                                      #调用历史命令
yum repolist
Loaded plugins: fastestmirror
repo id              repo name             status
dvd                  redhat                9911
repolist: 9911
[root@centos7 ~]# set +H                                    #禁用 histexpand
[root@centos7 ~]# !yum
-bash: !yum: command not found...
[root@centos7 ~]# mv /bin/ip /usr/sbin/ip                   #将命令还原回去
```

默认情况下，我们使用>或者>&等重定向符号时会覆盖文件，这有可能会导致现有的数据丢失，设置 noclobber 属性可以防止数据被覆盖。

```
[root@centos7 ~]# echo test > test.txt                      #新建文件
[root@centos7 ~]# cat test.txt
test
[root@centos7 ~]# echo hello > test.txt                     #使用重定向覆盖现有文件
[root@centos7 ~]# cat test.txt
hello
[root@centos7 ~]# set -C                                    #设置 noclobber 防止覆盖
[root@centos7 ~]# echo spurs > test.txt                     #重定向失败
-bash: test.txt: cannot overwrite existing file
```

如果我们写的脚本使用 tar、rsync、mysqldump 之类的工具对数据进行备份操作，因为备份需要一定的时间，可能会出现脚本被重复执行的情况，比如开启多个命令终端反复执行相同的某个脚本，或者多个远程连接的用户在执行同一个脚本，最后备份出来的文件也比较混乱。类似这样的脚本我们就可以利用 Bash 的 noclobber 属性来防止脚本被重复执行。

```
[root@centos7 ~]# vim clobber.sh
```

```
#!/bin/bash
#功能描述(Description):通过设置锁文件防止脚本被重复执行

#使用 Ctrl+C 组合键中断脚本时,删除锁文件.trap 的内容可以参考本书 5.11 节的内容
trap 'rm -rf /tmp/lockfile;exit' HUP INT
#检查是否存在锁文件,没有锁文件就执行 backup 备份函数,如果有锁文件脚本则脚本直接退出
lock_check(){
```

```
    if (set -C; :> /tmp/lockfile) 2>/dev/null ;then
        backup
    else
        echo -e "\033[91mWarning:其他用户在执行该脚本.\033[0m"
        exit 66
    fi
}

#执行备份前创建锁文件,然后执行备份数据库的操作,备份完成后删除锁文件
#sleep 10 实验测试时使用,为了防止小数据库备份太快,无法验证重复执行脚本的效果
backup(){
    touch /tmp/lockfile
    mysqldump --all-database > /var/log/mysql-$(date +%Y%m%d).bak
    sleep 10
    rm -rf /tmp/lockfile
}

lock_check
backup
```

如果脚本希望通过 read 或者位置变量读取用户的输入数值作为脚本的变量参数，而实际执行脚本又没有为脚本赋值，此时就会出现意外的错误。开启 Bash 的 nounset 属性可以有效防止变量未定义的这种错误。

```
[root@centos7 ~]# vim nounset.sh
#!/bin/bash
#功能描述(Description):通过设置 nounset 属性,防止变量未定义导致的意外错误出现

set -u
useradd $1
echo "$2" | passwd --stdin $1
[root@centos7 ~]# ./nounset.sh
./nounset.sh: line 5: $1: unbound variable
```

上面这个脚本因为没有给$1 和$2 赋值，并且设置了 set -u，所以提示变量为赋值后就直接退出了脚本。如果没有设置 nounset 属性，创建账户和修改密码的操作依然会被执行并且返回错误的结果。

shopt 命令支持的常用属性及其功能如表 5-7 所示。

表 5-7　shopt命令支持的常用属性及其功能

属性	功能描述
cdable_vars	内建命令 cd 的参数如果不是目录，就假定其是一个变量
cdspell	cd命令中目录的拼写错误可以简单自动纠正
checkhash	根据hash记录找不到程序时继续使用其他方式查找程序路径
cmdhist	将一个多行命令的历史记录保存到一行中（默认开启）
extglob	允许在路径替换时使用扩展模式匹配
nocaseglob	当进行路径扩展时不区分大小写（默认关闭）
nocasematch	当使用case和[[进行模式匹配时不区分大小写（默认关闭）

```
[root@centos7 ~]# hello=/etc                           #定义变量
[root@centos7 ~]# cd hello                             #没有 hello 目录,报错
-bash: cd: hello: No such file or directory
[root@centos7 ~]# shopt -s cdable_vars                 #开启 cdable_vars 属性
[root@centos7 ~]# cd hello                             #没有 hello 目录,但进入
/etc
/etc
[root@centos7 ~]# shopt -u cdable_vars                 #关闭 cdable_vars 属性
[root@centos7 ~]# cd /ect                              #拼写错误,命令无法执行
-bash: cd: /ect: No such file or directory
[root@centos7 ~]# shopt -s cdspell                     #开启自动纠错属性
[root@centos7 ~]# cd /ect                              #拼写错误依然可以执行
/etc
[root@centos7 etc]# cd /etcc                           #拼写错误依然可以执行
/etc
[root@centos7 etc]# cd /ettc
/etc
[root@centos7 etc]# cd /ettcc                          #但是无法改正所有错误
-bash: cd: /ettcc: No such file or directory
```

前面已经介绍了 Hash 表的功能，正常情况下系统在执行命令时会先搜索 Hash 表中的记录，再根据表中的记录执行命令。但是根据 Hash 表中的记录如果无法找到命令就会报错。我们通过 shopt 开启 checkhash 属性后，如果系统根据 Hash 表中的记录无法找到命令，则继续进行正常的命令路径搜索。

```
[root@centos7 ~]# ip link show                              #执行命令记录 Hash 表
[root@centos7 ~]# hash                                      #查看 Hash 表记录
hits    command
1    /usr/sbin/ip
[root@centos7 ~]# mv /usr/sbin/ip /usr/bin/                #临时移动程序位置
[root@centos7 ~]# ip link show                              #根据 Hash 表找不到程序
-bash: /usr/sbin/ip: No such file or directory
[root@centos7 ~]# shopt -s checkhash                        #开启 checkhash 属性
```

在开启 checkhash 根据 Hash 记录找不到程序时，可以继续采用其他方式搜索程序的路径，命令执行正常。

```
[root@centos7 ~]# ip link show
1: lo: <LOOPBACK,UP,LOWER_UP> mtu 65536 qdisc noqueue state UNKNOWN mode
DEFAULT group default qlen 1000 ... ...
2: eth0: <BROADCAST,MULTICAST,UP,LOWER_UP> mtu 1500 qdisc pfifo_fast state
UP mode DEFAULT group default qlen 1000 ... ...
[root@centos7 ~]# mv /usr/bin/ip /usr/sbin/                #还原程序位置
```

cmdhist 属性可以让我们将一条需要多行命令保存的历史记录到一条记录中。

```
[root@centos7 ~]# for i in {1..3}                           #执行一条多行命令
> do
>     echo $i
> done
1
2
3
[root@centos7 ~]# history | tail -2
 702  for i in {1..3}; do echo $i; done                     #历史记录是一行
 703  history | tail -2
[root@centos7 ~]# shopt -u cmdhist                          #关闭 cmdhist
[root@centos7 ~]# for i in 8 9
> do
>     echo $i
> done
```

```
[root@centos7 ~]# history | tail -10                    #查看历史记录
700  history | tail -5
701  shopt -s cmdhist
702  for i in {1..3}; do    echo $i; done
703  history | tail -2
704  shopt -u cmdhist
705  for i in 8 9
706  do
707      echo $i
708  done
709  history | tail -10
[root@centos7 ~]# shopt -s cmdhist                       #开启 cmdhist
```

除了使用 set 和 shopt 命令修改 Bash 属性，我们还可以使用 tput 命令查看或设置命令行终端的属性。

通过 cols 可以显示当前终端的列数，134 列代表一行可以显示 134 个字符。

```
[root@centos7 ~]# tput cols
134
```

通过 lines 可以显示当前终端的行数。

```
[root@centos7 ~]# tput lines
24
```

通过 clear 可以将当前终端清屏，效果与执行 clear 命令或者按 Ctrl+L 组合键一样。

```
[root@centos7 ~]# tput clear
```

通过 cup 可以移动光标到特定的行与列。

```
[root@centos7 ~]# tput cup 10 20                         #移动光标至 10 行 20 列
[root@centos7 ~]# tput cup 20 10                         #移动光标至 20 行 10 列
```

通过 sc 可以将当前的光标位置保存，rc 可以将光标还原至最后一次 sc 保存的位置。

```
[root@centos7 ~]# tput sc                                    #保存当前光标位置
[root@centos7 ~]# ls                                         #执行任意命令
[root@centos7 ~]# tput rc                                    #恢复光标位置
[root@centos7 ~]# tput sc ; tput cup 10 10 ; echo "welcome" ;tput rc
```

通过 civis 可以设置不显示光标，通过 cvvis 或者 cnorm 可以设置显示光标。

```
[root@centos7 ~]# tput civis
[root@centos7 ~]# tput cnorm
[root@centos7 ~]# tput civis
[root@centos7 ~]# tput cvvis
```

通过 blink 可以将终端设置为闪烁模式，bold 可以将终端设置为加粗模式，rev 可以将当前终端的字体色和背景色互换。

```
[root@centos7 ~]# tput blink
[root@centos7 ~]# tput bold
[root@centos7 ~]# tput rev
```

通过 smcup 可以保存当前屏幕，rmcup 可以还原最近保存的屏幕状态。

```
[root@centos7 ~]# echo "hello"                               #执行任意命令
hello
[root@centos7 ~]# echo "save screen"
save screen
[root@centos7 ~]# tput smcup                                 #保存屏幕状态
[root@centos7 ~]# tput rmcup                                 #恢复屏幕状态
```

通过 sgr0 可以取消所有终端属性，将终端还原为正常状态。

```
[root@centos7 ~]# tput sgr0
```

使用 reset 命令也可以将我们的当前终端重置为初始状态。

```
[root@centos7 ~]# reset
```

5.11　trap 信号捕获

信号处理在 Shell 编程中非常重要，一般我们会使用信号进行进程间的通信工作。我们可以使用 kill 命令发送信号，然后使用 trap 命令捕获并处理信号。可能很多人对 kill 命令的理解就是杀死进程，但是 kill 除了可以杀死进程还可以做别的。kill 本质上是在给进程发送特定的信号，这个信号可以是告诉进程终止运行、暂停运行、继续运行、切换日志等，而进程在收到这些信号后就会执行具体的动作。在 Shell 脚本中我们可以通过 trap 命令捕获传递过来的信号，并执行相应的动作命令。通常情况下，我们会把 trap 命令放置在脚本其他可执行的命令前面，但不是必须这么做。

```
[root@centos7 ~]# kill -l                                        #显示所有信号列表
 1) SIGHUP     2) SIGINT     3) SIGQUIT    4) SIGILL     5) SIGTRAP
 6) SIGABRT    7) SIGBUS     8) SIGFPE     9) SIGKILL   10) SIGUSR1
11) SIGSEGV   12) SIGUSR2   13) SIGPIPE   14) SIGALRM   15) SIGTERM
...部分输出内容省略...
```

这些信号可以使用数字（如 9）、英文全称（如 SIGKILL）或者英文简称（如 KILL）表示，但是不同的系统环境对这些表示方式的支持是不一样的，这个具体使用时需要提前测试。通常推荐使用英文名称，这样兼容性会更好一些。

使用 kill 命令不指定信号时，默认信号为 SIGTERM，该信号默认会终止进程。SIGINT 信号等同于使用 Ctrl+C 组合键，默认会中断进程。SIGSTOP 信号可以暂停一个进程，SIGCONT 信号可以恢复暂停的进程继续运行。发送 SIGTSTP 信号等同于使用 Ctrl+Z 组合键，也可以通过 CONT 信号唤醒恢复进程。SIGKILL 信号会强制杀死进程。

下面我们通过编写一个测试性的死循环脚本来验证这些信号。首先我们执行 loop.sh 脚本，然后另外开启一个命令终端查看 loop.sh 脚本的进程号，最后执行 kill 命令，通过给循环脚本发送不同的信号实现不同的功能。

```
[root@centos7 ~]# vim loop.sh
```

```
#!/bin/bash

while :
do
    echo "signal"
```

```
    echo "demo"
done
```

```
[root@centos7 ~]# chmod +x loop.sh
[root@centos7 ~]# ./loop.sh                                    #执行死循环脚本
```

因为前面的循环是永无止境的无限循环，当前命令终端暂时无法使用，我们需要重新开启一个新的命令终端。

```
[root@centos7 ~]# ps aux | grep -v grep | grep loop.sh        #查看进程号
root     14446 11.8  0.0 113132  1200 pts/13   R+   22:25   0:27
/bin/bash ./loop.sh
[root@centos7 ~]# kill -19 14446                               #传递暂停信号
```

回第一个命令终端会发现死循环脚本被暂停了。在第二个命令终端继续发送恢复信号让继续循环脚本，最后通过发送 INT 信号中断整个脚本的运行。

```
[root@centos7 ~]# kill -CONT 14446                             #传递恢复信号
[root@centos7 ~]# kill -SIGINT 14446                           #中断结束循环脚本
```

在 Shell 脚本中我们可以通过 trap 来捕获信号，并可以自定义需要执行的相应命令，其语法格式如下。

```
trap '命令' 信号列表
```

如果命令为空则表示忽略信号，不执行任何命令。

最后再次修改 loop.sh 脚本，添加 trap 代码实现捕捉信号的功能。

```
[root@centos7 ~]# vim loop.sh
#!/bin/bash
#功能描述(Description):通过 trap 捕获信号

trap 'echo "打死不中断|睡眠.";sleep 3'  INT TSTP
trap 'echo 测试;sleep 3'  HUP

while :
do
    echo "signal"
```

```
    echo "demo"
done
```

```
[root@centos7 ~]# chmod +x loop.sh
[root@centos7 ~]# ./loop.sh                                   #执行死循环脚本
```

执行脚本后，我们使用组合键 Ctrl+C 或者 Ctrl+Z 都不会导致脚本中断或睡眠，反而是在屏幕上显示一条消息后睡眠 3 秒继续。我们还可以在启动一个命令中断执行 kill -HUP <进程号>，循环脚本也是返回一条信息后睡眠 3 秒继续。

因为无法使用 Ctrl+C 组合键进行中断操作，所以我们需要查询进程 ID 后通过 TERM 信号杀死进程。

```
[root@centos7 ~]# ps aux | grep -v grep | grep loop.sh      #查看进程号
root     10553  5.9  0.0 113132  1420 pts/13   S+   23:17   0:00
/bin/bash ./loop.sh
[root@centos7 ~]# kill  10553
```

最后需要说明的是，在 Shell 脚本中并不能捕获所有信号，像 TERM、KILL 之类的信号是无法被捕获的。

5.12　实战案例：电子时钟

下面我们通过一个电子钟脚本，来演示 tput 和信号处理在脚本中的应用。我们将所有数字符号先保存到一个 9 行的数组中，每行使用一对引号表示数组的一个完整元素，对第一行的字符串截取 0-11 位，对第二行的字符串截取 0-11 位，依此类推，就可以把数字 0 完整地提取出来，其他数字采用相同的原理都可以单独提取出来。然后我们就可以通过 tput 定位光标后在屏幕上的任意位置打印数字了。

```
[root@centos7 ~]# vim clock.sh
```

```
#!/bin/bash
#功能描述(Description):通过 tput 定位光标,在屏幕上的特定位置打印当前的计算机时间

#使用 Ctrl+C 组合键中断脚本时恢复光标的显示功能
trap 'tput cnorm;exit' INT
```

```
#定义数组变量,该数组有 9 行共 9 个元素,每行有 1 个元素,每个数字宽度占 12 列
#循环对数组中的 9 个元素进行字符串截取,每一个元素提取 0-11 位就是数字 0
#循环对数组中的 9 个元素进行字符串截取,每一个元素提取 12-23 位就是数字 1,依此类推

number=(
'  0000000000      111      2222222222  3333333333 44      44   5555555555  6666666666  777777777   888888888  9999999999 '
'  00      00     11111             22          33 44      44   55          66          77      77  88      88 99      99 '
'  00      00    111111             22          33 44      44   55          66          77      77  88      88 99      99 '
'  00      00       11              22          33 44      44   55          66                  77  88      88 99      99 '
'  00      00       11      2222222222  3333333333 4444444444   5555555555  6666666666          77  888888888  9999999999 '
'  00      00       11      22                  33         44           55 66      66          77  88      88         99 '
'  00      00       11      22                  33         44           55 66      66          77  88      88         99 '
'  00      00       11      22                  33         44           55 66      66          77  88      88         99 '
'  0000000000  1111111111   2222222222  3333333333         44   5555555555  6666666666          77  888888888  9999999999 '
)

#获取计算机时间,并分别提取个位和十位数字
now_time(){
hour=$(date +%H)
min=$(date +%M)
sec=$(date +%S)

hour_left=`echo $hour/10 | bc`
hour_right=`echo $hour%10 | bc`
min_left=`echo $min/10 | bc`
min_right=`echo $min%10 | bc`
sec_left=`echo $sec/10 | bc`
sec_right=`echo $sec%10 | bc`
}

#定义函数:打印数组中的某一个数字
print_time(){
#从第几个位置开始提取数组元素
#数字 0 就从 0 开始,数字 1 就从 12 开始,数字 2 就从 24 开始,依此类推
    begin=$[$1*12]
    for i in `seq 0 ${#number[@]}`      #0-9 的循环
    do
        tput cup $[i+5] $2                #定位光标
        echo -en "\033[32m${number[i]:$begin:12}\033[0m"
    done
}
#定义函数:打印时间分隔符,echo 通过\u 可以支持 unicode 编码符号
#unicode 编码中 2588 是一个方块█
print_punct(){
    tput cup $1 $2
```

```
    echo -en "\e[32m\u2588\e[0m"
}

#依次打印小时、分钟、秒（个位和十位分别打印）
while :
do
    tput civis    #隐藏光标
    now_time
    print_time $hour_left 2          #需要打印的数字及 X 轴坐标（第几列）
    print_time $hour_right 14
    print_punct 8 28                 #定义(Y,X)坐标位(8,28),打印时间分隔符号
    print_punct 10 28
    print_time $min_left 30
    print_time $min_right 42
    print_punct 8 56
    print_punct 10 56
    print_time $sec_left 58
    print_time $sec_right 70
    echo
    sleep 1
done
```

对上面这个脚本还可以做适当的修改，将它变成一个倒计时程序。

```
[root@centos7 ~]# vim countdown.sh
```

```
#!/bin/bash
#功能描述(Description):倒计时

#使用 Ctrl+C 组合键中断脚本或者在倒计时结束时显示光标
trap 'tput cnorm;exit' INT EXIT

#定义数组变量,该数组有 9 行共 9 个元素,每行有 1 个元素,每一个数字宽度占 12 列
#循环对数组中的 9 个元素进行字符串截取,每一个元素提取 0-11 位就是数字 0
#循环对数组中的 9 个元素进行字符串截取,每一个元素提取 12-23 位就是数字 1,依此类推

number=(
'  0000000000     111      2222222222  3333333333  44      44  5555555555  6666666666  777777777   888888888   9999999999 '
'  00      00   11111              22          33  44      44  55          66                  77  88      88  99      99 '
'  00      00  111111              22          33  44      44  55          66          77      77  88      88  99      99 '
'  00      00      11              22          33  44      44  55          66                  77  88      88  99      99 '
'  00      00      11      2222222222  3333333333  4444444444  5555555555  6666666666          77  888888888   9999999999 '
'  00      00      11      22                  33          44          55  66      66          77  88      88          99 '
'  00      00      11      22                  33          44          55  66      66          77  88      88          99 '
'  00      00      11      22                  33          44          55  66      66          77  88      88          99 '
'  0000000000  1111111111  2222222222  3333333333          44  5555555555  6666666666          77  888888888   9999999999 '
)
```

```
#通过位置变量获取倒计时时长，并将分钟转换为秒
translate_time(){
   if [ -z "$1" ];then
       echo "$0 需要时间参数 n"
       echo "n:表示需要倒计时的时间,单位为分钟."
       exit
   fi
   sec=$[$1*60]     #将分转换为秒
}

#定义函数:打印数组中的某一个数字
print_time(){
    #从第几个位置开始提取数组元素,数字为 0 就从 0 开始,数字为 1 就从 12 开始,数字为 2 就从
24 开始,依此类推
    begin=$[$1*12]
    for i in `seq 0 ${#number[@]}`    #0-9 的循环
    do
        tput cup $[i+5] $2
        echo -en "\033[91m${number[i]:$begin:12}\033[0m"
    done
}

#每秒刷新屏幕,打印新的时间,每循环一次倒计时秒数减 1
translate_time $1
while :
do
    [ $sec -lt 0 ] && exit
    tput civis    #隐藏光标
    tput clear
    tput cup 3 16
    echo  -e "\e[1;32m$1 分钟倒计时:\e[0m"
    #循环将倒计时秒数中的所有数字提取出来,显示在屏幕上
    for j in `seq ${#sec}`
    do
        num=`echo $sec | cut -c $j`
        y=$[j*16]
        print_time $num $y
    done
    let sec--
```

```
    echo
    sleep 1
done
```

5.13 Shell 小游戏之抓住小老鼠算你赢

下面我们再通过一个游戏的例子来展示设置终端属性与信号跟踪的应用。我们要完成一个如图 5-1 所示的小游戏，玩家需要使用键盘控制笑脸抓住随机出现的小老鼠。

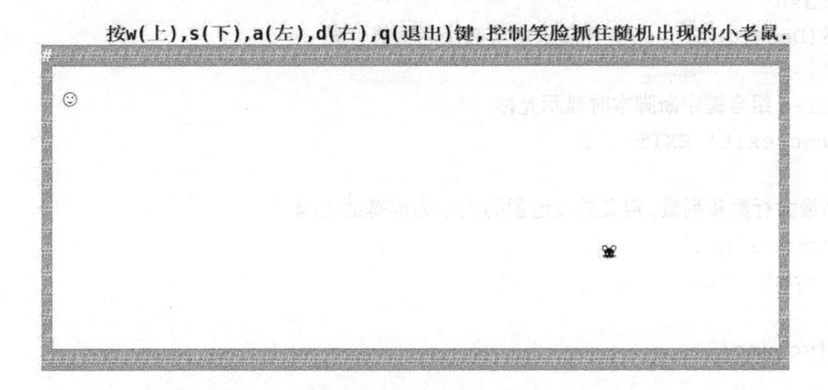

图 5-1　抓小老鼠游戏

编写脚本时，首先需要先画一个游戏地图，笑脸和小老鼠都必须确保待在地图内部的位置上。定义函数 draw_map 实现地图的绘制，假设我们使用屏幕约 1/4 的区域绘制地图，就可以通过 tput 命令获取当前显示屏的宽度和高度，然后将获取的数字除以 2。我们还要为游戏的边界进行留白，所以会从第二行第二列开始绘制地图，我们使用 *X* 代表横坐标，也就是列数，使用 *Y* 代表纵坐标，也就是行数。使用循环从上往下逐行打印#符号作为地图的边界，如果是顶部行或底部行就打印一排#符号，中间行则仅在最左侧和最右侧各打印一个#符号。

游戏开始后需要不停地更新小老鼠和笑脸的坐标，需要将地图中的内容清理为空白，然后显示新的笑脸和小老鼠。我们定义 clear_screen 函数实现清理游戏地图内的所有数据，我们需要清理的是左边界右侧至右边界左侧的所有内容，上边界下方至下边界上方的所有内容。假设从左到右有 20 个坐标位置，我们就使用 space 变量存储 20 个空格，这样再使用一个循环将所有行都填充为 20 个空格，就可以完成屏幕刷新。

我们可以使用 Unicode 编码来实现绘制笑脸和小老鼠，Bash 支持 Unicode 编码，我们需要的就是初始状态下笑脸显示在一个特定的位置，如（4,4）的屏幕位置，而小老鼠的位置需要为随机位置，通过 tput 定位然后显示特定的内容即可。

最后我们通过 read 命令读取用户的键盘输入内容，判断游戏结果，如果笑脸触碰到游戏边界则游戏结束，如果笑脸与小老鼠的位置重合则游戏结束，否则就控制笑脸进行特定位置的移动操作，通过修改笑脸的 *X* 和 *Y* 轴坐标即可实现这个功能。

[root@centos7 ~]# **vim mouse.sh**

```
#!/bin/bash
#功能描述(Description):抓住随机出现的小老鼠算你赢

#使用 Ctrl+C 组合键中断脚本时显示光标
trap 'proc_exit' EXIT INT

#获取屏幕最大行数和列数,定义游戏地图的大小为屏幕的 1/4
lines=`tput lines`
column=`tput cols`
left=2
right=$[column/2]
top=2
bottom=$[lines/2]

#定义函数,绘制一个长方形的游戏地图区域,使用#符号绘制游戏地图边界
draw_map(){
    save_property=$(stty -g)                    #保存当前终端所有属性
    tput clear
    tput civis                                  #关闭光标显示
    echo -e "\033[1m\n\t按 w(上),s(下),a(左),d(右),q(退出)键,
    控制笑脸抓住随机出现的小老鼠."
    for y in `seq  $top  $bottom`               #对地图的 Y 坐标(行号)循环
    do
        local x=$left
        #判断 Y 坐标是否为顶部行或者底部行
        if [[ $y -eq $top || $y -eq $bottom ]];then
            while [ $x -le $right ]
            do
                tput cup $y $x
```

```
            #Y坐标在left到right之间全部绘制#符号
            echo -ne "\033[37;42m#\033[0m"
            let x++
        done
    else
        #在Y坐标为left和right位置绘制两个#符号
        for m in $left $right
        do
            tput cup $y $m
            echo -ne "\033[37;42m#\033[0m"
        done
    fi
done
echo
}

#定义函数,在游戏地图内填充空格,实现对地图的清屏操作,地图边界的#符号不清除
clear_screen(){
    for((i=3;i<=$[bottom-1];i++))
    do
        space=""
        for((j=3;j<=$[right-1];j++))
        do
            space=${space}" "          #定义变量,值为right-3个空格
        done
        tput cup $i 3                  #使用空格覆盖清理游戏地图
        echo -n "$space"
    done
}

#定义函数,在地图内部的指定坐标处绘制一只小老鼠,Unicode编码中1F42D是老鼠形状
draw_mouse(){
    tput cup $1 $2
    echo -en "\U1f42d"
}

#定义函数,在地图内部的指定坐标处绘制一个笑脸,Unicode编码中1F642是笑脸形状
draw_player(){
    tput cup $1 $2
    echo -en "\U1f642"
```

```
}

#定义函数,退出脚本时还原终端属性
proc_exit(){
    tput cnorm
    stty $save_property
    echo "GameOver."
    exit
}

#定义主函数,循环在屏幕上显示笑脸和小老鼠,通过 read 读取用户输入,控制笑脸的移动
get_key(){
    man_x=4      #笑脸的初始坐标 X,Y=4,4
    man_y=4
    while :
    do
        tmp_col=$[right-2]
        tmp_line=$[bottom-1]
        rand_x=$[RANDOM%(tmp_col-left)+left+1]      #定义老鼠的随机坐标 X
        rand_y=$[RANDOM%(tmp_line-top)+top+1]     #定义老鼠的随机坐标 Y
        draw_player $man_y $man_x
        draw_mouse $rand_y $rand_x
        #当笑脸和小老鼠坐标相同时,脚本退出
        if [[ $man_x -eq $rand_x && $man_y -eq $rand_y ]];then
            proc_exit
        fi
        stty -echo                                #关闭输入的回显功能
        #读取用户的输入,控制笑脸的新坐标
        #如果笑脸坐标到达游戏地图的边缘则游戏结束
        read -s -n 1 input
        if [[ $input == "q" || $input == "Q" ]];then
            proc_exit
        elif [[ $input == "w" || $input == "W" ]];then
            let man_y--
            [[ $man_y -le $top || $man_y -ge $bottom ]] && proc_exit
            draw_player $man_y $man_x
        elif [[ $input == "s" || $input == "S" ]];then
            let man_y++
            [[ $man_y -le $top || $man_y -ge $bottom ]] && proc_exit
            draw_player $man_y $man_x
```

```
        elif [[ $input == "a" || $input == "A" ]];then
            let man_x--
            [[ $man_x -le $left || $man_x -ge $right ]] && proc_exit
            draw_player $man_y $man_x
        elif [[ $input == "d" || $input == "D" ]];then
            let man_x++
            [[ $man_x -le $left || $man_x -ge $right ]] && proc_exit
            draw_player $man_y $man_x
        fi
        clear_screen
    done
}

draw_map
get_key
```

5.14　实战案例：脚本排错技巧

编写的 Shell 执行又出错了！不断出现新的 Bug！一个脚本执行失败的原因可以分为语法错误和逻辑错误。语法错误比较容易排除，语法错误会导致 Shell 异常，系统会自动抛出异常报警信息，根据屏幕的提示信息我们就可以有针对性地进行分析并排除。比较难排除的往往是逻辑错误，执行脚本后没有提示语法错误，但是脚本执行的结果却不是我们需要的结果。甚至脚本执行结束后，因为屏幕没有报错，当我们以为脚本执行正确时，其实脚本已经出现了逻辑上的错误，这样的错误往往更加可怕、难以排查。下面我们会给出一些实用的排错小技巧，对于快速定位问题脚本会有非常大的帮助。

使用-x 跟踪脚本执行过程，这是非常重要的一种排错方式。可以使用 bash -x 执行脚本，也可以通过为脚本中第一行解释器添加-x 选项来实现相同功能的跟踪功能。如果输出结果以双加号开头（++）则表示命令是在子 Shell 中执行的。

[root@centos7 ~]# **vim demo_error1.sh**

```
#!/bin/bash
#功能描述(Description):一个错误演示脚本

user1=jacob
```

```
user2=tintin
user3=demo

for i in user1 user2 user3
do
   useradd $i
   echo "123456" | passwd --stdin $i &>/dev/null
done
echo "创建账户完成."
```

上面是一个错误的脚本示例，你能找出问题在哪里吗？在执行的时候脚本不会报错，但是最终并不会创建我们需要的 jacob、tintin 和 demo 这三个用户，如果不仔细多看几遍脚本，有时候发现问题还是比较困难的。对于这样的脚本我们就可以使用-x 跟踪脚本执行过程，可以非常快速地发现问题所在！

```
[root@centos7 ~]# bash -x test.sh
+ user1=jacob
+ user2=tintin
+ user3=demo
+ for i in user1 user2 user3
+ useradd user1
+ passwd --stdin user1
+ echo 123456
+ for i in user1 user2 user3
+ useradd user2
+ passwd --stdin user2
+ echo 123456
+ for i in user1 user2 user3
+ useradd user3
+ passwd --stdin user3
+ echo 123456
+ echo
$'\345\210\233\345\273\272\350\264\246\346\210\267\345\256\214\346\210\220.'
创建账户完成.
```

通过分析屏幕输出的信息，我们可以很清晰地看到整个脚本的执行流程，首先进行变量的定义赋值，其次通过 for 循环创建三个账户，但是在执行循环中的 useradd 命令时，变量替换后会发现 i 的值不对，我们需要让 i 调用的是 user1、user2 和 user3 的变量值，而实际执行时，变量 i 被直接替换为了 user1、user2 和 user3，找到问题了，调用变量 user1、user 和 user3 时没有添加$符号！修改为正确的脚本效果如下：

```
[root@centos7 ~]# vim demo_1.sh
#!/bin/bash
#功能描述(Description):一个错误演示脚本

user1=jacob
user2=tintin
user3=demo

for i in $user1 $user2 $user3
do
   useradd $i
   echo "123456" | passwd --stdin $i &>/dev/null
done
echo "创建账户完成."
```

添加一些额外的辅助命令，也能帮助我们在排错的过程中定位错误原因。例如，增加额外的 echo 命令就是常见的做法，当我们不太确定错误时，可以在脚本中放置一个 echo 显示脚本的执行结果，辅助我们分析出现问题的原因。

```
[root@centos7 ~]# vim demo_error2.sh
#!/bin/bash
#功能描述(Description):一个错误演示脚本

i=1
while [ $i -le 100 ]
do
  let  sum+=i
done
echo $sum
```

可以看出上面脚本的问题吗？对，进入循环后没有使用命令修改变量 i 的值，结果导致 i 始终为 1，进而造成了一个无限死循环。像这样的脚本我们就可以通过在循环中添加 echo 来查看变量的值。

```
[root@centos7 ~]# vim demo_2.sh
```

```
#!/bin/bash
#功能描述(Description):一个错误演示脚本

i=1
while [ $i -le 100 ]
do
   echo "i=$i ; sum=$sum"
   let  sum+=i
done
echo $sum
```

```
[root@centos7 ~]# chmod +x demo_2.sh
[root@centos7 ~]# ./demo_2.sh                    #执行脚本,查看辅助排错信息
i=1 ; sum=
i=1 ; sum=1
i=1 ; sum=2
i=1 ; sum=3
i=1 ; sum=4
i=1 ; sum=5
...部分输出内容省略...
```

最后一条排错小技巧是将脚本中的单个命令复制到命令行执行。有时候我们并不太确定脚本中的命令格式或逻辑是否正确，这时可以单独将某些命令复制到命令行执行一遍以检查错误，这种方法也是在工作中经常用到的排错方式。

5.15 实战案例：Shell 版本的进度条功能

如果我们在编写一个需要执行很长时间的脚本，如复制大文件、源码编译安装软件包等，为这样的脚本设计一个进度条就是一个不错的方法，可以很好地提升脚本的使用体验。进度条也分很多种，可以是色块进度条，可以是数字百分比进度条，也可以是某种动态效果的进度条。

首先，我们做一个最简单的不控制数量的进度条，我们只需要在屏幕上不停地显示某种进度指示符号或色块即可，直到脚本的任务执行完成，再将进度条杀死（kill）。

```
[root@centos7 ~]# vim progress_bar1.sh
```

```
#!/bin/bash
```

```
#功能描述(Description):为复制文件设计一个进度条效果

#防止提前按 Ctrl+C 组合键后无法结束进度条
trap 'kill $!' INT

#定义函数:实现无限显示不换行的#符号
bar(){
    while :
    do
        echo -n '#'
        sleep 0.3
    done
}

#调用函数,屏幕显示#进度,直到复制结束 kill 杀死进度函数
#$!变量保存的是最后一个后台进程的进程号
bar &
cp -r $1 $2
kill $!
echo "复制结束!"
```

```
[root@centos7 ~]# chmod +x progress_bar1.sh
[root@centos7 ~]# ./progress_bar1.sh /etc /tmp/
```

除了使用#符号作为进度条，还可以使用背景色块作为进度条。

```
[root@centos7 ~]# vim progress_bar2.sh
```

```
#!/bin/bash
#功能描述(Description):为复制文件设计一个进度条效果

#防止提前按 Ctrl+C 组合键后无法结束进度条
trap 'kill $!' INT

#定义函数:实现无限显示不换行的背景色块
bar(){
    while :
    do
        echo -ne '\033[42m \033[0m'
        sleep 0.3
    done
```

```
}

#调用函数,屏幕显示色块进度,直到复制结束 kill 杀死进度函数
#$!变量保存的是最后一个后台进程的进程号
bar &
cp -r $1 $2
kill $!
echo "复制结束!"
```

但是，这样的进度条显示效果，在复制真正的大文件时，因为复制的时间比较长，最终可能满屏幕都是进度条，效果不好。我们可以利用转义字符\r 将光标移至行首，但不换行。

输出 abc 后，将光标调至行首后再输出 12，字符串 ab 会被 12 覆盖，对 c 没有任何影响。

```
[root@centos7 ~]# echo -e "abc\r12"
12c
```

输出 abccdef 后，将光标调至行首后再输出 12 和 4 个空格，字符串 abcdef 会被全部覆盖。

```
[root@centos7 ~]# echo -e "abcdef  \r12    "
12
```

为了能够方便地输出特定长度的空格，我们还需要使用 printf 命令，printf 命令支持特定长度的数据输出，同时也支持转义符号的功能。

```
[root@centos7 ~]# i=5
[root@centos7 ~]# printf "|%s%${i}s|" abc                    #abc 后有 5 个空格
|abc     |
```

利用这种特性，我们就可以反复地在同一行输出进度条。需要注意的是，每次打印进度条都需要使用空格将前面一次的进度条覆盖。优化后的脚本如下。

```
[root@centos7 ~]# vim progress_bar3.sh
```

```
#!/bin/bash
#功能描述(Description):为复制文件设计一个进度条效果

#防止提前按 Ctrl+C 组合键后无法结束进度条
trap 'kill $!' INT
```

```
#定义函数:在宽度为 50 的范围内输出进度条,#和空格占用 48 个宽度,竖线占用 2 个宽度
#1 个#组合 47 个空格=48,2 个#组合 46 个空格=48,3 个#组合 45 个空格=48,依此类推
#输出完成后\r 将光标切换至行首,准备下一次进度条的显示
bar(){
    while :
    do
        pound=""
        for ((i=47;i>=1;i--))
        do
            pound+=#
            printf "|%s%${i}s|\r" "$pound"
            sleep 0.2
        done
    done
}
#调用函数,显示进度符号,直到复制结束 kill 杀死进度函数
#$!变量保存的是最后一个后台进程的进程号
bar &
cp -r $1 $2
kill $!
echo "复制结束!"
```

下面我们再看一个动态显示指针的进度条效果，在屏幕上快速地逐个显示|、/、-和\这四个符号，并且每次在显示下一个字符前先删除前一个字符（使用\b 实现 Backspace 退格键的效果），最终当刷新的速度足够快时就可以实现动态旋转指针的效果。

在编写完整脚本前，先通过命令行学习一些基础知识。printf 命令支持%进行格式控制，%s 代表输出字符，实际数据有多少就输出多少字符。%10s 可以指定输出宽度，当实际数据宽度不足 10 个宽度时系统自动补空格，而如果实际数据宽度大于 10 个宽度时，则按实际数据宽度显示字符。另外，也可以使用%.2s 指定仅显示实际数据中的 2 个字符。

```
[root@centos7 ~]# printf "%10s" xyz           #指定宽度 10,宽度不够自动补空格
       xyz[root@centos7 ~]#
[root@centos7 ~]# printf "%3s" xyzabc         #指定宽度 3,实际数据宽度大于 3
xyzabc[root@centos7 ~]#
[root@centos7 ~]# printf "%.2s" xyzabc        #指定仅显示实际字符串中的 2 个字符
```

```
xy[root@centos7 ~]#
[root@centos7 ~]# printf "%.1s" xyzabc       #指定仅显示实际字符串中的 1 个字符
x[root@centos7 ~]#
```

printf 命令还支持转义控制字符，使用\b 可以删除光标前的一个字符，实现 Backspace 退格键的效果。

```
[root@centos7 ~]# printf x ; printf "\b%s" y    #显示字符 x,删除 x 后再显示字符 y
y[root@centos7 ~]#
[root@centos7 ~]# printf x ; printf "\b%s" yz  #显示字符 x,删除 x 后再显示字符 yz
yz[root@centos7 ~]#
[root@centos7 ~]# printf x ; printf "\b%.1s" yz #显示字符 x,删除 x 后仅显示字符 y
y[root@centos7 ~]#
```

另外，我们要想实现动态指针的效果，还可以定义一个变量，该变量存储的是四个指针符号，并且每循环一次就需要修改一次四个指针字符的位置。这可以通过掐头与去尾后重新给变量赋值来实现。

```
[root@centos7 ~]# rotate='|/-\'                #定义变量,存储四个指针符号
[root@centos7 ~]# echo ${rotate#?}             #对变量掐头,删除第一个任意字符
/-\
[root@centos7 ~]# echo ${rotate%???}           #对变量去尾,删除最后三个任意字符
|
```

重新定义变量，将第一个任意字符移动到变量的最后位置，将最后三个任意字符移动到变量的开始位置。

```
[root@centos7 ~]# rotate=${rotate#?}${rotate%???}
[root@centos7 ~]# echo ${rotate}
/-\|
[root@centos7 ~]# rotate=${rotate#?}${rotate%???}
[root@centos7 ~]# echo ${rotate}
-\|/
```

有了上面这些基础知识的准备，下面我们来编写一个完整的动态指针的进度条脚本。

```
[root@centos7 ~]# vim progress_bar4.sh
```

```
#!/bin/bash
#功能描述(Description):为复制文件设计一个进度条效果

#防止按Ctrl+C组合键后无法结束进度条
trap 'kill $!' INT

#定义变量,存储指针的四个符号,有特殊符号一定要用单引号
rotate='|/-\'

#定义函数:实现动态指针进度条
bar() {
#回车到下一行打印一个空格,第一次打印指针符号时会把这个空格删除
#这里空格的主要目的是换行
   printf ' '
   while :
   do
#删除前一个字符后,仅打印rotate变量中的第一个字符
#没循环一次就将rotate中四个字符的位置调整一次
        printf "\b%.1s" "$rotate"
        rotate=${rotate#?}${rotate%???}
        sleep 0.2
   done
}

bar &
cp -r $1 $2
kill $!
echo "复制结束!"
```

```
[root@centos7 ~]# chmod +x progress_bar4.sh
[root@centos7 ~]# ./progress_bar4.sh /etc  /tmp
```

最后，我们再看一个显示进度百分比的示例。可以通过对比源文件与目标文件的大小来判断复制的进度，或者通过源文件与目标文件的个数来判断进度。下面我们就以文件大小为例编写一个显示百分比进度的脚本。

```
[root@centos7 ~]# vim progress_bar5.sh
```

```
#!/bin/bash
#功能描述(Description):为复制文件设计一个进度条效果
```

```
#防止提前按 Ctrl+C 组合键后无法结束进度条
trap 'kill $!' INT

#定义变量,存储源与目标的容量大小,目标初始大小为 0
src=$(du -s $1 | cut -f1)
dst=0

#定义函数:实时对比源文件与目标文件的大小,计算复制进度
bar() {
    while :
    do
        size=$(echo "scale=2;$dst/$src*100" | bc)
        echo -en "\r|$size%|"
        [ -f $2 ] && dst=$(du -s $2 | cut -f1)
        [ -d $2 ] && dst=$(du -s $2/$1 | cut -f1)
        sleep 0.3
    done
}

bar $1 $2 &
cp -r $1 $2
kill $!
echo "复制结束!"
```

```
[root@centos7 ~]# chmod +x /progress_bar5.sh
[root@centos7 ~]# ./progress_bar5.sh /usr/ /tmp/
|99.00%|复制结束!
```

5.16 再谈参数传递之 xargs

在前面章节中我们介绍过使用管道可以将前一个命令的输出结果存入管道，然后后一个命令就可以从管道中读取数据作为输入。但是，实际情况是很多程序并不支持使用管道传递参数，比如 find、cut 这样的程序。

echo 无法从管道中读出 cut 命令输出的结果，最终的输出结果为空。

```
[root@centos7 ~]# cut -d: -f1 /etc/passwd | echo
```

echo 同样无法从管道中读取 find 命令的输出结果，最终的输出结果依然为空。

```
[root@centos7 ~]# find /etc -name *.conf -type f  | echo
```

另外，还有些程序仅可以从命令参数中读取输入的数据，无法从管道中读取数据。如果我们查看某个进程的进程号后，再通过管道将 PID 传递给 kill 命令以杀死该进程，这样的用法会导致程序直接出错。类似的问题在 rm 命令执行时也会出现错误。

```
[root@centos7 ~]# cat /var/run/crond.pid | kill          #执行命令出错
[root@centos7 ~]# echo /tmp/test.txt | rm                #执行命令出错
```

遇到诸如此类的问题有没有好的办法可以解决呢？当然有了！xargs 命令就可以读取标准输入或管道中的数据，并将这些数据传递给其他程序作为参数。不指定程序时 xargs 默认会将数据传递给 echo 命令。

```
[root@centos7 ~]# cat /etc/redhat-release | xargs
CentOS Linux release 7.4.1708 (Core)
[root@centos7 ~]# cat /etc/redhat-release | xargs echo
CentOS Linux release 7.4.1708 (Core)
[root@centos7 ~]# cut -d: -f1 /etc/passwd | xargs echo
root bin daemon adm lp sync shutdown halt mail operator games ftp nobody
systemd-network dbus polkitd postfix sshd
[root@centos7 ~]# cut -d: -f1 /etc/passwd | xargs
root bin daemon adm lp sync shutdown halt mail operator games ftp nobody
systemd-network dbus polkitd postfix sshd
[root@centos7 ~]# find /etc -name *.conf -type f | xargs echo     #显示查
找的文件名
/etc/resolv.conf /etc/pki/ca-trust/ca-legacy.conf
/etc/yum/pluginconf.d/fastestmirror.conf
/etc/yum/pluginconf.d/langpacks.conf /etc/yum/protected.d/systemd.conf
...忽略部分输出内容...
[root@centos7 ~]# find -name "*.txt" | xargs grep "abc"           #过滤查
找的文件
[root@centos7 ~]# find /etc -name *.conf -type f | xargs ls -l    #查看文
件详细信息
-rw-r--r--. 1 root root    55 Mar  1  2017 /etc/asound.conf
-rw-r-----. 1 root root   211 Aug  5  2017 /etc/audisp/audispd.conf
```

```
...忽略部分输出内容...
[root@centos7 ~]# find /etc -name *.conf -type f | xargs wc -l     #查看每个文件的行数
18 /etc/radvd.conf
51 /etc/selinux/semanage.conf
19 /etc/selinux/targeted/setrans.conf
1 /etc/ld.so.conf.d/qt-x86_64.conf
...忽略部分输出内容...
[root@centos7 ~]# echo "test" > /tmp/test.txt                 #新建测试文件
[root@centos7 ~]# echo /tmp/test.txt | xargs rm               #删除测试文件
[root@centos7 ~]# ls /tmp/test.txt                            #确认文件已删除
ls: cannot access /tmp/test.txt: No such file or directory
[root@centos7 ~]# cat /var/run/crond.pid | xargs kill #成功杀死 crond 进程
[root@centos7 ~]# systemctl restart crond                     #恢复 crond 服务
```

默认 xargs 读取参数时以空格、Tab 制表符或者回车符为分隔符和结束符，但是有些文件名本身可能就包含有空格，此时 xargs 会理解一个文件有多个参数。

```
[root@centos7 ~]# touch "hello world.txt"                     #创建素材文件
[root@centos7 ~]# touch "ni hao.txt"
```

find 命令会在输出查找到的文件名后自动添加一个换行符。

```
[root@centos7 ~]# find ./ -name "*.txt"
./hello world.txt
./ni hao.txt
[root@centos7 ~]# find ./ -name "*.txt" | xargs rm   #xargs 识别的是两个文件
rm: cannot remove './hello': No such file or directory
rm: cannot remove 'world.txt': No such file or directory
rm: cannot remove './ni': No such file or directory
rm: cannot remove 'hao.txt': No such file or directory
```

对于这样的问题，find 提供了一个 print0 选项，设置 find 在输出文件名后自动添加一个 NULL 来替代换行符，而 xargs 也提供了一个-0（数字零）选项，指定使用 NULL 而不是空格、Tab 制表符或者换行符作为结束符。这样的话对于 xargs 来说空格就变成了一个普通字符，只有 NULL 才被识别为参数的结束符。

```
[root@centos7 ~]# find ./ -name "*.txt" -print0 | xargs -0 rm
```

xargs 通过-a 选项可以从文件中读取参数传递给其他程序。

```
[root@centos7 ~]# xargs -a /etc/redhat-release echo
CentOS Linux release 7.4.1708 (Core)
[root@centos7 ~]# xargs -a /etc/hostname
centos7
```

xargs 命令可以通过-n 选项指定一次读取几个参数，默认读取所有参数。

```
[root@centos7 ~]# seq 5 | xargs                         #默认一次调用全部参数
1 2 3 4 5
[root@centos7 ~]# seq 5 | xargs -n 2                    #设置一次调用 2 个参数
1 2
3 4
5
[root@centos7 ~]# seq 5 | xargs -n 3                    #设置一次调用 3 个参数
1 2 3
4 5
```

xargs 命令可以通过-d 选项指定任意字符为分隔符，默认以空格、Tab 制表符或换行符为分隔符。

```
[root@centos7 ~]# echo "helloatheaworld" | xargs
helloatheaworld
[root@centos7 ~]# echo "helloatheaworld" | xargs -da   #指定字符 a 为分隔符
hello the world
```

xargs 命令可以使用-I 选项指定一个替换字符串，xargs 会用读取到的参数替换掉这个替换字符串。

```
[root@centos7 ~]# touch {a,b,c}.txt                     #创建素材
[root@centos7 ~]# ls *.txt | xargs -I{} cp {} /tmp/     #复制所有 txt 文件到/tmp/
[root@centos7 ~]# rm -rf /tmp/{a,b,c}.txt               #删除临时素材
[root@centos7 ~]# ls *.txt | xargs -I[] cp [] /tmp/     #设置[]为替换字符串
[root@centos7 ~]# rm -rf /tmp/{a,b,c}.txt
[root@centos7 ~]# ls *.txt | xargs -I% cp % /tmp/       #设置%为替换字符串
```

5.17 使用 shift 移动位置参数

在脚本中使用 shift 命令可以左移位置参数，shift 命令后面需要一个非负整数作为参数，如果没有指定该参数，则默认为 1。假设我们在执行一个脚本时输入了 6 个参数，./test.sh a b c 1 2 3，那么在脚本中执行 shift 4 就可以让位置参数左移 4 位，原来的第 5 位变成了第 1 位的位置变量，也就是 2 变成的第一个位置参数，3 变成了第二个位置参数。下面通过一个脚本演示 shift 的作用。

```
[root@centos7 ~]# vim parameter.sh
```

```
#!/bin/bash
#功能描述(Description):演示 shift 命令的作用,左移位置参数

echo "arg1=$1, arg2=$2, arg3=$3, arg4=$4, arg5=$5, arg6=$6, count=$#"
shift         #位置参数左移 1 位
echo "arg1=$1, arg2=$2, arg3=$3, arg4=$4, arg5=$5, arg6=$6, count=$#"
shift 2       #位置参数左移 2 位
echo "arg1=$1, arg2=$2, arg3=$3, arg4=$4, arg5=$5, arg6=$6, count=$#"
shift 1       #位置参数左移 1 位
echo "arg1=$1, arg2=$2, arg3=$3, arg4=$4, arg5=$5, arg6=$6, count=$#"
```

```
[root@centos7 ~]# chmod +x parameter.sh
[root@centos7 ~]# ./parameter.sh a b c 1 2 3
arg1=a, arg2=b, arg3=c, arg4=1, arg5=2, arg6=3, count=6 #原始位置参数
arg1=b, arg2=c, arg3=1, arg4=2, arg5=3, arg6=, count=5 #左移 1 位,a 被移除
arg1=1, arg2=2, arg3=3, arg4=, arg5=, arg6=, count=3  #左移 2 位,b 和 c 被移除
arg1=2, arg2=3, arg3=, arg4=, arg5=, arg6=, count=2    #左移 1 位,1 被移除
```

通过 shift 命令我们可以很方便地读取所有位置参数，而不需要$1、$2、$3 等这样很麻烦地逐个调用。我们看一个例子，下面这个脚本主要用来检测多个文件是否为空文件，如果是空文件则直接删除该文件。

```
[root@centos7 ~]# vim empty.sh
```

```
#!/bin/bash
#功能描述(Description):读取位置参数,测试是否空文件并删除空文件

if [ $# -eq 0 ];then
    echo "用法:$0 文件名..."
```

```
    exit 1
fi
#测试位置变量个数,个数为 0 时循环结束
while (($#))
do
    if [ ! -s $1 ];then
        echo -e "\033[31m$1 为空文件,正在删除该文.\033[0m"
        rm -rf $1
    else
        [ -f $1 ] && echo -e "\033[32m$1 为非空文件.\033[0m"
        [ -d $1 ] && echo -e "\033[32m$1 为目录,不是文件名.\033[0m"
    fi
    shift
done
```

```
[root@centos7 ~]# chmod +x empty.sh
[root@centos7 ~]# touch a.txt b.txt                                  #准备几个实验素材
[root@centos7 ~]# echo "111" > 1.txt
[root@centos7 ~]# echo "222" > 2.txt
[root@centos7 ~]# mkdir test
[root@centos7 ~]# ./empty.sh a.txt 1.txt b.txt 2.txt test/ #测试脚本效果
a.txt 为空文件,正在删除该文.
1.txt 为非空文件.
b.txt 为空文件,正在删除该文.
2.txt 为非空文件.
test/为目录,不是文件名.
```

5.18　实战案例：Nginx 日志切割脚本

在实际生产环境中我们维护的网站每天都会有很大的访问量（Page View），有些网站每日 PV 量可以达到几十万级别，有些网站每日 PV 量可以达到百万级别，而像春运期间的 12306 单日访问量则高达几千亿次。目前多数企业选择 Nginx 作为 Web 服务器或 Web 代理服务器，Nignx 默认会开启访问日志（access.log）和错误日志（error.log），这两个日志文件大小会随着时间的推移慢慢变大，如果我们不管它，则很快文件内容就会有上百万行，会占用上百兆的存储空间，后期打开文件和处理文件的速度也会变慢。因此我们需要在日志文件变成巨无霸之前就对其进行切割操作，对于已经很大的文件也需要使用合适的工具将其切割为多个小文件。

```
[root@centos7 ~]# wc -l access.log                          #查看日志文件行数
4790071 access.log
[root@centos7 ~]# ls -lh access.log                         #查看日志文件容量
-rw-r--r-- 1 root root 425M Jan 31 10:07 access.log
[root@centos7 ~]# wc -l error.log
182 error.log
[root@centos7 ~]# ls -lh error.log
-rw-r--r-- 1 root root 50K Jan 15 15:30 error.log
```

对于容量已经很大的文件，我们可以使用 split 命令对文件进行切割，split 命令支持以容量或者行数为单位切割文件。下面我们首先使用 dd 命令从/dev/urandom 设备文件中复制随机数据到/root/test.txt 文件，一次复制 1MB 的数据，复制 500 个 1MB 的数据。也就是新建一个容量为 500MB 的素材文件，接着我们使用 split 命令对该文件进行切割操作。

```
[root@centos7 ~]# dd if=/dev/urandom of=/root/test.txt bs=1M count=500
500+0 records in
500+0 records out
524288000 bytes (524 MB) copied, 5.6203 s, 93.3 MB/s
[root@centos7 ~]# ls -lh /root/test.txt
-rw-r--r-- 1 root root 500M Mar 17 21:16 /root/test.txt
[root@centos7 ~]# split -b 20M test.txt test_               #按容量切割文件
[root@centos7 ~]# ls -lh
total 1001M
-rw-r--r-- 1 root root 500M Mar 17 21:16 test.txt
-rw-r--r-- 1 root root  20M Mar 17 21:27 test_aa
-rw-r--r-- 1 root root  20M Mar 17 21:27 test_ab
-rw-r--r-- 1 root root  20M Mar 17 21:27 test_ac
-rw-r--r-- 1 root root  20M Mar 17 21:27 test_ad
... ...省略部分输出内容... ...
[root@centos7 ~]# split -l 1000 test.txt testline_          #按行数切割文件
[root@centos7 ~]# ls -lh testline_*
-rw-r--r-- 1 root root 248K Mar 17 21:31 testline_aa
-rw-r--r-- 1 root root 251K Mar 17 21:31 testline_ab
-rw-r--r-- 1 root root 245K Mar 17 21:31 testline_ac
... ...省略部分输出内容... ...
[root@centos7 ~]# wc -l testline_aa                         #查看文件行数
1000 testline_aa
[root@centos7 ~]# wc -l testline_ab
1000 testline_ab
```

split 语法格式如下。

```
split [选项] [输入文件名 [输出文件名的前缀]]
```

什么参数都不指定时，split 默认会以 1000 行为标准对文件进行切割，默认输出文件名的前缀为 x，当没有输入文件名时也支持读取标准输入中的数据。如果按容量切割，10MB=10*1024*1024B，KB、MB、GB、TB、PB、EB 等单位为 1024 的倍数，而 kB、mB 等单位为 1000 的倍数。

如果我们选择使用容量进行切割，因为在某个容量分割点（如 20MB），文件的某一行可能还没有结束，就会导致文件的一行被切割为了多行。

```
[root@centos7 ~]# echo {1..5} > test.txt                    #生成素材文件
[root@centos7 ~]# echo {a..f} >> test.txt
[root@centos7 ~]# echo {10..20} >> test.txt
[root@centos7 ~]# echo {h..z} >> test.txt
[root@centos7 ~]# cat test.txt
1 2 3 4 5
a b c d e f
10 11 12 13 14 15 16 17 18 19 20
h i j k l m n o p q r s t u v w x y z
[root@centos7 ~]# split -b 4 test.txt multi_                #按 4 字节容量切割
[root@centos7 ~]# ls -lh multi_*                            #容器均为 4 字节
-rw-r--r-- 1 root root 4 Mar 17 21:59 multi_aa
-rw-r--r-- 1 root root 4 Mar 17 21:59 multi_ab
-rw-r--r-- 1 root root 4 Mar 17 21:59 multi_ac
```

但是这种切割方法，让原本为一行的内容被切割为了多行，而一行从中间切割时是没有换行符的，因此输出 1 2 后屏幕没有换行，其他数据行都会有类似的问题。

```
[root@centos7 ~]# cat multi_aa
1 2 [root@centos7 ~]# cat multi_ab
3 4 [root@centos7 ~]# cat multi_ac
5
a
```

对于这样的问题，我们可以选择使用行对文件进行切割，或者使用-C 选择按行为单位的最大容量切割，如-C 10K，系统就会把文件切割为 10KB 左右的文件，但切割的时候会保证文件行内容的完整性，因此切割出来的文件不一定都是标准的 10KB 的。

Split 命令虽然可以让我们根据自己的需求将大文件切割为若干小文件，但是对于 Nginx 日志文件这样的案例，每次都需要手动使用 split 命令切割文件并不是最优方案，这是一种事后的弥补措施，我们还需要一种机制，可以在文件变大之前就将日志文件进行分割。

我们可以使用脚本结合计划任务定期自动将旧的日志文件重命名。但是，当我们使用 mv 将旧日志改名后，Nginx 服务依然会将后期的日志内容写入重命名后的日志文件中，因为 Nginx 依据的是文件描述符将数据写入文件，而不是依据文件名写入数据，哪怕文件被重命名了，系统依然会将日志写入重命名后的文件。这就需要我们在将旧的日志文件重命名后，再通过 kill 命令向 Nginx 进程发送一个 USR1 的信号，Nginx 进程在接收到该信号后，就会自动打开一个新日志文件，并将后期所有新的日志写入新的日志文件中。下面的脚本我们写到 Nginx 源码安装的标准目录下，具体完整的日志切割脚本如下。

```
[root@centos7 ~]# vim /usr/local/nginx/logbak.sh
#!/bin/bash
#功能描述(Description):使用脚本结合计划任务,定期对 Nginx 日志进行切割

#脚本是以天为单位进行日志分割的,如果需要以小时为单位则需要更精确的时间标签
datetime=$(date +%Y%m%d)
#假设日志目录为源码安装的标准目录,如果不是该目录则需要根据实际情况修改
logpath=/usr/local/nginx/logs
mv $logpath/access.log $logpath/access-$datetime.log
mv $logpath/error.log  $logpath/error-$datetime.log

#脚本会读取标准日志目录下的 nginx.pid 文件,该文件中保存有 nginx 进程的进程号
#如果该进程文件在其他目录下，则需要根据实际情况进行适当修改
kill -USR1 $(cat $logpath/nginx.pid)
[root@centos7 ~]# chmod +x /usr/local/nginx/logbak.sh
```

结合计划任务，我们可以让该脚本定期执行日志切割的任务。这里我们以每周五 3 点整进行日志切割为例编写计划任务，切记一定要给脚本添加可执行的权限，否则计划任务无法执行。

```
[root@centos7 ~]# crontab -e
00 03 * * 5  /usr/local/nginx/logbak.sh
```

第 6 章 上古神兵利器 sed

sed 是贝尔实验室的 Lee E. McMahon 在 1973 年到 1974 年开发的流编辑器，sed 是基于交互式行编辑器 ed 开发的软件，sed 与 ed 一样也是行处理编辑器，在 sed 中搞清楚你需要编辑的是哪一行内容很重要，同时 sed 是最早开始支持正则表达式的工具之一。我们可以使用 sed 非常轻松地完成非交互式的文件编辑工作，包括但不限于对文件的增、删、改、查等操作。

6.1 sed 基本指令

sed 会逐行扫描输入的数据，并将读取的数据内容复制到缓冲区中，我们称之为模式空间，然后拿模式空间中的数据与给定的条件进行匹配，如果匹配成功则执行特定的 sed 指令，否则 sed 会跳过输入的数据行，继续读取后续的数据。默认情况下 sed 会把最终的数据结果通过标准输出显示在屏幕上。sed 数据处理流程如图 6-1 所示。

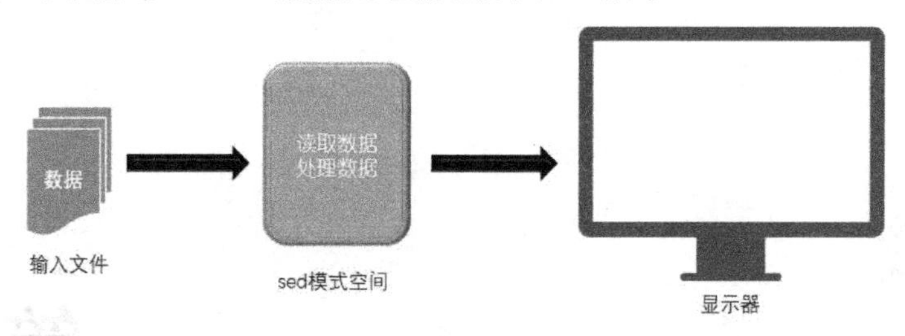

图 6-1　sed 数据处理流程图

sed 语法格式如下。

```
命令 | sed [选项] '匹配条件和操作指令'
sed [选项] '匹配条件和操作指令' 输入文件...
```

sed 常用的命令选项如表 6-1 所示。

表 6-1　sed常用的命令选项

命令选项	功能描述
-n,--silent	屏蔽默认输出功能，默认sed会把匹配到的数据显示在屏幕上
-r	支持扩展正则
-i[SUFFIX]	直接修改源文件，如果设置了SUFFIX后缀名，sed会将数据备份
-e	指定需要执行的sed指令，支持使用多个-e参数
-f	指定需要执行的脚本文件，需要提前将sed指令写入文件中

sed 基本操作指令如表 6-2 所示。

表 6-2　sed基本操作指令

基本操作指令	功能描述
p	打印当前匹配的数据行
l	小写L，打印当前匹配的数据行（显示控制字符，如回车符等）
=	打印当前读取的数据行数
a text	在匹配的数据行后面追加文本内容
i text	在匹配的数据行前面插入文本内容
d	删除匹配的数据行整行内容（行删除）

续表

基本操作指令	功能描述
c text	将匹配的数据行整行内容替换为特定的文本内容
r filename	从文件中读取数据并追加到匹配的数据行后面
w filename	将当前匹配到的数据写入特定的文件中
q [exit code]	立刻退出sed脚本
s/regexp/replace/	使用正则匹配，将匹配到的数据替换为特定的内容

sed 指令执行前需要先根据条件定位需要处理的数据行，如果没有指定定位条件，则默认 sed 会对所有数据行执行特定的指令。sed 支持的数据定位方法如表 6-3 所示。

表 6-3　sed支持的数据定位方法

格式	功能描述
number	直接根据行号匹配数据
first~step	从first行开始，步长为step，匹配所有满足条件的数据行
$	匹配最后一行
/regexp/	使用正则表达式匹配数据行
\cregexpc	使用正则表达式匹配数据行，c可以是任意字符
addr1,addr2	直接使用行号定位，匹配从addr1到addr2的所有行
addr1,+*N*	直接使用行号定位，匹配从addr1开始及后面的*N*行

下面我们通过大量的案例练习来说明前面三个表格中的每个概念。

提示　sed 是逐行处理软件，我们可能仅输入了一条 sed 指令，但系统会将该指令应用在所有匹配的数据行上，因此相同的指令会被反复执行 *N* 次，这取决于匹配到的数据有几行。

```
[root@centos7 ~]# sed 'p' /etc/hosts
127.0.0.1   localhost localhost.localdomain localhost4 localhost4.localdomain4
127.0.0.1   localhost localhost.localdomain localhost4 localhost4.localdomain4
::1         localhost localhost.localdomain localhost6 localhost6.localdomain6
::1         localhost localhost.localdomain localhost6 localhost6.localdomain6
```

当没有指定条件时，默认会匹配所有的数据行，因此/etc/hosts 文件有多少行 p 指令就被执行多少次，sed 读取文件的第 1 行执行 p 指令将该行内容显示在屏幕上，接着读取文件的第 2 行继续执行 p 指令再将该行内容显示在屏幕上。但是，为什么最终每个数据行却打印显示了两次呢？因为哪怕没有 p 指令，sed 也会默认将读取到的所有数据行显示在屏幕上，所以 p 指令数据行被打印显示了一次，接着 sed 默认又将读取的数据行再显示了一次，最终每行显示了两次。可以使用-n 选项屏蔽 sed 默认的输出功能。关闭默认的输出功能后，所有的数据行将仅显示一次。

```
[root@centos7 ~]# sed -n 'p' /etc/hosts                    #所有数据行显示一次
127.0.0.1   localhost localhost.localdomain localhost4
localhost4.localdomain4
::1         localhost localhost.localdomain localhost6
localhost6.localdomain6
[root@centos7 ~]# sed -n '1p' /etc/hosts                   #仅显示文件的第 1 行
127.0.0.1   localhost localhost.localdomain localhost4
localhost4.localdomain4
[root@centos7 ~]# sed -n '2p' /etc/hosts                   #仅显示文件的第 2 行
::1         localhost localhost.localdomain localhost6
localhost6.localdomain6
[root@centos7 ~]# df -h | sed -n '2p'                      #sed 支持从管道读取数据
/dev/mapper/centos-root  8.0G  1.1G  7.0G   14% /
[root@centos7 ~]# free | sed -n '2p'
Mem:     1015536      108752      521880      25920      384904      706044
```

上面的命令当没有指定任何匹配条件时，sed 将匹配所有的数据行。但是，sed 也支持多种方式定位特定的数据行，直接写行号就是最直接的一种方式，其他如正则表达式等方式也很实用。满足条件的行才会执行 sed 指令，否则不做任何操作，sed 继续读取文件下一行内容，直到文件结尾程序退出。

```
[root@centos7 ~]# cat -n /etc/passwd > /tmp/passwd        #生产带行号的素材文件
[root@centos7 ~]# sed -n '1,3p' /tmp/passwd               #显示文件的第 1 到 3 行
1    root:x:0:0:root:/root:/bin/bash
2    bin:x:1:1:bin:/bin:/sbin/nologin
3    daemon:x:2:2:daemon:/sbin:/sbin/nologin
[root@centos7 ~]# sed -n '1p;3p;6p' / tmp/passwd          #多条指令使用分号分隔
1    root:x:0:0:root:/root:/bin/bash
3    daemon:x:2:2:daemon:/sbin:/sbin/nologin
6    sync:x:5:0:sync:/sbin:/bin/sync
[root@centos7 ~]# sed -n '2p;8p' /tmp/passwd              #显示第 2 行和第 8 行
```

```
2   bin:x:1:1:bin:/bin:/sbin/nologin
8   halt:x:7:0:halt:/sbin:/sbin/halt
[root@centos7 ~]# sed -n '3,5p' /tmp/passwd          #显示文件的第 3 到 5 行
3   daemon:x:2:2:daemon:/sbin:/sbin/nologin
4   adm:x:3:4:adm:/var/adm:/sbin/nologin
5   lp:x:4:7:lp:/var/spool/lpd:/sbin/nologin
[root@centos7 ~]# sed -n '4,$p' /tmp/passwd          #显示第 4 行到末尾所有行
4   adm:x:3:4:adm:/var/adm:/sbin/nologin
5   lp:x:4:7:lp:/var/spool/lpd:/sbin/nologin
6   sync:x:5:0:sync:/sbin:/bin/sync
7   shutdown:x:6:0:shutdown:/sbin:/sbin/shutdown
8   halt:x:7:0:halt:/sbin:/sbin/halt
...忽略部分输出内容...
[root@centos7 ~]# sed -n '3,+3p' /tmp/passwd         #显示第 3 行以及后面的 3 行
3   daemon:x:2:2:daemon:/sbin:/sbin/nologin
4   adm:x:3:4:adm:/var/adm:/sbin/nologin
5   lp:x:4:7:lp:/var/spool/lpd:/sbin/nologin
6   sync:x:5:0:sync:/sbin:/bin/sync
[root@centos7 ~]# sed -n '1~2p' /tmp/passwd      #显示 1,3,5...奇数行(步长为 2)
1   root:x:0:0:root:/root:/bin/bash
3   daemon:x:2:2:daemon:/sbin:/sbin/nologin
5   lp:x:4:7:lp:/var/spool/lpd:/sbin/nologin
7   shutdown:x:6:0:shutdown:/sbin:/sbin/shutdown
9   mail:x:8:12:mail:/var/spool/mail:/sbin/nologin
11  games:x:12:100:games:/usr/games:/sbin/nologin
...忽略部分输出内容...
[root@centos7 ~]# sed -n '2~2p' /tmp/passwd      #显示 2,4,6...偶数行(步长为 2)
2   bin:x:1:1:bin:/bin:/sbin/nologin
4   adm:x:3:4:adm:/var/adm:/sbin/nologin
6   sync:x:5:0:sync:/sbin:/bin/sync
8   halt:x:7:0:halt:/sbin:/sbin/halt
10  operator:x:11:0:operator:/root:/sbin/nologin
12  ftp:x:14:50:FTP User:/var/ftp:/sbin/nologin
...忽略部分输出内容...
[root@centos7 ~]# sed -n '4~2p' /tmp/passwd      #显示 4,6,8...偶数行(步长为 2)
4   adm:x:3:4:adm:/var/adm:/sbin/nologin
6   sync:x:5:0:sync:/sbin:/bin/sync
8   halt:x:7:0:halt:/sbin:/sbin/halt
10  operator:x:11:0:operator:/root:/sbin/nologin
12  ftp:x:14:50:FTP User:/var/ftp:/sbin/nologin
```

```
...忽略部分输出内容...
[root@centos7 ~]# sed -n '3~2p' /tmp/passwd        #显示 3,5,7...奇数行(步长为 2)
3    daemon:x:2:2:daemon:/sbin:/sbin/nologin
5    lp:x:4:7:lp:/var/spool/lpd:/sbin/nologin
7    shutdown:x:6:0:shutdown:/sbin:/sbin/shutdown
9    mail:x:8:12:mail:/var/spool/mail:/sbin/nologin
11   games:x:12:100:games:/usr/games:/sbin/nologin
13   nobody:x:99:99:Nobody:/:/sbin/nologin
...忽略部分输出内容...
[root@centos7 ~]# sed -n '3~4p' /tmp/passwd        #显示 3,7,11... (步长为 4)
3    daemon:x:2:2:daemon:/sbin:/sbin/nologin
7    shutdown:x:6:0:shutdown:/sbin:/sbin/shutdown
11   games:x:12:100:games:/usr/games:/sbin/nologin
15   dbus:x:81:81:System message bus:/:/sbin/nologin
19   chrony:x:998:996::/var/lib/chrony:/sbin/nologin
...忽略部分输出内容...
[root@centos7 ~]# sed -n '4~5p' /tmp/passwd        #显示 4,9,14... (步长为 5)
4    adm:x:3:4:adm:/var/adm:/sbin/nologin
9    mail:x:8:12:mail:/var/spool/mail:/sbin/nologin
14   systemd-network:x:192:192:systemd Network Management:/:/sbin/nologin
19   chrony:x:998:996::/var/lib/chrony:/sbin/nologin
[root@centos7 ~]# sed -n '$p' /tmp/passwd              #显示文件最后一行的内容
19   chrony:x:998:996::/var/lib/chrony:/sbin/nologin
[root@centos7 ~]# sed -n '/root/p' /tmp/passwd         #匹配包含 root 的行并显示
1    root:x:0:0:root:/root:/bin/bash
10   operator:x:11:0:operator:/root:/sbin/nologin
```

除了直接使用行号，sed 还支持使用正则表达式定位特定的数据行。上面这条命令会读取文件的第 1 行，使用正则表达式匹配是否包含 root，如果包含 root 则执行 p 指令，否则不执行任何操作，sed 继续读取下一行数据，重复按照条件匹配数据行直到读取文件结束。上面的结果说明/tmp/passwd 文件中的第 1 行和第 10 行都包含 root，其他所有行都没有包含 root 字符串。

```
[root@centos7 ~]# sed -n '/bash$/p' /tmp/passwd       #匹配以 bash 结尾的行并显示
1    root:x:0:0:root:/root:/bin/bash
[root@centos7 ~]# sed -n '/s...:x/p' /tmp/passwd
6    sync:x:5:0:sync:/sbin:/bin/sync
17   sshd:x:74:74:Privilege-separated SSH:/var/empty/sshd:/sbin/nologin
```

上面这条命令可以匹配字母 s 开头，以:x 结尾，中间包含任意三个字符的数据行，最后使用 p 指令将匹配的数据行显示在屏幕上。

```
[root@centos7 ~]# sed -n '/[0-9]/p' /tmp/passwd     #匹配包含数字的行并显示
1   root:x:0:0:root:/root:/bin/bash
2   bin:x:1:1:bin:/bin:/sbin/nologin
3   daemon:x:2:2:daemon:/sbin:/sbin/nologin
...忽略部分输出内容...
[root@centos7 ~]# sed -n '/^http/p' /etc/services  #显示以 http 开头的数据行
http           80/tcp        www www-http          # WorldWideWeb HTTP
http           80/udp        www www-http          # HyperText Transfer
Protocol
http           80/sctp                             # HyperText Transfer
Protocol
https          443/tcp                             # http protocol over TLS/SSL
https          443/udp                             # http protocol over TLS/SSL
https          443/sctp                            # http protocol over TLS/SSL
...忽略部分输出内容...
```

默认 sed 不支持扩展正则，如果希望使用扩展正则匹配数据，可以使用-r 参数。

```
[root@centos7 ~]# sed -n '/^(icmp|igmp)/p' /etc/protocols   #默认不支持扩展正则
[root@centos7 ~]# sed -rn '/^(icmp|igmp)/p' /etc/protocols #开启扩展正则功能
icmp    1   ICMP        # internet control message protocol
igmp    2   IGMP        # internet group management protocol
[root@centos7 ~]# sed -n '\cUIDcp' /etc/login.defs #正则匹配包含 UID 的行并显示
UID_MIN               1000
UID_MAX               60000
SYS_UID_MIN           201
SYS_UID_MAX           999
[root@centos7 ~]# sed -n '\xbashxp' /etc/shells #正则匹配包含 bash 的行并显示
/bin/bash
/usr/bin/bash
[root@centos7 ~]# sed -n '\1bash1p' /etc/shells #正则匹配包含 bash 的行并显示
/bin/bash
/usr/bin/bash
[root@centos7 ~]# sed -n '\:bash:p' /etc/shells #正则匹配包含 bash 的行并显示
/bin/bash
```

```
/usr/bin/bash
[root@centos7 ~]# sed -n '\,bash,p' /etc/shells #正则匹配包含 bash 的行并显示
/bin/bash
/usr/bin/bash
[root@centos7 ~]# sed -n 'l' /etc/shells         #显示数据内容时打印控制字符
/bin/sh$
/bin/bash$
/sbin/nologin$
/usr/bin/sh$
/usr/bin/bash$
/usr/sbin/nologin$
/bin/tcsh$
/bin/csh$
```

sed 程序使用=指令可以显示行号，结合条件匹配，可以显示特定数据行的行号。

```
[root@centos7 ~]# sed -n '/root/=' /etc/passwd      #显示包含 root 字符串的行号
1
10
[root@centos7 ~]# sed -n '3=' /etc/passwd           #显示第 3 行的行号
3
[root@centos7 ~]# sed -n '$=' /etc/passwd           #显示最后一行的行号
19
```

在 sed 中支持使用感叹号（！）对匹配的条件进行取反操作。

```
[root@centos7 ~]# sed -n '1!p' /etc/hosts        #显示除第 1 行外的所有行数据
::1         localhost localhost.localdomain localhost6
localhost6.localdomain6
[root@centos7 ~]# sed -n '2!p' /etc/hosts        #除第 2 行外所有内容都显示
127.0.0.1   localhost localhost.localdomain localhost4
localhost4.localdomain4
[root@centos7 ~]# sed -n '/bash/!p' /etc/shells     #除含 bash 外的所有行都显示
/bin/sh
/sbin/nologin
/usr/bin/sh
/usr/sbin/nologin
/bin/tcsh
/bin/csh
```

```
[root@centos7 ~]# cp /etc/hosts /tmp/hosts                    #复制素材文件
[root@centos7 ~]# sed '1a add test line' /tmp/hosts   #第 1 行后面添加 1 行数据
127.0.0.1   localhost localhost.localdomain localhost4
localhost4.localdomain4
add test line
::1         localhost localhost.localdomain localhost6
localhost6.localdomain6
```

通过 a 指令添加新的数据行后，虽然在屏幕的输出结果中我们确实看到了添加的新数据，但是查看源文件后就会发现/tmp/hosts 并没有实际发生变化，默认 sed 仅仅是在缓存区中修改了数据并显示在屏幕上，而源文件不会发生变化。如果希望直接修改源文件的话，可以使用-i 选项，但是使用该选项修改文件后，万一修改错误，数据将无法被恢复。

```
[root@centos7 ~]# cat /tmp/hosts                            #查看素材文件内容
127.0.0.1   localhost localhost.localdomain localhost4
localhost4.localdomain4
::1         localhost localhost.localdomain localhost6
localhost6.localdomain6
```

> **提示** 生产环境中的最佳实践是先不使用-i 选项测试 sed 指令是否正确，确认无误后再使用-i 选项修改源文件，或者对源文件进行备份操作。

```
[root@centos7 ~]# sed -i '1a add test line' /tmp/hosts #修改源文件且不备份
[root@centos7 ~]# cat /tmp/hosts                             #查看素材文件内容
127.0.0.1   localhost localhost.localdomain localhost4
localhost4.localdomain4
add test line
::1         localhost localhost.localdomain localhost6
localhost6.localdomain6
```

下面这条命令会先将文件备份为后缀名称为.bak 的文件，再修改源文件的内容，将/tmp/hosts 文件的第 2 行删除，d 指令是以行为单位进行删除的指令。

```
[root@centos7 ~]# sed -i.bak '2d' /tmp/hosts               #备份后再修改源文件
[root@centos7 ~]# ls /tmp/hosts*
/tmp/hosts  /tmp/hosts.bak
```

```
[root@centos7 ~]# cat /tmp/hosts                        #查看修改后的文件内容
127.0.0.1   localhost localhost.localdomain localhost4
localhost4.localdomain4
::1         localhost localhost.localdomain localhost6
localhost6.localdomain6
[root@centos7 ~]# cat /tmp/hosts.bak                    #查看备份文件
127.0.0.1   localhost localhost.localdomain localhost4
localhost4.localdomain4
add test line
::1         localhost localhost.localdomain localhost6
localhost6.localdomain6
[root@centos7 ~]# sed '1i add new line' /tmp/hosts      #在第 1 行前面插入数据
add new line
127.0.0.1   localhost localhost.localdomain localhost4
localhost4.localdomain4
::1         localhost localhost.localdomain localhost6
localhost6.localdomain6
[root@centos7 ~]# cat /tmp/hosts
127.0.0.1   localhost localhost.localdomain localhost4
localhost4.localdomain4
::1         localhost localhost.localdomain localhost6
localhost6.localdomain6
[root@centos7 ~]# sed -i '1i add new line' /tmp/hosts   #直接修改源文件
[root@centos7 ~]# cat /tmp/hosts                        #查看素材文件内容
add new line
127.0.0.1   localhost localhost.localdomain localhost4
localhost4.localdomain4
::1         localhost localhost.localdomain localhost6
localhost6.localdomain6
[root@centos7 ~]# sed '/new/a temp line' /tmp/hosts
add new line
temp line
127.0.0.1   localhost localhost.localdomain localhost4
localhost4.localdomain4
::1         localhost localhost.localdomain localhost6
localhost6.localdomain6
```

上面这条命令是让 sed 正则匹配包含 new 的行后面添加新的 temp line 数据行。这里需要注意的是，a 或者 i 指令后面的所有内容都会被理解为需要添加的数据内容，因此不可以再写其他指令，效果如下。为了不破坏原始数据，下面的演示都不再使用-i 选项。

```
[root@centos7 ~]# sed '/new/a temp line;3p;2i add line' /tmp/hosts
add new line
temp line;3p;2i add line
127.0.0.1   localhost localhost.localdomain localhost4
localhost4.localdomain4
::1         localhost localhost.localdomain localhost6
localhost6.localdomain6
[root@centos7 ~]# cat /tmp/hosts                             #查看素材文件内容
add new line
127.0.0.1   localhost localhost.localdomain localhost4
localhost4.localdomain4
::1         localhost localhost.localdomain localhost6
localhost6.localdomain6
[root@centos7 ~]# sed 'd' /tmp/hosts                         #删除全文
[root@centos7 ~]# sed '1d' /tmp/hosts                        #删除第 1 行内容
127.0.0.1   localhost localhost.localdomain localhost4
localhost4.localdomain4
::1         localhost localhost.localdomain localhost6
localhost6.localdomain6
[root@centos7 ~]# cp /etc/profile /tmp/                      #复制素材文件
[root@centos7 ~]# sed -i '/^$/d' /tmp/profile                #删除空白行
[root@centos7 ~]# sed -i '/^#/d' /tmp/profile                #删除#符号开头的行
[root@centos7 ~]# sed '/local/d' /tmp/hosts                  #删除包含 local 的行
add new line
[root@centos7 ~]# cat /tmp/hosts
add new line
127.0.0.1   localhost localhost.localdomain localhost4
localhost4.localdomain4
::1         localhost localhost.localdomain localhost6
localhost6.localdomain6
[root@centos7 ~]# sed '2c modify line' /tmp/hosts  #将第 2 行整行替换为新内容
add new line
modify line
::1         localhost localhost.localdomain localhost6
localhost6.localdomain6
[root@centos7 ~]# sed 'c all modity' /tmp/hosts              #所有行替换为新内容
all modity
```

```
all modity
all modity
[root@centos7 ~]# sed '/new/c line' /tmp/hosts
line
127.0.0.1   localhost localhost.localdomain localhost4
localhost4.localdomain4
::1         localhost localhost.localdomain localhost6
localhost6.localdomain6
```

这条 sed 命令先逐行读取文件，匹配包含 new 的行，并对匹配到的数据进行替换，将整行数据替换为 line。

```
[root@centos7 ~]# cat /tmp/hosts                            #查看素材文件内容
add new line
127.0.0.1   localhost localhost.localdomain localhost4
localhost4.localdomain4
::1         localhost localhost.localdomain localhost6
localhost6.localdomain6
[root@centos7 ~]# cat /etc/hostname                         #查看主机名配置文件
centos7
```

我们通过 r 指令可以将其他文件的内容读取并存入当前需要编辑的文件中。而 w 指令则将当前编辑的文件内容另存到其他文件中，如果目标文件已存在，则另存时会将目标文件的内容覆盖。

```
[root@centos7 ~]# sed 'r /etc/hostname' /tmp/hosts      #read 读取其他文件内容
add new line
centos7
127.0.0.1   localhost localhost.localdomain localhost4
localhost4.localdomain4
centos7
::1         localhost localhost.localdomain localhost6
localhost6.localdomain6
centos7
```

为什么每行后面都有 centos7 这个内容呢？因为 sed 是逐行处理工具，在 r 指令的前面没有写匹配条件，则默认会匹配所有数据行，所以虽然只写了一个 r 指令读取/etc/hostname

文件，但是这条指令会被反复执行 *N* 次，读取 hosts 文件的第 1 行会执行一次 r 指令，接着读取 hosts 文件的第 2 行又会执行一次 r 指令，依此类推，直到 hosts 文件读取结束时程序退出。所以我们看到的结果是每一行后面都追加了 centos7。如果希望每行后面都追加主机名，可以在 r 指定前面添加匹配条件。

```
[root@centos7 ~]# sed '1r /etc/hostname' /tmp/hosts #仅在第 1 行后面追加主机名
add new line
centos7
127.0.0.1   localhost localhost.localdomain localhost4
localhost4.localdomain4
::1         localhost localhost.localdomain localhost6
localhost6.localdomain6
[root@centos7 ~]# sed '3r /etc/hostname' /tmp/hosts #仅在第 3 行后面追加主机名
add new line
127.0.0.1   localhost localhost.localdomain localhost4
localhost4.localdomain4
::1         localhost localhost.localdomain localhost6
localhost6.localdomain6
centos7
[root@centos7 ~]# cat /tmp/hosts                    #查看素材文件内容
add new line
127.0.0.1   localhost localhost.localdomain localhost4
localhost4.localdomain4
::1         localhost localhost.localdomain localhost6
localhost6.localdomain6
[root@centos7 ~]# sed 'w /tmp/myhosts' /tmp/hosts   #将所有数据行另存为新文件
add new line
127.0.0.1   localhost localhost.localdomain localhost4
localhost4.localdomain4
::1         localhost localhost.localdomain localhost6
localhost6.localdomain6
[root@centos7 ~]# cat /tmp/myhosts                  #查看新文件的内容
add new line
127.0.0.1   localhost localhost.localdomain localhost4
localhost4.localdomain4
::1         localhost localhost.localdomain localhost6
localhost6.localdomain6
[root@centos7 ~]# sed '1,3w /tmp/myhosts' /etc/shells #仅将第 1~3 行另存为新文件
```

```
[root@centos7 ~]# cat /tmp/myhosts                    #旧的 myhosts 文件会被覆盖
/bin/sh
/bin/bash
/sbin/nologin
```

将/etc/shells 文件的 1~3 行另存到/tmp/myhosts，如果/tmp/myhosts 已经存在，该文件的所有内容会被覆盖。

正常情况下 sed 会在读取完所有数据行之后退出，但是我们可以随时使用 q 指令来提前退出 sed。

```
[root@centos7 ~]# sed '3q' /etc/shells                #读取文件第 3 行时退出 sed
/bin/sh
/bin/bash
/sbin/nologin
```

警告 一般不要在使用类似于 3q 之类的指令时同时使用-i 选项，这样会导致 sed 使用读取出来的 3 行数据，写入并覆盖源文件，从而会导致源文件中所有其他数据全部丢失。

在前面的案例中我们已经学习了使用 c 和 d 对数据行进行修改和删除操作，但是这两个指令都以行为单位，c 会将整行内容都替换，d 则将整行内容都删除。而在实际工作中我们经常需要的是将某个关键词替换（行中的部分内容替换），或者将某个关键词删除，此时就需要使用 s 指令来完成这样的工作。

```
[root@centos7 ~]# vim test.txt                        #编辑临时素材,内容如下
hello the world.
go spurs go.
123 456 789.
hello the beijing.
I am Jacob.
[root@centos7 ~]# sed 's/hello/hi/' test.txt
hi the world.
go spurs go.
123 456 789.
hi the beijing.
I am Jacob.
```

上面这条命令在 s 前面没有写匹配条件，因此是匹配所有数据行。当 sed 读取 test.txt 文件的第 1 行时，对该行进行正则匹配 hello，如果在该行数据中包含 hello，则将 hello 替换为 hi，接着读取第 2 行再次进行正则匹配，第 2 行没有 hello，则不进行任何替换，继续读取下一行，依此类推，直到文件结束。

```
[root@centos7 ~]# sed '1s/hello/hi/' test.txt  #仅对第 1 行执行替换操作
hi the world.
go spurs go.
123 456 789.
hello the beijing.
I am Jacob.
[root@centos7 ~]# cat test.txt                 #没有使用-i 选项，源文件不变
hello the world.
go spurs go.
123 456 789.
hello the beijing.
I am Jacob.
[root@centos7 ~]# sed 's/o/O/' test.txt        #仅替换每行的第一个 o
hellO the world.
gO spurs go.
123 456 789.
hellO the beijing.
I am JacOb.
```

上面这条命令会逐行读取 test.txt 文件内容，将小写的字母 o 替换为大写字母 O，但是我们会发现如果一行中有多个字母 o，sed 默认仅仅会将第一个字母 o 替换为大写。如果需要替换每行中所有的小写字母 o，则需要在 s 指令的末尾追加一个 g 标记，当然也运行我们追加一个具体的数据，表示对第几个字母 o 进行替换操作。

```
[root@centos7 ~]# sed 's/o/O/g' test.txt          #替换每行的所有字母 o
hellO the wOrld.
gO spurs gO.
123 456 789.
hellO the beijing.
I am JacOb.
[root@centos7 ~]# sed 's/o/O/2' test.txt          #仅替换每行的第 2 个字母 o
```

```
hello the wOrld.
go spurs gO.
123 456 789.
hello the beijing.
I am Jacob.
[root@centos7 ~]# sed -n 's/e/E/2p' test.txt         #仅显示被替换的数据行
hello thE world.
hello thE beijing.
[root@centos7 ~]# sed -n 's/e/E/3p' test.txt
hello the bEijing.
[root@centos7 ~]# sed -n 's/e/E/gp' test.txt
hEllo thE world.
hEllo thE bEijing.
[root@centos7 ~]# sed 's/jacob/vicky/i' test.txt
hi the world.
go spurs go.
123 456 789.
hi the beijing.
I am vicky.
```

在 s 替换指令的最后添加 i 标记可以忽略大小写，上面这条命令可以将大小写的 jacob 都转换为 vicky。

```
[root@centos7 ~]# echo "/etc/hosts" | sed 's/^/ls -l /e' #注意-l 后面有个空格
-rw-r--r--. 1 root root 158 Jun  7  2013 /etc/hosts
[root@centos7 ~]# echo "tmpfile" | sed 's#^#touch /tmp/#e'

[root@centos7 ~]# ls -l /tmp/tmpfile
-rw-r--r-- 1 root root 0 Apr 21 22:11 /tmp/tmpfile
```

使用 s 替换指令时如果同时添加了 e 标记，则表示将替换后的内容当成 Shell 命令在终端执行一次。上面第一条 sed 命令是将/etc/hosts 替换为 ls -l /etc/hosts，替换后在命令终端执行 ls –l /etc/hosts，因此屏幕输出的是该文件的详细信息。上面第二条 sed 命令是将 tmpfile 替换为 touch /tmp/tmpfile，替换后在命令终端执行该命令，最后使用 ls /tmp/tmpfile 查看系统中是否已经创建了该文件。

```
[root@centos7 ~]# sed 's/the//' test.txt          #将 the 替换为空,即删除
```

```
hello  world.
go spurs go.
123 456 789.
hello  beijing.
I am Jacob.
[root@centos7 ~]# echo '"hello" "world"'               #注意使用单引号引用所有
"hello" "world"
[root@centos7 ~]# echo '"hello" "world"' | sed 's/\".*\"//'

[root@centos7 ~]# echo '"hello" "world"' | sed 's/\"[^\"]*\"//'
 "world"
```

上面这两个替换是有区别的，第一个替换是在匹配双引号开头双引号结尾和中间所有数据，并将其全部删除；而第二个替换仅仅是在匹配由一个引号开始，中间是不包含引号的任意其他字符（长度任意），最后是一个双引号结束的数据，这样当一行数据中包含多个引号数据时，就可以仅仅匹配第一个双引号的数据。

```
[root@centos7 ~]# sed -r 's/^(.)(.*)(.)$/\3\2\1/' test.txt      #将每行首尾字符对调
.ello the worldh
.o spurs gog
.23 456 7891
.ello the beijingh
. am JacobI
```

上面这条命令应用了正则表达式中的保留功能，使用圆括号将匹配的数据保留，在后面通过\n 调用前面保留的数据。这里在第一个圆括号中保留的是每行开头的第一个字符（.在正则中表示任意单个字符），在第三个圆括号中保留的是每行结束的最后一个字符，而在中间第二个圆括号中保留的是除首尾字符外中间的所有字符（.*在正则中表示任意长度的任意字符）。因为都是使用任意字符进行匹配，所以这三个括号可以匹配所有行的数据，并在后面将匹配的数据顺序进行重新调整再输出，将第三个括号的数据（\3）先输出，再输出第二个括号中的数据（\2），最后输出的是第一个括号中的数据（\1）。

在使用 s 指令进行替换时默认我们使用斜线（/）作为替换符号，但是当我们需要替换的内容本身包含斜线时就比较麻烦，需要对替换内容中的斜线使用右斜线（\）转义，这种情况下编写 sed 命令会很痛苦，读这样的代码更是让人崩溃。为了解决类似的问题，sed 支持使用任何其他字符作为替换符号。

下面的案例我们希望将/sbin/nologin 替换为/bin/sh。

```
[root@centos7 ~]# cp /etc/passwd /tmp/passwd                    #复制素材文件
[root@centos7 ~]# cat /tmp/passwd                               #查看文件内容
head /tmp/passwd
root:x:0:0:root:/root:/bin/bash
bin:x:1:1:bin:/bin:/sbin/nologin
daemon:x:2:2:daemon:/sbin:/sbin/nologin
adm:x:3:4:adm:/var/adm:/sbin/nologin
...忽略部分输出内容...
[root@centos7 ~]# sed 's/\/sbin\/nologin/\/bin\/sh/' /tmp/passwd  #使用转义替换
root:x:0:0:root:/root:/bin/bash
bin:x:1:1:bin:/bin:/bin/sh
daemon:x:2:2:daemon:/sbin:/bin/sh
adm:x:3:4:adm:/var/adm:/bin/sh
lp:x:4:7:lp:/var/spool/lpd:/bin/sh
...忽略部分输出内容...
```

这样的命令不管是自己编写，还是让别人阅读都绝对如恶梦一般！下面我们将 s 指令的替换符号修改为其他字符试试。

```
[root@centos7 ~]# sed 's#/sbin/nologin#/bin/sh#' /tmp/passwd  #井号作为替换符
root:x:0:0:root:/root:/bin/bash
bin:x:1:1:bin:/bin:/bin/sh
daemon:x:2:2:daemon:/sbin:/bin/sh
adm:x:3:4:adm:/var/adm:/bin/sh
lp:x:4:7:lp:/var/spool/lpd:/bin/sh
...忽略部分输出内容...
[root@centos7 ~]# sed 's,/sbin/nologin,/bin/sh,' /tmp/passwd  #逗号作为替换符
root:x:0:0:root:/root:/bin/bash
bin:x:1:1:bin:/bin:/bin/sh
daemon:x:2:2:daemon:/sbin:/bin/sh
adm:x:3:4:adm:/var/adm:/bin/sh
lp:x:4:7:lp:/var/spool/lpd:/bin/sh
...忽略部分输出内容...
[root@centos7 ~]# sed 'sx/sbin/nologinx/bin/shx' /tmp/passwd  #字母 x 作为替换符
```

```
root:x:0:0:root:/root:/bin/bash
bin:x:1:1:bin:/bin:/bin/sh
daemon:x:2:2:daemon:/sbin:/bin/sh
adm:x:3:4:adm:/var/adm:/bin/sh
lp:x:4:7:lp:/var/spool/lpd:/bin/sh
...忽略部分输出内容...
[root@centos7 ~]# sed 's9/sbin/nologin9/bin/shx9' /tmp/passwd  #数字 9 作为替换符
root:x:0:0:root:/root:/bin/bash
bin:x:1:1:bin:/bin:/bin/shx
daemon:x:2:2:daemon:/sbin:/bin/shx
adm:x:3:4:adm:/var/adm:/bin/shx
lp:x:4:7:lp:/var/spool/lpd:/bin/shx
...忽略部分输出内容...
```

使用 sed 时可以使用分号或者-e 选项两种方式在一行中编写多条指令。可以直接使用分号将多个指令分隔，或者在多个-e 参数后面添加 sed 指令，sed 支持一个或多个-e 参数。如果将分号放到花括号中还可以实现对指令进行分组。

```
[root@centos7 ~]# cat test.txt                                    #查看素材文件
hello the world.
go spurs go.
123 456 789.
hello the beijing.
I am Jacob.
[root@centos7 ~]# sed -n '1p;3p;5p' test.txt                      #显示第 1、3、5 行
hello the world.
123 456 789.
I am Jacob.
[root@centos7 ~]# sed -n -e '1p' -e '3p' test.txt                 #显示第 1、3 行
hello the world.
123 456 789.
[root@centos7 ~]# sed  '/world/s/hello/hi/;s/the//' test.txt   #不使用分组
hi  world.
go spurs go.
123 456 789.
hello  beijing.
I am Jacob.
[root@centos7 ~]# sed  '/world/{s/hello/hi/;s/the//}' test.txt #使用分组
hi  world.
```

```
go spurs go.
123 456 789.
hello the beijing.
I am Jacob.
```

上面这两条命令在不使用分组功能时，系统会先找到包含 world 的行，然后将该行数据中的 the 删除，因为直接使用分号分隔了多条指令，匹配条件仅对第一个指令有效，第二个指令在没有匹配条件的情况下会匹配所有的数据行，只要数据行中包含 the 就删除，因此不使用分组时第一行和第四行的 the 都被删除了。而使用分组的最大好处就是在满足匹配条件时执行一组指令，而不满足匹配条件时不会执行这组指令，此时这个匹配条件会对分组中的所有指令有效，上面第二个 sed 会先找到包含 world 的行，然后针对这一行的数据将 hello 替换为 hi，将 the 删除，因此最终仅对 test.txt 文件的第一行执行分组指令。

有些时候我们需要对文件进行的增、删、改比较多，虽然 sed 可以使用分号在一行中分隔多个指令，但是当指令很多时并不是很方便，对于指令比较多的情况，我们可以先将所有的 sed 指令写入一个文本文件中，然后通过 sed 的-f 选项读取该指令文件即可实现多指令操作。

```
[root@centos7 ~]# cat test.txt                              #查看素材文件
hello the world.
go spurs go.
123 456 789.
hello the beijing.
I am Jacob.
[root@centos7 ~]# vim script.sed                            #手动编辑指令文件
```

```
1c hello world
2{
    p
    s/g/G/
}
/[0-9]/d
/beijing/{
    s/h/H/
    s/beijing/china/
}
```

以上指令的含义：匹配第一行数据后将整行内容替换为 hello world；匹配第二行数据，先显示该行中的所有数据，再将该行中的第一个小写字母 g 替换为大写字母 G；使用正则匹配包含数据的行并将该行的所有数据都删除；最后使用正则匹配包含 beijing 的行，先将该行中第一个小写字母 h 替换为大写字母 H，然后将该行中的 beijing 替换为 china（仅对包含 beijing 的行执行两个 s 替换指令）。

```
[root@centos7 ~]# sed -f script.sed test.txt                #通过-f 调用指令文件
hello world
go spurs go.
Go spurs go.
Hello the china.
I am Jacob.
```

6.2　sed 高级指令

除了前面学习的基本指令，sed 还支持很多更高级的指令，可以满足我们日常工作中更多的业务需求。表 6-4 列出了 sed 更多高级的操作指令。

表 6-4　sed高级操作指令

高级操作指令	功能描述
h	将模式空间中的数据复制到保留空间
H	将模式空间中的数据追加到保留空间
g	将保留空间中的数据复制到模式空间
G	将保留空间中的数据追加到模式空间
x	将模式空间和保留空间中的数据对调
n	读取下一行数据到模式空间
N	读取下一行数据追加到模式空间
y/源/目标/	以字符为单位将源字符转为为目标字符
:label	为t或b指令定义label标签
t label	有条件跳转到标签（label），如果没有label则跳转到指令的结尾
b label	跳转到标签（label），如果没有label则跳转到指令的结尾

下面我们通过大量的案例练习来演示这些高级指令的使用方法。

sed 在对数据进行编辑修改前需要先将读取的数据写入模式空间中，而 sed 除了有一个用于临时存储数据的模式空间，还设计有一个保留空间，保留空间中默认仅包含有一个回车符。前面我们学习的 a、i、d、c、s 等指令都仅用到了模式空间，而不会调用保留空间中的数据，仅当我们使用特定的指令时（如 h、g、x 等）才会用到保留空间中的数据，注意在保留空间中默认包含一个回车符。模式空间与保留空间的关系如图 6-2 所示。

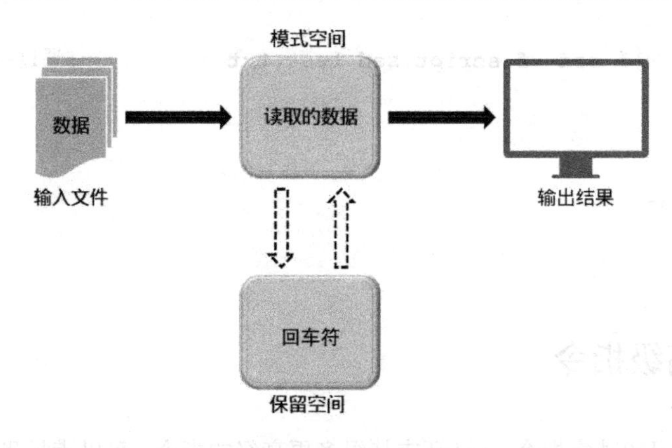

图 6-2 模式空间与保留空间的关系

当我们使用 h 指令时，sed 就会把模式空间中的所有内容复制到保留空间，并将保留空间中原有的回车符覆盖，而如果使用的是 H 指令，则 sed 会把模式空间中的所有内容追加到保留空间中回车符的后面，保留空间中的回车符不会被覆盖。反向操作时使用 g 指令，sed 就会把保留空间中的所有数据复制到模式空间，此时模式空间中原有的所有数据都将被覆盖。而如果使用的是 G 指令，则 sed 就会把保留空间中的所有数据追加到模式空间原有数据的下面，模式空间中原有的数据不会被覆盖。如果需要将模式空间与保留空间中的数据直接交换则可以使用 x 指令。

```
[root@centos7 ~]# vim test.txt                              #编辑素材文件内容如下
1:hello the world.
2:go spurs go.
3:123 456 789.
4:hello the beijing.
5:I am Jacob.
6:Test hold/pattern space.
[root@centos7 ~]# sed '2h;5g' test.txt
1:hello the world.
```

```
2:go spurs go.
3:123 456 789.
4:hello the beijing.
2:go spurs go.
6:Test hold/pattern space.
```

上面这条 sed 命令在读取文件的第 2 行时将整行数据复制到了保留空间，并将保留空间中原有的回车符覆盖了，然后在读取第 5 行数据时，使用保留空间中的数据覆盖掉模式空间中的数据（就是使用 go spurs to 覆盖替换了原来的 I am Jacob）。

```
[root@centos7 ~]# sed '2h;5G' test.txt
1:hello the world.
2:go spurs go.
3:123 456 789.
4:hello the beijing.
5:I am Jacob.
2:go spurs go.
6:Test hold/pattern space.
```

这次我们使用的是大写字母 G，是将保留空间中的数据追加到第 5 行的后面，因此在 I am Jacob 的后面添加了一行 go spurs go。

```
[root@centos7 ~]# sed '2H;5G' test.txt
1:hello the world.
2:go spurs go.
3:123 456 789.
4:hello the beijing.
5:I am Jacob.

2:go spurs go.
6:Test hold/pattern space.
```

上面的命令因为使用的是大写字母 H，是将第 2 行的数据追加到保留空间，保留空间中的回车符不会被覆盖，而到了读取第 5 行数据时，又使用大写字母 G 将保留空间中的数据追加到模式空间，因此在 I am Jacob 行的后面追加了一个回车符和一个 go spurs go 的数据行。

```
[root@centos7 ~]# sed '2H;5g' test.txt
1:hello the world.
2:go spurs go.
3:123 456 789.
4:hello the beijing.

2:go spurs go.
6:Test hold/pattern space.
```

上面使用回车符和 go spurs go 覆盖了文件原有的第 5 行的内容 I am Jacob。

```
[root@centos7 ~]# cat test.txt                                    #查看素材文件内容
1:hello the world.
2:go spurs go.
3:123 456 789.
4:hello the beijing.
5:I am Jacob.
6:Test hold/pattern space.
[root@centos7 ~]# sed '2h;2d;5g' test.txt
1:hello the world.
3:123 456 789.
4:hello the beijing.
2:go spurs go.
6:Test hold/pattern space.
```

上面在读取第 2 行数据时，先将数据复制到了保留空间，复制完成后，删除了第 2 行的数据，因此屏幕上不再显示文件原有的第 2 行数据（go spurs go）。但是这些数据并没有彻底消失，因为已经被复制到了保留空间，最后当 sed 读取到文件的第 5 行时，使用保留空间中的数据将第 5 行的内容覆盖掉。等于是将文件的第 2 行剪切到了文件的第 5 行，并将第 5 行数据覆盖。

```
[root@centos7 ~]# sed '1h;4x' test.txt
1:hello the world.
2:go spurs go.
3:123 456 789.
1:hello the world.
5:I am Jacob.
6:Test hold/pattern space.
```

读取文件的第一行内容到模式空间，将该行数据复制到保留空间，当读取文件第 4 行时，执行 x 指令将模式空间与保留空间的数据互换，模式空间就变成了 hello the world，保留空间就变成了 I am Jacob。

```
[root@centos7 ~]# sed '1h;2H;4x' test.txt
1:hello the world.
2:go spurs go.
3:123 456 789.
1:hello the world.
2:go spurs go.
5:I am Jacob.
6:Test hold/pattern space.
```

通过多次使用 h 指令可以将多个数据行都复制到保留空间以备后用，但是多次使用 h 指令复制数据时，需要使用大写 H 以防止后面复制的数据将前面复制的数据覆盖。

sed 的正常流程是先读取数据行放入模式空间，然后匹配条件执行 sed 指令，如果有多个指令，则只有最后一个指令被执行后才会输出模式空间的内容，接着读取文件的下一行内容，依此类推，直到文件读取结束时退出 sed 程序。但是如果使用 n（next）指令，则会改变这样的正常流程，sed 遇到 n 指令会立刻输出当前模式空间中的内容，直接读取输入文件的下一行数据到模式空间。

```
[root@centos7 ~]# cat test.txt                                #查看素材文件内容
1:hello the world.
2:go spurs go.
3:123 456 789.
4:hello the beijing.
5:I am Jacob.
6:Test hold/pattern space.
[root@centos7 ~]# sed 'n;d' test.txt                          #删除偶数行
1:hello the world.
3:123 456 789.
5:I am Jacob.
```

上面这条 sed 命令，因为没有匹配条件因此指令对所有数据行都有效，先是读取 test.txt 的第一行到模式空间，然后执行 n 会导致打印当前行的数据内容（显示第一行 hello the world），接着读取文件下一行数据到模式空间（go spurs go），此时再执行 d 就会将刚刚读取进来的数据删除（删除 go spurs go 这行），最后当 n 和 d 指令都执行完毕了，接着 sed 继续读取文件下一行数据（读取第 3 行进入模式空间），依此类推，最终输出的效果就是将偶数行全部删除，屏幕仅显示奇数行的内容。

通过多行 N 指令也可以读取下一行数据到模式空间，并将新行内容添加到模式空间的现有内容之后，来创建一个多行的模式空间。模式空间的最初内容与新的输入行之间用换行符分隔。在模式空间中插入的换行符可以使用\n 匹配。

```
[root@centos7 ~]# cat test.txt                           #查看素材文件内容
1:hello the world.
2:go spurs go.
3:123 456 789.
4:hello the beijing.
5:I am Jacob.
6:Test hold/pattern space.
[root@centos7 ~]# sed -n '2{N;l}' test.txt
2:go spurs go.\n3:123 456 789.$
```

上面的命令当读取 test.txt 文件的第 2 行到模式空间后，先使用 N 读取下一行（第 3 行）追加到模式空间现有数据的后面，此时模式空间中就有了两行数据，使用 l 指令可以显示当前模式空间中的数据，并且与 p 指令不同，使用 l 指令可以打印出那些不可显示的控制字符，如换行符（\n）或回车符（$）之类的内容。如果使用的是 p 指令，则不会显示控制字符，而是将控制字符转换为实际的换行和回车符。

```
[root@centos7 ~]# sed -n '2{N;p}' test.txt
2:go spurs go.
3:123 456 789.
[root@centos7 ~]# sed 'N;s/\n//' test.txt                #每两行合并为一行
1:hello the world.2:go spurs go.
3:123 456 789.4:hello the beijing.
5:I am Jacob.6:Test hold/pattern space.
```

sed 支持多种替换操作，c 以行为单位替换，s 以关键词为单位替换，y 以字符为单位替换，单个字符是 sed 中的最小处理单位。

```
[root@centos7 ~]# sed 'y/hg/HG/' test.txt           #h 替换为 H，g 替换为 G
1:Hello tHe world.
2:Go spurs Go.
3:123 456 789.
4:Hello tHe beijinG.
5:I am Jacob.
6:Test Hold/pattern space.
[root@centos7 ~]# sed 'y/hg/12/' test.txt           #h 替换为 1，g 替换为 2
1:1ello t1e world.
2:2o spurs 2o.
3:123 456 789.
4:1ello t1e beijin2.
5:I am Jacob.
6:Test 1old/pattern space.
[root@centos7 ~]# sed 'y/hg/21/' test.txt           #h 替换为 2，g 替换为 1
1:2ello t2e world.
2:1o spurs 1o.
3:123 456 789.
4:2ello t2e beijin1.
5:I am Jacob.
6:Test 2old/pattern space.
[root@centos7 ~]# sed 'y/abcdefghijklmnopqrstuvwxyz/
ABCDEFGHIJKLMNOPQRSTUVWXYZ/' test.txt               #小写字母替换为大写
1:HELLO THE WORLD.
2:GO SPURS GO.
3:123 456 789.
4:HELLO THE BEIJING.
5:I AM JACOB.
6:TEST HOLD/PATTERN SPACE.
```

当有多个 sed 指令时默认会按顺序依次执行，如果我们需要打破这种限制，让多个指令按照我们希望的顺序执行，则可以使用 sed 提供的标签功能，定义标签后可以使用分支（branch）或者测试（test）控制 sed 指令回到特定的标签位置。

首先我们需要明确定义标签需要使用冒号（:）开始，后面跟任意标签字符串（标签名称），冒号与标签字符串之间不能有空格，而如果字符串最后有空格，则空格也被理解为标签名称的一部分。

有了标签，我们就可以通过 b 或者 t 指令跳转至标签的位置，如果 b 或者 t 指令跳转的目标标签不存在，则 sed 直接跳转至命令结束位置。区别是 b 为无条件跳转，t 为有条件跳转。t 需要根据前面的 s 替换指令的结果决定是否跳转。需要注意的是，这里的跳转只影响 sed 指令的执行顺序，对输入的数据行没有影响。

Branch 无条件跳转，基本语法格式如下。

```
:label
sed 指令序列
... ...
b label
```

test 有条件跳转，基本语法格式如下。

```
:label
sed 指令序列
... ...
s/regex/replace/
t label
```

什么意思呢？通过示例演示我们会更容易理解！

```
[root@centos7 ~]# sed -n ':top;=;p;4b top' test.txt | head -14     #死循环
1
1:hello the world.
2
2:go spurs go.
3
3:123 456 789.
4
4:hello the beijing.
4
4:hello the beijing.
4
4:hello the beijing.
4
4:hello the beijing.
```

上面这条命令在打印行号（=）和打印当前行数据内容（p）之前定义了一个名称为 top

的标签，并在读取文件第 4 行数据时将 sed 指令跳转至 top，循环执行=和 p 指令。针对 test.txt 文件指令的执行流程如下。

（1）读取文件的第 1 行数据，定义名称为 top 的标签，执行=和 p 指令，屏幕输出行号 1 和第 1 行的数据内容"1:hello the world."，因为第 1 行的行号不等于 4，所以此时不会执行 b 跳转指令。

（2）接着读取文件的第 2 行数据，与第 1 行的情况相同，屏幕输出行号 2 和第 2 行的数据内容"2:go spurs go."。

（3）接着读取文件的第 3 行数据，与第 1 行的情况依然相同，屏幕输出行号 3 以及第三行的数据内容"3:123 456 789."。

（4）再读取文件的第 4 行数据，与前面类似的情况是，依然会按顺序执行=和 p 指令，屏幕显示行号 4 和该行的数据内容"4:hello the beijing."，但不同的是，第 4 行的行号与 b 指令前面的行号条件匹配，因此在这里就会执行 b 跳转指令，将指令跳转至 top，等于做了一次循环。回到 top 后，再按顺序执行=和 p 指令，因为跳转影响的仅仅是指令的执行顺序，不会导致数据行的跳转变化，所以当前行始终都是第 4 行，4b 的条件匹配始终满足，b 指令会反复跳转至 top 导致死循环。

（5）上面的命令因为使用了 head 仅查看命令的前 14 行输出，如果把最后的管道 head 去掉，仅保留前面的 sed 命令，则这条命令是一个永不退出的死循环命令。

```
[root@centos7 ~]# sed -n ':top;=;p;4b top' test.txt #按 Ctrl+C 组合键终止进程
[root@centos7 ~]# sed -n '=;p' test.txt                #显示行号打印内容
1
1:hello the world.
2
2:go spurs go.
3
3:123 456 789.
4
4:hello the beijing.
5
5:I am Jacob.
6
6:Test hold/pattern space.
```

```
[root@centos7 ~]# sed -n '/go/b label;=;:label;p' test.txt
1
1:hello the world.
2:go spurs go.
3
3:123 456 789.
4
4:hello the beijing.
5
5:I am Jacob.
6
6:Test hold/pattern space.
```

上面这条命令是在打印数据行内容（p 指令）前定义了一个名称为 label 的标签，当匹配到有包含 go 的数据行时就将指令直接跳转至 label 标签。也就是说在正常情况下应该每读取一行数据就显示行号和打印数据内容，但是当遇到包含 go 字符串的行时，就跳过了=显示行号的指令，直接跳到了标签为 label 的位置，然后执行 p 指令打印数据行内容。针对 test.txt 文件指令的执行流程如下。

（1）读取文件的第 1 行，因为第 1 行不包含 go 字符串，因此不会执行 b 跳转指令，就正常执行=和 p 指令，屏幕显示行号和数据行的内容"1:hello the world."。

（2）读取文件的第 2 行，因为该行数据包含 go 字符串，因此 b 指令被触发执行，sed 直接跳过=指令，跳转到了名称为 label 的位置，也就是 p 指令前面，这样对于第 2 行而言最终仅仅是显示该行的数据内容："2:go spurs go."，不会再多显示一次行号。

（3）后面的所有数据行，都与第 1 行一样，都会正常地打印行号，并显示对应行的数据内容，直到文件读取完毕，sed 程序退出。

```
[root@centos7 ~]# sed 's/\./!/' test.txt          #结尾句号（点）替换为感叹号
1:hello the world!
2:go spurs go!
3:123 456 789!
4:hello the beijing!
5:I am Jacob!
6:Test hold/pattern space!
[root@centos7 ~]# sed '/beijing/b end;s/\./!/;:end' test.txt
1:hello the world!
```

```
2:go spurs go!
3:123 456 789!
4:hello the beijing.
5:I am Jacob!
6:Test hold/pattern space!
```

与前面的案例类似，上面这条命令，当匹配包含 beijing 的行时，就会跳过替换执行，直接通过 b 指令跳转至命令结尾位置，然后其他所有数据行的句号都被替换为感叹号，唯独包含 beijing 字符串的行不会进行任何替换操作。

> **提示** 句点字符在正则表达式中代表的是任意单个字符，所以这里我们使用右斜线（\）将其强制转义为普通的句点字符。

```
[root@centos7 ~]# sed 's/hello/nihao/' test.txt     #每行 hello 替换为 nihao
1:nihao the world.
2:go spurs go.
3:123 456 789.
4:nihao the beijing.
5:I am Jacob.
6:Test hold/pattern space.
[root@centos7 ~]# sed '/hello/{s/hello/nihao/;:next;n;b next}' test.txt
1:nihao the world.
2:go spurs go.
3:123 456 789.
4:hello the beijing.
5:I am Jacob.
6:Test hold/pattern space.
```

上面这条命令仅仅会将文件中出现的第一个 hello 替换为 nihao，在没有匹配包含 hello 的行时花括号中的指令都不会被触发执行，sed 会正常地逐行读取文件每行的数据到模式空间，当与/hello/条件不匹配时就接着读取下一行数据。但是，一旦某一行数据与正则/hello/匹配了，就会触发花括号中的指令，而花括号中的第一个指令就是将 hello 替换为 nihao。接着定义了一个名称为 next 的标签，定义标签不会对文件的数据产生任何影响，然后通过 n 指令读取下一行数据到模式空间，到此如果后面没有 b next 指令，则所有的 sed 指令都已经执行完毕，sed 就会按正常流程自动逐行读取接下来的每行数据，并将数据再次与/hello/匹配。如果匹配又会执行将 hello 替换为 nihao 的操作，而我们的目标仅仅是希望替换文件中第一个出现的 hello，因此不能让 sed 正常地去按照流程逐行读取数据与/hello/匹配。那么上面命令中最后的 b next 就至关重要了，它可以确保在匹配了包含 hello 的数据行后，仅执行一次将 hello 替换为 nihao 的操作，接着就是死循环执行 n 指令将整个文件全部读取出来，当所有数据都读取完毕后，sed 程序结束。

```
[root@centos7 ~]# vim contact.txt                    #新建素材文件
phone:
 13312345678
mail:
   test@test.com
phone:
 13612345678
mail:
   beta@teta.com
```

现在我们需要将多行数据合并为一行，并且将多余的空格删除。

```
[root@centos7 ~]# sed -r 'N;s/\n//;s/: +/: /' contact.txt    #第一种实现方式
phone: 13312345678
mail: test@test.com
phone: 13612345678
mail: beta@teta.com
```

但是当我们将素材数据修改为如下效果时，第一种方式就无法满足我们的需求了。

```
[root@centos7 ~]# vim contact.txt
phone:
 13312345678
mail:test@test.com
phone:13612345678
mail:
   beta@teta.com
```

对于类似于这样的文件，有些数据已经是符合要求的，而有些数据则跨行了，如果还使用刚才的第一种方式，就会出错，如何解决这个问题呢？我们看看还有没有其他方式。

```
[root@centos7 ~]# sed -r ':start;/:$/N;s/\n +//;t start' contact.txt #第二种实现方式
phone:13312345678
mail:test@test.com
phone:13612345678
mail:beta@teta.com
```

与 branch 无条件跳转有所不同，test 是一种有条件的跳转，使用时必须和 s 替换操作配合使用。当 s 替换操作成功时则执行 test 跳转，如果跳转的目标标签不存在，则跳转到指令的结束位置，反之，如果 s 替换操作不成功，则不执行 test 跳转操作。

上面这条命令在开始执行任何 sed 指令前先定义了一个名称为 start 的标签，然后条件匹配以冒号（：）结尾的行，找到满足条件的行后执行 N 指令读取下一行数据到模式空间，接着使用 s 替换指令将\n（换行符）以及后面的若干空格都替换为空（即删除操作），最后 test 有条件跳转，如果前面的 s 替换操作成功则执行 t 跳转指令，否则不执行 t 跳转指令。针对 contact.txt 数据文件其执行流程如下。

（1）读取文件的第 1 行，定义名称为 start 的标签，该行数据是以冒号结尾的，与/:$/匹配成功，因此会执行 N 指令将下一行数据追加读入模式空间。模式空间中的数据为第 1 行的数据和第 2 行数据，两行数据之间有一个换行符（\n）。接着使用 s 指令对模式空间中的两行数据进行替换操作，将换行符及若干个空格替换为空（将两行合并为一行）。注意在+前面有一个空格，+在正则表达式中表示前面的字符出现了至少一次。s 替换指令执行成功就会导致 test 跳转，将指令跳转至 start 位置，再次拿模式空间中的数据（两行合并为一行后的数据）与/:$/匹配，因为合并后以 9 结尾，所以匹配失败。匹配失败就不会再执行 N 指令读取下一行数据，因为合并时已经将换行符和空格删除，所以也无法再次执行 s 替换操作，最终也不会再次执行 test 跳转，到此所有 sed 指令执行结束。

（2）所有 sed 指令都执行完毕后，sed 自动逐行读取下一行数据（此时读取的下一行已经是第 3 行数据了），mail:test@test.com 不以冒号结尾，因此不会再执行 N 指令读取下一行数据。没有执行 N 指令就不会有多行数据，也没有\n 换行符，s 替换指令也不会被触发执行，因此 test 跳转也不会被执行，到此所有 sed 指令执行结束。

（3）所有 sed 指令都执行完毕后，sed 自动逐行读取下一行数据（此时读取的下一行已经是第 4 行数据了），phone:13612345678 不以冒号结尾，因此不会再执行 N 指令读取下一行数据，没有执行 N 指令就不会有多行数据，也没有\n 换行符，s 替换指令也不会被触发执行，因此 test 跳转也不会被执行，到此所有 sed 指令执行结束。

（4）所有 sed 指令都执行完毕后，sed 自动逐行读取下一行数据（此时读取的下一行已经是第 5 行数据了），mail:确实以冒号结尾，因此会触发执行 N 指令将下一行数据（也就是第 6 行数据）追加读入模式空间，模式空间中的数据为第 5 行的数据和第 6 行的数据，两行数据指令有一个换行符(\n)，接着使用 s 指令对模式空间中的两行数据进行替换操作，将换行符及若干个空格替换为空（将两行合并为一行），s 替换指令执行成功就会导致 test 跳转，将指令跳转至 start 位置，再次拿模式空间中的数据（两行合并为一行后的数据）与/:$/匹配，因为合并后以 m 结尾，所以匹配失败，匹配失败就不会再执行 N 指令读取下一行数据，因为合并时已经将换行符和空格删除，所以也无法再次执行 s 替换操作，最终也不会再次执行 test 跳转，到此所有 sed 指令执行结束，所有 contact.txt 文件的数据也都读取完毕，sed 程序退出。

最后我们再看一个为 MAC 地址添加分隔符演示 test 标签的应用案例，MAC 地址由 6 组十六进制数字组成，每组都包含两个十六进制数字。每组 MAC 地址之间都使用冒号分隔，使用 sed 可以删除冒号分隔符，也可以添加冒号分隔符。

```
[root@centos7 ~]# echo fe:54:00:8f:25:92 | sed 's/://g'        #删除分隔符
fe54008f2592
[root@centos7 ~]# echo fe54008f2592 | sed -r 's/([^:]*)([0-9a-f]{2})/\1:\2/'
fe54008f25:92
[root@centos7 ~]# echo fe54008f2592 | sed -r
':loop;s/([^:]+)([0-9a-f]{2})/\1:\2/;t loop'
fe:54:00:8f:25:92
```

不使用循环时仅能在最后一组 MAC 前添加一个冒号分隔符，使用循环后就可以为所有 MAC 分组之间添加冒号分隔符。

6.3 实战案例：自动化配置 vsftpd 脚本

vsftpd 是基于 GPL 协议的 FTP 服务器软件，在类 Linux 系统中被广泛地使用。在工作中我们可以使用 vsftpd 简单快捷地部署一台文件共享服务器，将公司中的公共文件放入 FTP 服务器可以很方便地实现数据共享功能，提高办公效率。vsftpd 可以匿名访问，也可以基于账户认证的方式访问，使用默认匿名账户访问时为只读权限，而使用账户认证的方式访问时，每个用户访问的都是系统账户家目录，并对该目录具有读写权限。因为 FTP 服务器是常用文件共享服务器，如果每次使用都要手动部署配置会非常麻烦，如果能编写一个脚本实现自动化部署与配置 vsftpd，对于释放劳动力、提高工作效率会大有帮助。

```
[root@centos7 ~]# vim vsftpd.sh
```

```
#!/bin/bash
#功能描述(Description):自动化部署配置 vsftpd 服务器,管理 FTP 服务器
#针对 RHEL|CentOS 系统
#本地账户访问 FTP 的共享目录为/common,其中/common/pub 为可上传目录
#匿名账户访问 FTP 的共享目录为/var/ftp,其中/var/ftp/pub 为可上传目录

#定义变量:显示信息的颜色属性
SUCCESS="echo -en \\033[1;32m"   #绿色
FAILURE="echo -en \\033[1;31m"   #红色
WARNING="echo -en \\033[1;33m"   #黄色
NORMAL="echo -en \\033[0;39m"    #黑色
conf_file=/etc/vsftpd/vsftpd.conf

#####从这里开始先将所有需要的功能都定义为函数#####
#定义脚本的主菜单功能
menu(){
    clear
    echo "-----------------------------------------"
    echo "#            菜单(Menu)                  #"
    echo "-----------------------------------------"
    echo "# 1.安装配置 vsftpd.                      #"
    echo "# 2.创建 FTP 账户.                        #"
    echo "# 3.删除 FTP 账户.                        #"
    echo "# 4.配置匿名账户.                          #"
    echo "# 5.启动关闭 vsftpd.                      #"
    echo "# 6.退出脚本.                             #"
    echo "-----------------------------------------"
    echo
}

#定义配置匿名账户的子菜单
anon_sub_menu(){
```

```
    clear
    echo "-----------------------------------"
    echo "#       匿名配置子菜单(Menu)         #"
    echo "-----------------------------------"
    echo "# 1.禁用匿名账户.                    #"
    echo "# 2.启用匿名登录.                    #"
    echo "# 3.允许匿名账户上传.                #"
    echo "-----------------------------------"
    echo
}

#定义服务管理的子菜单
service_sub_menu(){
    clear
    echo "-----------------------------------"
    echo "#       服务管理子菜单(Menu)         #"
    echo "-----------------------------------"
    echo "# 1.启动 vsftpd.                     #"
    echo "# 2.关闭 vsftpd.                     #"
    echo "# 3.重启 vsftpd.                     #"
    echo "-----------------------------------"
    echo
}

#测试 YUM 是否可用
test_yum(){
    num=$(yum repolist | tail -1 | sed  's/.*: *//;s/,//')
    if [ $num -le 0 ];then
        $FAILURE
        echo "没有可用的 Yum 源."
        $NORMAL
        exit
    else
        if ! yum list vsftpd &> /dev/null ;then
            $FAILURE
            echo "Yum 源中没有 vsftpd 软件包."
            $NORMAL
            exit
        fi
    fi
```

```
}

#安装部署 vsftpd 软件包
install_vsftpd(){
#如果软件包已经安装则提示警告信息并退出脚本的执行
    if rpm -q vsftpd &> /dev/null ;then
        $WARNING
        echo "vsftpd 已安装."
        $NORMAL
        exit
    else
        yum -y install vsftpd
    fi
}

#修改初始化配置文件
init_config(){
#备份配置文件
    [ ! -e $conf_file.bak ] && cp $conf_file{,.bak}

#为本地账户创建共享目录/common,修改配置文件指定共享根目录
    [ ! -d /common/pub ] && mkdir -p /common/pub
    chmod a+w /common/pub
    grep -q local_root $conf_file || sed -i '$a local_root=/common' $conf_file

#默认客户端通过本地账户访问 FTP 时,
#允许使用 cd 命令跳出共享目录,可以看到/etc 等系统目录及文件
#通过设置 chroot_local_user=YES 可以将账户禁锢在自己的家目录,无法进入其他目录
    sed -i 's/^#chroot_local_user=YES/chroot_local_user=YES/' $conf_file
}

#创建 FTP 账户,如果账户已存在则直接退出脚本
create_ftpuser(){
    if id $1 &> /dev/null ;then
        $FAILURE
        echo "$1 账户已存在."
        $NORMAL
        exit
    else
        useradd $1
```

```
        echo "$2" | passwd --stdin $1 &>/dev/null
    fi
}

#删除 FTP 账户,如果账户不存在则直接退出脚本
delete_ftpuser(){
    if ! id $1 &> /dev/null ;then
        $FAILURE
        echo "$1 账户不存在."
        $NORMAL
        exit
    else
        userdel $1
    fi
}

#配置匿名账户
#第一个位置参数为 1,则将匿名账户禁用
#第一个位置参数为 2,则开启匿名账户登录功能
#第一个位置参数为 3,则设置允许匿名账户上传文件
anon_config(){
    if [ ! -f $conf_file ];then
        $FAILURE
        echo "配置文件不存在."
        $NORMAL
        exit
    fi
#设置 anonymous_enable=YES 可以开启匿名登录功能,默认为开启状态
#设置 anonymous_enable=NO 可以禁止匿名登录功能
#设置 anon_upload_enable=YES 可以允许匿名上传文件,默认该配置被注释
#设置 anon_mkdir_write_enable=YES 可以允许匿名账户创建目录,默认该配置被注释
case $1 in
1)
    sed -i 's/anonymous_enable=YES/anonymous_enable=NO/' $conf_file
    systemctl restart vsftpd;;
2)
    sed -i 's/anonymous_enable=NO/anonymous_enable=YES/' $conf_file
    systemctl restart vsftpd;;
3)
    sed -i 's/^#anon_/anon_/' $conf_file
```

```
    chmod a+w /var/ftp/pub
    systemctl restart vsftpd;;
esac
}

#服务管理
#第一个位置参数为 start 时启动 vsftpd 服务
#第一个位置参数为 stop 时关闭 vsftpd 服务
#第一个位置参数为 restart 时重启 vsftpd 服务
proc_manager(){
    if ! rpm -q vsftpd &>/dev/null ;then
        $FAILURE
        echo "未安装 vsftpd 软件包."
        $NORMAL
        exit
    fi
case $1 in
start)
    systemctl start vsftpd;;
stop)
    systemctl stop vsftpd;;
restart)
    systemctl restart vsftpd;;
esac
}


######从这里开始调用前面定义的函数.#####
menu
read -p "请输入选项[1-6]:" input
case $input in
1)
    test_yum                #测试 YUM 源
    install_vsftpd          #安装 vsftpd 软件包
    init_config;;           #初始化修改配置文件
2)
    read -p "请输入账户名称:" username
    read -s -p "请输入账户密码:" password
    echo
    create_ftpuser $username $password;;   #创建 FTP 账户
```

```
3)
   read -p "请输入账户名称:" username
   delete_ftpuser $username $password;;    #删除 FTP 账户
4)
   anon_sub_menu
   read -p "请输入选项[1-3]:" anon
   if [ $anon -eq 1 ];then
      anon_config 1                        #禁止匿名登录
   elif [ $anon -eq 2 ];then
      anon_config 2                        #启用匿名登录
   elif [ $anon -eq 3 ];then
      anon_config 3                        #允许匿名上传
   fi;;
5)
   service_sub_menu
   read -p "请输入选项[1-3]:" proc
   if [ $proc -eq 1 ];then
      proc_manager start                   #启动 vsftpd 服务
   elif [ $proc -eq 2 ];then
      proc_manager stop                    #关闭 vsftpd 服务
   elif [ $proc -eq 3 ];then
      proc_manager restart                 #重启 vsftpd 服务
   fi;;
6)
   exit;;
*)
   $FAILURE
   echo "您的输入有误."
   $NORMAL
   exit;;
esac
```

该脚本执行后的主菜单界面效果如下。

```
[root@centos7 ~]# chmod +x vsftpd.sh
[root@centos7 ~]# ./vsftpd.sh
--------------------------------------
#           菜单(Menu)                #
--------------------------------------
```

```
# 1.安装配置 vsftpd.                    #
# 2.创建 FTP 账户.                      #
# 3.删除 FTP 账户.                      #
# 4.配置匿名账户.                       #
# 5.启动关闭 vsftpd.                    #
# 6.退出脚本.                           #
----------------------------------------
请输入选项[1-6]:
```

6.4　实战案例：自动化配置 DHCP 脚本

动态主机设置协议（Dynamic Host Configuration Protocol，简称 DHCP）是一种局域网协议，在工作中搭建 DHCP 服务器的主要目的是为局域网内部的其他客户端自动分配 IP 地址、网关、DNS 等网络参数，DHCP 使用 UDP 协议传输数据。有了 DHCP 就再也不需要人工手动配置繁杂的网络参数，通过动态获取网络地址等参数，电脑小白也可以快速介入网络。DHCP 采用客户端/服务器模型，一台 DHCP 服务器可以为多台客户端同时提供服务，客户端可以是电脑，也可以是手机或其他智能设备。简单 DHCP 拓扑结构如图 6-3 所示。

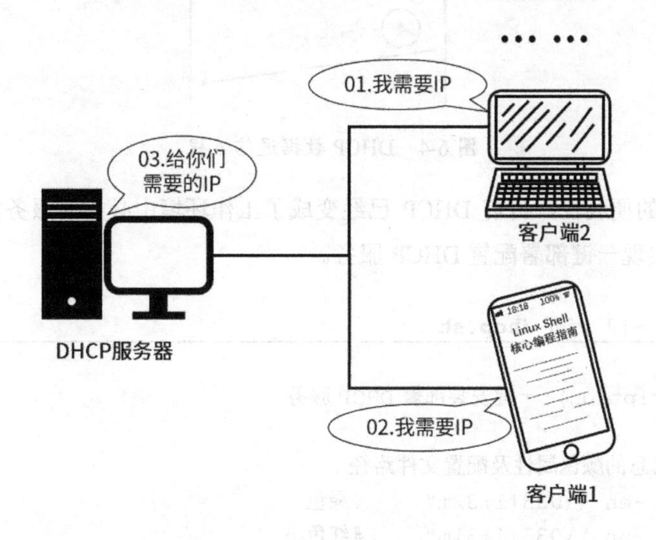

图 6-3　简单 DHCP 拓扑结构

DHCP 数据通信流程如下。

（1）客户端通过广播发送 DHCP DISCOVER 数据包，询问网络环境中谁是 DHCP 服务器。

（2）如果有DHCP服务器接收到DISCOVER数据包，该服务器会向客户端发送DHCP OFFER数据包，数据包中包括可以为客户端提供的IP地址、网关、DNS、租期[1]网络参数。

（3）客户端收到服务器的 OFFER 数据包后，需要发送一个 DHCP REQUEST 数据包，正式向服务器发送请求获取 IP 地址、网关等网络参数。

（4）服务器收到客户端发送的 REQUEST 数据包后，向客户端发送一个 DHCP ACK 的确认数据包，完成整个 DHCP 过程。

DHCP 数据通信流程如图 6-4 所示。

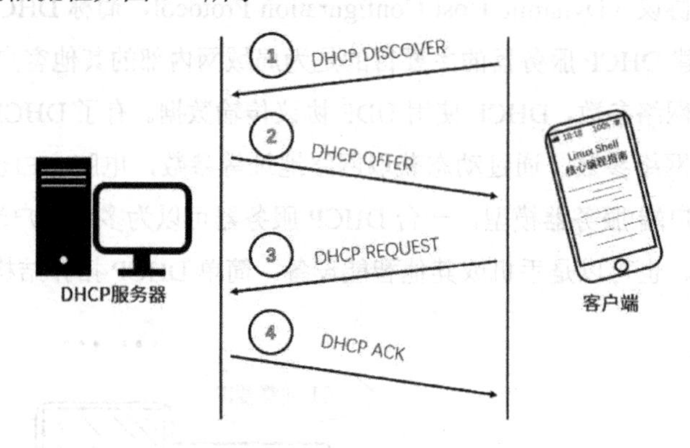

图 6-4 DHCP 数据通信流程

因具有极强的便利性，目前 DHCP 已经变成了工作环境中必需的服务。下面我们通过编写 Shell 脚本实现一键部署配置 DHCP 服务。

```
[root@centos7 ~]# vim dhcp.sh
#!/bin/bash
#功能描述(Description):一键安装部署 DHCP 服务

#定义变量:显示信息的颜色属性及配置文件路径
SUCCESS="echo -en \\033[1;32m"     #绿色
FAILURE="echo -en \\033[1;31m"     #红色
```

[1] 采用 DHCP 方式获取 IP，一般都会设置一个租期，租期过期后客户端需求重新向服务器申请 IP 等网络参数。

```
WARNING="echo -en \\033[1;33m"    #黄色
NORMAL="echo -en \\033[0;39m"     #黑色
conf_file=/etc/dhcp/dhcpd.conf

#测试 YUM 源是否可用
test_yum(){
    num=$(yum repolist | tail -1 | sed 's/.*: *//;s/,//')
    if [ $num -le 0 ];then
        $FAILURE
        echo "没有可用的 Yum 源."
        $NORMAL
        exit
    else
        if ! yum list dhcp &> /dev/null ;then
            $FAILURE
            echo "Yum 源中没有 dhcp 软件包."
            $NORMAL
            exit
        fi
    fi
}

#安装部署 dhcp 软件包
install_dhcp(){
    #如果软件包已经安装则提示警告信息并退出脚本的执行
    if rpm -q dhcp &> /dev/null ;then
        $WARNING
        echo "dhcp 已安装."
        $NORMAL
        exit
    else
        yum -y install dhcp
    fi
}


#修改 DHCP 配置文件
modify_conf(){
    #复制模板配置文件
    /bin/cp -f /usr/share/doc/dhcp*/dhcpd.conf.example /etc/dhcp/dhcpd.conf
```

```
sed -i '/10.152.187.0/{N;d}' $conf_file
#删除多余配置,通过 N 读取多行,然后通过 d 删除
sed -i '/10.254.239.0/,+3d' $conf_file
#删除多余配置,通过正则匹配某行以及之后的 3 行都删除
sed -i '/10.254.239.32/,+4d' $conf_file
#删除多余配置,正则匹配某行以及后面的 4 行都删除
sed -i "s/10.5.5.0/$subnet/" $conf_file
#设置 DHCP 网段
sed -i "s/255.255.255.224/$netmask/" $conf_file
#设置 DHCP 网段的子网掩码
sed -i "s/10.5.5.26/$start/" $conf_file
#设置 DHCP 为客户端分配的 IP 地址池起始 IP
sed -i "s/10.5.5.30/$end/" $conf_file
#设置 DHCP 为客户端分配的 IP 地址池结束 IP
sed -i "s/ns1.internal.example.org/$dns/" $conf_file
#设置为客户端分配的 DNS
sed -i '/internal.example.org/d' $conf_file
#删除多余的配置行
sed -i "/routers/s/10.5.5.1/$router/" $conf_file
#设置为客户端分配的默认网关
sed -i '/broadcast-address/d' $conf_file
#删除多余的配置行
}

test_yum        #调用函数,测试 YUM 源
install_dhcp    #调用函数,安装软件包

#读取必要的配置参数
echo -n "请输入 DHCP 网段(如:192.168.4.0):"
$SUCCESS
read subnet
$NORMAL
echo -n "请输入 DHCP 网段的子网掩码(如:255.255.255.0):"
$SUCCESS
read netmask
$NORMAL
echo -n "请输入为客户端分配的地址池(如:192.168.4.1-192.168.4.10):"
$SUCCESS
read pools
$NORMAL
```

```
echo -n "请输入为客户端分配的默认网关:"
$SUCCESS
read router
$NORMAL
echo -n "请输入为客户端分配的 DNS 服务器:"
$SUCCESS
read dns
$NORMAL
start=$(echo $pools | cut -d- -f1)           #获取起始 IP
end=$(echo $pools | cut -d- -f2)             #获取结束 IP

modify_conf   #调用函数,修改配置文件

#重启服务
systemctl restart dhcpd &>/dev/null
if [ $? -eq 0 ];then
   $SUCCESS
   echo "部署配置 DHCP 完毕."
else
   $FAILURE
   echo "部署配置 DHCP 失败,通过 journalctl -xe 查看日志."
fi
$NORMAL
```

6.5　实战案例：自动化克隆 KVM 虚拟机脚本

虽然虚拟化技术有很多，但是在 Linux 平台中 KVM 虚拟化是行业标准已经是不争的事实，很多云计算的底层架构也都采用 KVM 虚拟化。

一台正常的虚拟机应该由两部分组成：磁盘镜像（可以是多个磁盘镜像文件）和 XML 配置文件。磁盘镜像文件默认存储路径为/var/lib/libvirt/images/，XML 配置文件默认存储路径为/etc/libvirt/qemu。

真实主机上面的磁盘镜像文件对应的就是虚拟机中的磁盘设备，真实主机上面一个容量为 20GB 的磁盘镜像文件，映射到虚拟机中就是一个容量为 20GB 的磁盘设备（如/dev/sda 和/dev/sdb 等）。

```
[root@centos7 ~]# ls /var/lib/libvirt/images/          #查看磁盘镜像文件
centos7.5_2.qcow2       centos7.5_2-1.qcow2       centos7.5_3.qcow2
centos7.5_3.qcow2       centos7.5_4.qcow2         centos7.5_5.qcow2
...忽略部分输出内容...
```

XML 文件是虚拟机的硬件配置描述文件，该文件中描述了虚拟机的名称及虚拟机的CPU、内存、磁盘、网络设备等硬件信息。

```
[root@centos7 ~]# ls /etc/libvirt/qemu                  #查看 XML 文件列表
centos7.5_1.xml  centos7.5_3.xml  centos7.5_5.xml
centos7.5_2.xml  centos7.5_4.xml  centos7.5_6.xml
...忽略部分输出内容...
```

明白了虚拟机的构成后，我们可以通过直接复制磁盘镜像文件和 XML 描述文件，并对 XML 文件做适当的修改，实现虚拟机的克隆操作。在镜像文件比较大时这种克隆方式会非常耗时。KVM 支持多种格式的虚拟机磁盘镜像格式，如果我们创建的基础模板虚拟机采用的是 qcow2 格式的磁盘镜像文件，那么我们还可以通过快照的方式快速克隆虚拟机。不管使用什么方式的克隆，一定要注意将虚拟机中的唯一性信息提前删除掉，否则多台虚拟机之间就可能出现 IP 地址、MAC 地址等信息冲突的问题。

本节我们要重点介绍的就是快照虚拟机，但是在讲解具体操作步骤之前，我们需要先了解 qcow2 快照的原理。qcow2 支持一种 COW（Copy On Write）写时复制的快照机制，下面我们通过几张图示来说明快照的整体流程。

如图 6-5 所示，我们计算机中的任何文件或目录最终一定是需要存储到磁盘设备上的，对于虚拟机的磁盘镜像文件也是一样的。虽然对于虚拟机来说，这个磁盘镜像文件就是虚拟机中的一个磁盘设备、一个文件系统，可能还包含了大量的数据文件，但是对于真实主机而言虚拟机的磁盘镜像文件与其他所有普通文件一样，所有的数据最终要被存储在物理主机的存储设备上。这里我们假设原始虚拟机磁盘镜像文件中包含三个文件：a.txt、b.txt 和 c.txt，如图 6-5 所示，给出了这三个文件在物理磁盘上的具体存储位置。

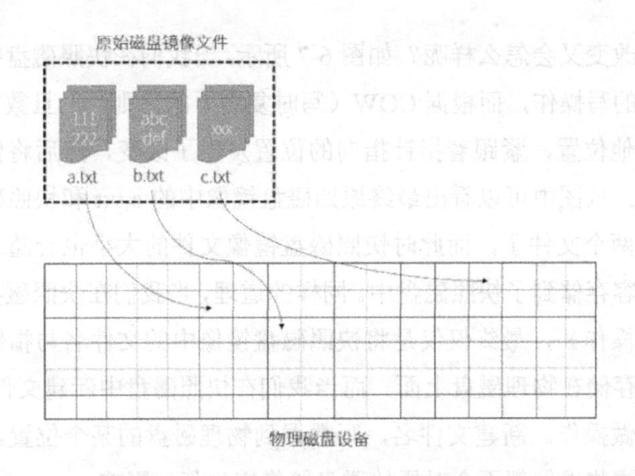

图 6-5　原始镜像文件与物理磁盘的关系图

当我们后期使用工具为原始磁盘镜像创建一份快照时，不管原始磁盘镜像数据容量有多大，都可以极其快速地创建快照，并且可以保持快照磁盘镜像文件的大小非常小。为什么呢？如图 6-6 所示，当我们为原始磁盘镜像创建快照时，计算机并不是将所有数据再复制一份，而仅仅只是在快照磁盘镜像中创建了与原始磁盘镜像一模一样的文件和目录结构，然后通过指针的方式指向了原始磁盘存储数据的位置。此时我们就会发现在原始磁盘镜像中看到的文件与快照磁盘镜像中的文件数据一模一样，但是并没有消耗过多的物理磁盘空间，而且创建文件或目录的数据结构和创建数据指针都是非常快速的操作。qcow2 的快照既不占用过多的物理磁盘空间，又可以极快地完成快照备份。

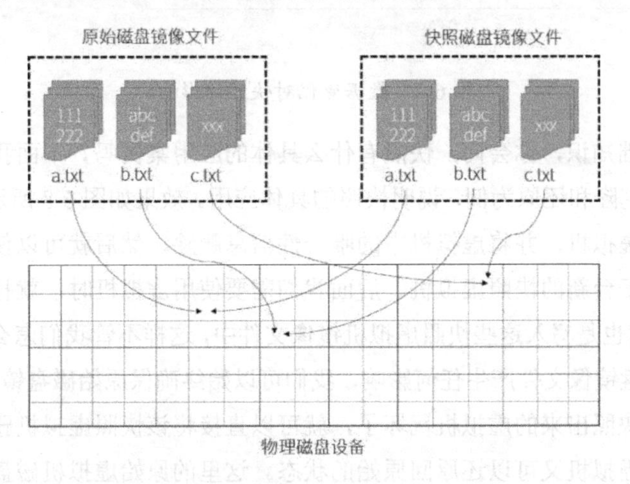

图 6-6　原始磁盘镜像与快照磁盘镜像的关系

当数据发生了改变又会怎么样呢？如图 6-7 所示，当我们在快照磁盘镜像中修改了 a.txt 时，就发生了数据的写操作，而根据 COW（写时复制）的原则，一旦数据有写操作，就会先将数据复制到其他位置，紧跟着指针指向的位置发生了改变，然后将修改后的数据保存到新的存储位置上。从图中可以看出最终原始磁盘镜像中的 a.txt 和快照磁盘镜像中的 a.txt 已经是完全独立的两个文件了，而此时快照磁盘镜像文件的大小也会随之变大，因为此时有了真正的数据内容存储到了快照磁盘中。同样的道理，当我们在快照磁盘镜像中删除 c.txt 时（这也是数据写操作），最终仅仅是将快照磁盘镜像中的文件名与指针删除而已，真正的原始数据还依然存储在物理磁盘上面。而当我们在快照磁盘中新建文件 d.txt 时，也仅仅是对快照磁盘镜像做操作。新建文件名，写数据到物理磁盘的某个位置，创建文件名与数据位置的指针，而这些操作都不会对原始磁盘镜像产生任何影响。

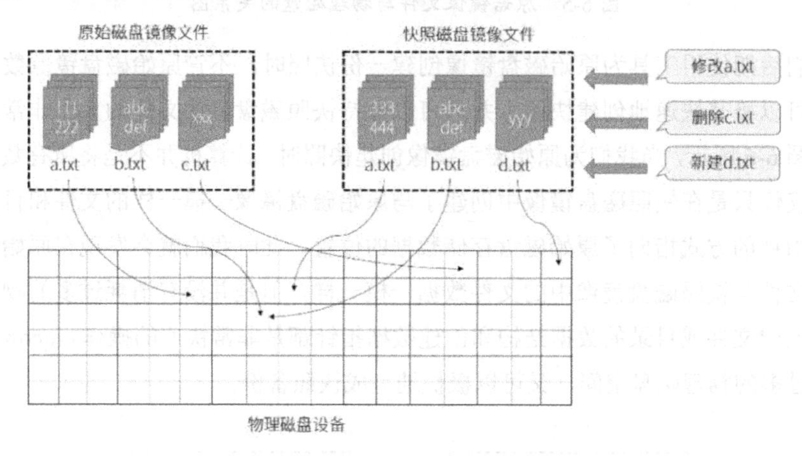

图 6-7　数据变化对快照的影响

有了这些基础知识，你会问：快照有什么具体的应用案例吗？下面我们以使用快照快速对虚拟机进行克隆和还原为例，说明快照的具体应用。效果如图 6-8 所示，首先我们正常创建一台普通的虚拟机，并将虚拟机中的唯一性信息删除，然后就可以使用原始磁盘镜像文件快速快照若干台新的快照虚拟机。后面我们需要使用虚拟机时，就打开这些快照出来的虚拟机，写数据也是写入这些快照虚拟机镜像文件中，这样不管我们怎么写入修改数据，都不会对原始磁盘镜像文件产生任何影响，我们可以始终确保原始磁盘镜像文件是干净的。当某一天我们将快照出来的虚拟机玩坏了，就可以直接将该快照虚拟机删除，再重新创建一份快照即可，虚拟机又可以还原回原始的状态。这里的原始虚拟机磁盘镜像文件我们称其为后端盘，克隆出来的新虚拟机镜像文件我们称其为前端盘。

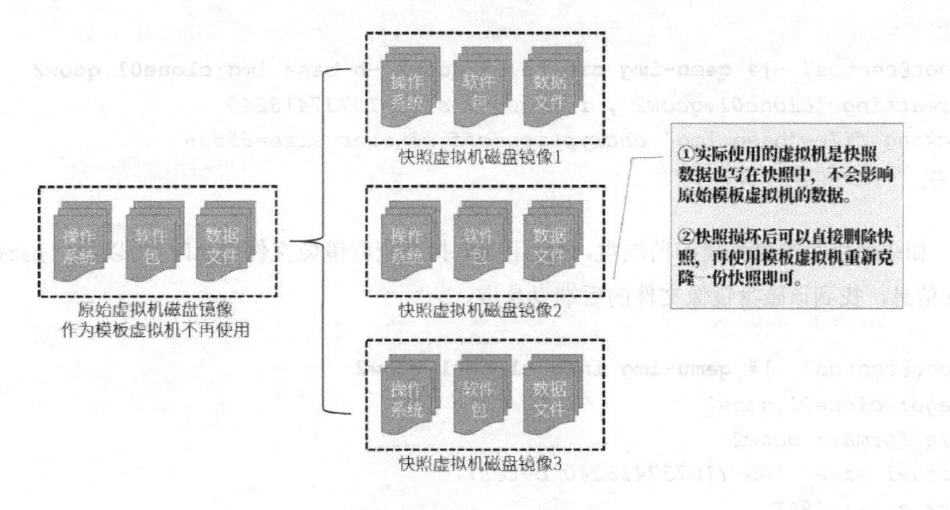

图 6-8　快照应用案例

具体如何创建快照虚拟机呢？这就需要使用 qemu-img 工具了，这是一个虚拟机镜像管理软件，使用该工具我们可以创建虚拟机镜像文件、转换镜像文件的格式，使用后端盘创建前端盘等操作。

在没有虚拟机磁盘镜像文件的情况下，我们可以使用 create 指令创建一个新的磁盘镜像文件，通过下面这条命令可以创建一个容量为 20GB、格式为 qcow2、名称为 base.img 的镜像文件。

```
[root@centos7 ~]# qemu-img create -f qcow2 base.img 20G
Formatting 'base.img', fmt=qcow2 size=21474836480 encryption=off
cluster_size=65536 lazy_refcounts=off
[root@centos7 ~]# qemu-img info base.img
image: base.img
file format: qcow2
virtual size: 20G (21474836480 bytes)
disk size: 196K
cluster_size: 65536
Format specific information:
    compat: 1.1
    lazy refcounts: false
```

如果我们已经有了一个名称为 base.img 的基础磁盘镜像文件，就可以再次使用 create 指令，基于 base.img 这个后端盘创建一个名称为 clone01.qcow2 的前端盘。创建完成后默认情况下两个磁盘镜像文件中的数据是一样的。

```
[root@centos7 ~]# qemu-img create -f qcow2 -b base.img clone01.qcow2
Formatting 'clone01.qcow2', fmt=qcow2 size=10737418240
backing_file='base.img' encryption=off cluster_size=65536
lazy_refcounts=off
```

如果使用后端盘克隆的前端盘，则使用 info 指令查看镜像文件信息时，可以看到 backing file 信息，找到该磁盘镜像文件的后端盘是谁。

```
[root@centos7 ~]# qemu-img info clone01.qcow2
image: clone01.qcow2
file format: qcow2
virtual size: 10G (10737418240 bytes)
disk size: 196K
cluster_size: 65536
backing file: base.img
Format specific information:
    compat: 1.1
    lazy refcounts: false
```

到此，我们已经可以快速使用原始虚拟机的镜像文件生产多个前端盘，但是如果想让一个虚拟机最终能够使用，XML 也是必不可少的，而且多个 XML 文件中部分核心内容不可以冲突，如虚拟机名称、虚拟机的 UUID、虚拟机的磁盘镜像文件、虚拟机的网卡 MAC 地址等信息，这些如果一个一个手动修改就比较麻烦。

下面开始编写一份完整的快速克隆虚拟机的 Shell 脚本，可以实现快速克隆虚拟机，这里假设我们有一个已经准备好的模板虚拟机 centos7.5_6，包含后端磁盘镜像文件 centos7.5_6.qcow 和 XML 描述文件 centos7.5_6.xml。

```
[root@centos7 ~]# vim clone-vm.sh
```

```
#!/bin/bash
#功能描述(Description):快速克隆虚拟机脚本
#使用 qemu-img 工具基于虚拟机后端模板磁盘创建前端盘
#使用 cp 复制 XML 描述文件,通过 sed 工具修改 XML 文件

#定义错误返回码(exit code):
#    65 -> can't found base vm image.
#    66 -> can't found base vm.
```

```
#    67 -> vm disk image already exist.
#    68 -> vm's XML file already exist.
#    69 -> vm name already exist.

#定义变量:镜像存储路径,后端模板虚拟机名称,已存在虚拟机列表
IMG_DIR="/var/lib/libvirt/images"
XML_DIR="/etc/libvirt/qemu"
BASE_VM="centos7.5_6"
exist_vm=$(virsh list --name --all)

#定义变量:显示信息的颜色属性
SUCCESS="echo -en \\033[1;32m"      #绿色
FAILURE="echo -en \\033[1;31m"      #红色
WARNING="echo -en \\033[1;33m"      #黄色
NORMAL="echo -en \\033[0;39m"       #黑色


#测试后端模板虚拟机镜像文件是否存在
if [[ ! -e ${IMG_DIR}/${BASE_VM}.qcow2 ]];then
    $FAILURE
    echo "找不到后端模板虚拟机镜像文件$IMG_DIR/${BASE_VM}.qcow2."
    $NORMAL
    exit 65
fi

#测试后端模板虚拟机 XML 文件是否存在
if [[ ! -e ${XML_DIR}/centos7.5_6.xml ]];then
        $FAILURE
        echo "后端模板虚拟机${BASE_VM}.xml 文件不存在."
        $NORMAL
        exit 66
fi

read -p "请输入新克隆的虚拟机名称:" newvm

#测试虚拟机镜像文件是否已经存在
if [[ -e $IMG_DIR/$newvm.qcow2 ]];then
    $FAILURE
    echo "${IMG_DIR}/${newvm}.qcow2 虚拟机镜像文件已存在."
    $NORMAL
```

```
    exit 67
fi

#测试虚拟机的 XML 文件是否已经存在
if [[ -e ${XML_DIR}/${newvm}.xml ]];then
        $FAILURE
        echo "虚拟机${newvm}.xml 文件已存在."
        $NORMAL
        exit 68
fi

#测试虚拟机名称是否已经存在
for i in $exist_vm
do
    if [[ "$newvm" ==  "$i" ]];then
        $FAILURE
        echo "名称为${newvm}的虚拟机已经存在."
        $NORMAL
        exit 69
    fi
done

#使用 qemu-img 克隆虚拟机镜像文件
echo -en "Creating a new virtual machine disk image...\t"
#\为转义换行符，在一条命令比较长时，可以跨行输入命令
qemu-img create -f qcow2 \
-b ${IMG_DIR}/${BASE_VM}.qcow2  ${IMG_DIR}/${newvm}.qcow2  &>/dev/null
$SUCCESS
echo "[OK]"
$NORMAL

#克隆 XML 文件
virsh dumpxml $BASE_VM > ${XML_DIR}/${newvm}.xml
#生成随机 UUID
UUID=$(uuidgen)
#修改 XML 文件中的 UUID
sed -i "/<uuid>/c <uuid>$UUID</uuid>" ${XML_DIR}/${newvm}.xml
#修改 XML 文件中的虚拟机名称
sed -i "/<name>/c <name>$newvm</name>" ${XML_DIR}/${newvm}.xml
#修改 XML 文件中虚拟机对应的磁盘镜像文件
```

```
sed -i "s#${IMG_DIR}/${BASE_VM}\.qcow2#${IMG_DIR}/${newvm}.qcow2#"
${XML_DIR}/${newvm}.xml
#获取 XML 文件中的 MAC 地址列表,这里使用了正则的保留功能
mac=$(sed -rn "s/<mac address=(.*)\/>/\1/p" ${XML_DIR}/${newvm}.xml)
#使用循环将所有 MAC 地址修改为新的随机 MAC 地址
pools="0123456789abcdef"
for i in $mac
do
    new_mac="52:54:00"
    for j in {1..3}
    do
        tmp1=${pools:$[RANDOM%16]:1}
        tmp2=${pools:$[RANDOM%16]:1}
        new_mac=${new_mac}:${tmp1}${tmp2}
    done
    sed -i "s/$i/'$new_mac'/" ${XML_DIR}/${newvm}.xml
done

#使用新的 XML 文件定义虚拟机
echo -en "Defining a new virtual machine...\t\t"
virsh define ${XML_DIR}/${newvm}.xml &>/dev/null
if [ $? -eq 0 ];then
$SUCCESS
echo "[OK]"
$NORMAL
fi
```

```
[root@centos7 ~]# chmod +x clone-vm.sh
[root@centos7 ~]# ./clone-vm.sh
请输入新克隆的虚拟机名称:test01
Creating a new virtual machine disk image...    [OK]
Defining a new virtual machine...               [OK]
```

6.6　实战案例：通过 libguestfs 管理 KVM 虚拟机脚本

正常情况下我们需要启动并登录虚拟机，才可以管理配置虚拟机中的内容。为了更方便简捷地管理虚拟机，libguestfs-tools-c 提供了很多工具可以帮助我们更直接地管理 KVM 虚拟机。系统默认并不会安装 libguestfs 相关软件包，因此使用前我们必须要确保主机上已

经安装了这些软件包。

下面的案例以我们的环境中有若干台虚拟机为基础。

```
[root@centos7 ~]# virsh list                        #查看虚拟机列表
 Id    名称                                         状态
----------------------------------------------------
 31     centos7.5_1                                 running
 32     centos7.5_2                                 running
 33     centos7.5_3                                 running
 34     centos7.5_4                                 running
 35     centos7.5_5                                 running
 -     centos7.5_6                                  shut off
 -     server                                       shut off
 -     win10                                        shut off
[root@centos7 ~]# yum -y install libguestfs libguestfs-tools
libguestfs-tools-c
```

使用 virt-df 工具可以查看虚拟机中文件系统的使用情况。

```
[root@centos7 ~]# virt-df -h centos7.5_1        #查看虚拟机中的文件系统
Filesystem                          Size       Used       Available      Use%
centos7.5_1:/dev/sda1               1014M      97M        917M           10%
centos7.5_1:/dev/centos/root 8.0G          1.2G       6.8G           15%
[root@centos7 ~]# virt-df -h centos7.5_6
Filesystem                          Size       Used       Available      Use%
centos7.5_6:/dev/sda1               1014M      97M        917M       10%
centos7.5_6:/dev/centos/root 8.0G          948M       7.1G           12%
```

virt-df 等相关工具除了可以通过虚拟机名称查看文件系统使用情况，还可以使用-a 参数通过虚拟机镜像文件查看文件系统。

```
[root@centos7 ~]# virt-df -h -a /var/lib/libvirt/images/centos7.5_2.qcow2
Filesystem                              Size    Used       Available      Use%
centos7.5_2-1.qcow2:/dev/sda1           20G     998M       19G        5%
```

使用 virt-cat 工具可以查看虚拟机中的文件内容。

```
[root@centos7 ~]# virt-cat centos7.5_1 /etc/hosts
127.0.0.1   localhost localhost.localdomain localhost4
localhost4.localdomain4
::1         localhost localhost.localdomain localhost6
localhost6.localdomain6
[root@centos7 ~]# virt-cat -a /var/lib/libvirt/images/centos7.5_1.qcow2
/etc/hosts
127.0.0.1   localhost localhost.localdomain localhost4
localhost4.localdomain4
::1         localhost localhost.localdomain localhost6
localhost6.localdomain6
[root@centos7 ~]# virt-cat centos7.5_6 /etc/shells
/bin/sh
/bin/bash
/sbin/nologin
/usr/bin/sh
/usr/bin/bash
/usr/sbin/nologin
```

libguestfs-tools-c 还为我们提供了一个镜像克隆工具 virt-clone，使用该工具可以自动克隆某个虚拟机并复制修改对应的 XML 配置文件，但该工具并不会修改虚拟机内的配置文件，有些唯一性信息需要管理员自行清理，如 IP 地址、MAC 地址、密码、密钥等信息。

```
[root@centos7 ~]# virt-clone --original centos7.5_6 -n clone7.5 --auto-clone
```

上面这条命令以 centos7.5_6 为模板克隆一台新虚拟机，新虚拟机名称为 clone7.5，--auto-clone 可以自动生产新的虚拟机镜像文件和 XML 配置文件，也可以使用自定义的方式自行指定虚拟机镜像文件和 XML 配置文件的路径和名称。

virt-copy-in 工具可以将真实主机上的文件或目录复制到虚拟机中，复制时要确保虚拟机是关机状态。virt-copy-out 工具则可以将虚拟机内的文件或目录复制到真实主机。

```
[root@centos7 ~]# echo "hello" > hello.txt
[root@centos7 ~]# virt-copy-in -d centos7.5_6 hello.txt /root
[root@centos7 ~]# virt-copy-out -d centos7.5_2 /etc/shells /root/
```

使用 virt-edit 工具可以直接修改虚拟机中的文件，需要确保虚拟机处于关闭状态。

```
[root@centos7 ~]# virt-edit -d centos7.5_6 /etc/hosts
```

使用 virt-ls 工具可以查看虚拟机内的文件或目录列表。

```
[root@centos7 ~]# virt-ls -d centos7.5_2 /root/                #查看虚拟机内
/root 文件列表
.bash_history
.bash_logout
.bash_profile
.bashrc
.cshrc
.lesshst
.ssh
.viminfo
anaconda-ks.cfg
```

使用 virt-sysprep 工具可以快速地清除虚拟机内的唯一性信息。

```
[root@centos7 ~]# virt-sysprep -d centos7.5_6
```

使用 virt-tail 可以动态查看虚拟机内某个文件的后 10 行内容，使用 Ctrl+C 组合键可以终止查看文件。

```
[root@centos7 ~]# virt-tail -d centos7.5_2 /var/log/messages
```

使用 virt-tar-in 工具可以将真实主机的 tar 文件解压复制到虚拟机中，virt-tar-out 命令可以将虚拟机中的文件打包复制到真实主机。

```
[root@centos7 ~]# tar -czf logbak.tar.gz /var/log/             #准备素材
[root@centos7 ~]# virt-tar-in -d centos7.5_6 logbak.tar /root/
[root@centos7 ~]# virt-tar-out -d centos7.5_6 /etc/ etc.tar
```

最后我们再看看 guestmount 这个工具，使用该工具可以将虚拟机中的文件系统直接挂载到真实主机，而从就可以使用任何编辑工具对虚拟机内的文件进行任意修改了。使用该工具前需要确认虚拟机处于关闭状态。挂载时可以使用-i 自动将虚拟机的文件系统挂载到真实主机，也可以使用-m 参数指定挂载特定的文件系统到真实主机。

```
[root@centos7 ~]# mkdir /media/kvm/                          #创建挂载点
[root@centos7 ~]# guestmount -i -d centos7.5_6 /media/kvm/ #挂载
[root@centos7 ~]# ls /media/kvm
bin  boot  dev  etc  home  lib  lib64  media  mnt
opt  proc  root  run  sbin  srv  sys  tmp  usr  var
[root@centos7 ~]# guestunmount /media/kvm/                   #卸载
[root@centos7 ~]# guestmount -a win10.qcow2 -m /dev/sda1 --ro /mnt
```

上面列出的就是虚拟机的文件系统目录结构，这样在不需要启动虚拟机的情况下，我们就可以直接为虚拟机网卡配置 IP 地址，为虚拟机设置初始密码，添加、删除账户等。为了操作更方便，还可以结合 Shell 脚本实现自动化修改虚拟机配置。

下面这个案例脚本是以修改网卡参数为范本的自动化脚本，修改其他虚拟机配置也可以参考该脚本。

```
[root@centos7 ~]# vim guestfish.sh
```

```
#!/bin/bash
#功能描述(Description):使用 guestfish 工具修改虚拟机网卡配置文件
#在不启动登录虚拟机的情况下,直接修改虚拟机网卡的配置文件

read -p "请输入需要编辑的虚拟机名称:" vname

#测试虚拟机是否为正在运行状态
if virsh domstate $vname | grep -q running ;then
   echo "修改虚拟机网卡配置,请先关闭虚拟机."
   exit
fi

#创建挂载点,测试挂载点是否正在被其他程序使用.
mountpint="/media/$vname"
[ ! -d $mountpint ] && mkdir -p $mountpint
if mount | grep -q "$mountpint";then
   umount $mountpint
fi

#使用 guestmount 命令将虚拟机文件系统挂载到真实主机
echo "请稍后..."
guestmount -i -d $vname $mountpint
```

```
#读取必要的配置文件参数
vpath="etc/sysconfig/network-scripts/"
read -p "请输入需要编辑的网卡名称:" devname
if [ ! -f $mountpint/$vpath/ifcfg-$devname ];then
   echo "未找到${devname}网卡配置文件"
   exit
fi
read -p "请输入IP地址与子网掩码(如:192.168.4.1/24):" addr
ipaddr=$(echo $addr | cut -d/ -f1)
netmask=$(echo $addr | cut -d/ -f2)
read -p "请输入默认网关:" gateway
read -p "请输入DNS:" dns
#修改网卡配置文件
sed -i '/BOOTPROTO/c BOOTPROTO=static' $mountpint/$vpath/ifcfg-$devname
sed -i '/ONBOOT/c ONBOOT=yes' $mountpint/$vpath/ifcfg-$devname
#修改IP地址
if grep -q IPADDR $mountpint/$vpath/ifcfg-$devname;then
   sed -i "/IPADDR/c IPADDR=$ipaddr" $mountpint/$vpath/ifcfg-$devname
else
   echo "IPADDR=$ipaddr" >> $mountpint/$vpath/ifcfg-$devname
fi
#修改子网掩码
if grep -q PREFIX $mountpint/$vpath/ifcfg-$devname;then
   sed -i "/PREFIX/c PREFIX=$netmask" $mountpint/$vpath/ifcfg-$devname
else
   echo "PREFIX=$netmask" >> $mountpint/$vpath/ifcfg-$devname
fi
#修改默认网关
if grep -q GATEWAY $mountpint/$vpath/ifcfg-$devname;then
   sed -i "/GATEWAY/c GATEWAY=$gateway" $mountpint/$vpath/ifcfg-$devname
else
   echo "GATEWAY=$gateway" >> $mountpint/$vpath/ifcfg-$devname
fi
#修改DNS服务器
if grep -q DNS $mountpint/$vpath/ifcfg-$devname;then
   sed -i "/DNS/c DNS1=$dns" $mountpint/$vpath/ifcfg-$devname
else
   echo "DNS1=$dns" >> $mountpint/$vpath/ifcfg-$devname
```

```
fi

#取消文件系统挂载
guestunmount $mountpint
```

6.7　实战案例：自动化配置 SSH 安全策略脚本

SSH 是 Secure Shell 的简称，可以为远程登录会话和其他网络服务提供安全性的协议。生产环境中基本都是使用 SSH 远程管理自己的服务器主机，SSH 服务由客户端和服务器两部分组成，Linux 系统一般情况下默认都会安装 openssh-server（服务端软件）和 openssh-clients（客户端软件）这两个软件包，而实际工作中我们一般会在 Windows 操作系统上安装客户端软件远程连接 SSH 服务，Windows 常用的 SSH 客户端软件有 Xshell、SecureCRT、Putty 等。

因为 SSH 是加密传输数据的，所以可以有效地防止远程管理过程中的信息泄露。当然前提是我们正确地配置了 SSH 服务，而默认有些 SSH 的配置并不合理，因此就需要我们手动修改配置文件。因为有大量的主机需要修改，重复的人肉运维是毫无意义的，所以这里又需要我们的 Shell 脚本出马了，使用脚本自动化完成大量重复的工作任务，才是提升生产效率的核心，也是编写脚本的根本目的。

CentOS7 系统中 SSH 服务端的默认配置文件是/etc/ssh/sshd_config，通过跳转该配置文件中的参数可以让我们的 SSH 服务更安全。

默认 SSH 服务采用的是 22 端口，该端口是人尽皆知的标准端口，通过 Port 参数修改该端口可以有效防止网络上大量扫射类的攻击。这类攻击并不会对特定的主机进行扫描后再攻击，而是简单粗暴地对整个特定的网络中特定的端口进行攻击，这种攻击要的是成功概率。当我们修改了端口后，这种攻击工具并不会自动识别到我们修改后的端口，也无法对新端口进行攻击。

默认 SSH 服务会监听整个计算机所有网卡 IP 的端口，通过 ListenAddress 参数可以设置其仅监听特定的 IP 地址，如仅监听内网 IP 地址，这样也可以有效降低被攻击的可能性。

默认 SSH 是允许超级管理员 root 远程登录的，这对于线上服务器来说是非常危险的事情，通过修改 PermitRootLogin 参数的值可以禁止 root 登录。

SSH 支持多种远程连接的账户认证方式，如密码认证、密钥认证、Kerberos 认证等。为了防止密码泄露，我们可以通过设置 PasswordAuthentication 参数禁用密码认证，在实际使用时仅使用密钥认证会更安全。

在生产环境中特别是 Linux 系统通常使用的都是字符界面管理服务器，甚少有使用特性的情况，而默认 SSH 服务开启了图形转发功能，通过设置 X11Forwarding 可以禁止图形转发。

通过 AllowUsers 和 AllowGroups 可以设置用户和组的白名单列表，这样以后仅允许在白名单列表中的用户或组远程登录 SSH 服务器，其他用户和组默认拒绝登录。白名单配置的语法格式为：AllowUsers 用户名 1 用户名 2 用户名 3@IP 或网段 ...，AllowGroups 组名 1@IP 组名 2 组名 3...

通过 DenyUsers 和 DenyGroups 可以设置用户和组的黑名单列表，这样就可以拒绝特定的用户和组远程登录 SSH 服务器。黑名单配置的语法格式为：DenyUsers 用户名 1 用户名 2@IP 或网段 用户名 3 ..., DenyGroups 组名 1@IP 或网段 组名 2 组名 3...

不管是黑名单还是白名单，在限制用户和组的同时可以限制用户的来源。如禁止 tom 从 192.168.4.5 这台主机远程，但是 tom 可以从其他主机远程 SSH 服务器。

默认 SSH 会对远程主机进行 DNS 的反向解析，这会浪费大量的时间，我们可以通过 UseDNS 参数禁止其查询 DNS 服务器。

下面开始编写脚本实现自动化修改 SSH 配置文件，有再多的服务器主机只要执行脚本都可完成配置的初始化工作。

```
[root@centos7 ~]# vim config_sshd.sh
```

```
#!/bin/bash
#功能描述(Description):修改 SSHD 配置文件,提升 SSH 安全性

config_file="/etc/ssh/sshd_config"
PORT=12345

#将默认端口号修改为自定义端口号
if grep -q "^Port" $config_file;then
  sed -i "/^Port/c Port $PORT" $config_file
else
```

```
  echo "Port $PORT" >> $config_file
fi

#禁止 root 远程登录 SSH 服务器
if grep -q "^PermitRootLogin" $config_file;then
  sed -i '/^PermitRootLogin/s/yes/no/' $config_file
else
  sed -i '$a PermitRootLogin no' $config_file
fi

#禁止使用密码远程登录 SSH 服务器
if grep -q "^PasswordAuthentication" $config_file;then
  sed -i '/^PasswordAuthentication/s/yes/no/' $config_file
else
  sed -i '$a PasswordAuthentication no' $config_file
fi

#禁止 X11 图形转发功能
if grep -q "^X11Forwarding" $config_file;then
  sed -i '/^X11Forwarding/s/yes/no/' $config_file
else
  sed -i '$a X11Forwarding no' $config_file
fi

#禁止 DNS 查询
if grep -q "^UseDNS" $config_file;then
  sed -i '/^UseDNS/s/yes/no/' $config_file
else
  sed -i '$a UseDNS no' $config_file
fi
```

6.8　实战案例：基于 GRUB 配置文件修改内核启动参数脚本

GNU GRUB 是基于 GNU 项目的一款引导启动程序，有了它我们才可以加载 Linux 内核、启动计算机操作系统，CentOS7 系统默认使用的是 GRUB2 作为其引导启动程序。因为整个 Linux 内核都是由 GRUB 引导启动的，所以如果我们需要调整内核参数，则也可以通过直接修改 GRUB 配置文件的方式来实现。

CentOS7 与之前版本的 CentOS 的一个比较大的区别就是网卡名称，老版本的 CentOS 一般采用的是 eth0、eth1、eth2...这种命名规则，而 CentOS7 系统中的网卡名称多数以 ens 或 enp 开头。新版本网卡的命名规则与网卡的硬件信息以及设备插槽的位置有关，由一系列规则决定了设备的最终名称。例如，主板集成的网卡名称为 eno1，独立 PCI-e 网卡名称为 ens1，对于获取不到硬件信息但是可以获取到插槽位置信息的网卡名称为 enp2s0，如果所有信息都无法获取则使用传统的名称 eth0。这样的规则有利于我们识别网卡的类型与接口，但是也为生产环境带来了不小的麻烦，因为我们会有很多自动化脚本都会调用网卡名称，如果网卡名称五花八门无法统一，那么编写脚本的难度就会变大，而且对于公司原有的脚本也需要做大量的调整，这是任何企业都不想看到的，怎么解决呢？只需要我们在 GRUB 配置文件中添加两个内核启动参数就可以：biosdevname=0 net.ifnames=0。修改的方法是修改/etc/default /grub 文件，将需要设置的内核参数设置为 GRUB_CMDLINE_LINUX 变量的值即可，多个内核参数之间使用空格分隔，最后再使用 grub2-mkconfig 重新生成 GRUB 配置文件即可。

SELinux 是美国国家安全局（NSA）在 Linux 上设计的一套强制访问控制系统，从 2.6 版本开始被嵌入内核模块，目前 CentOS、RHEL、Debain 等系统默认都会激活该模块，然而在实际生产环境中往往都需要关闭 SELinux，通过内核参数 selinux=0 就可以禁用 SELinux。

如同一个大厦会被分割为很多小房间，每个房间分配一个房间号，为了更有效地利用系统中的内存空间，Linux 系统默认会将物理内存划分成若干大小为 4KB 的页面，几 GB 甚至几十 GB 的内存容量会被划分为极多个 4KB 的小空间。如果一个大厦有很多房间，则物业会为所有房间设计一个查询信息表，表中记录有每个房间的位置、负责人、联系电话等信息，当我们需要找到大厦中的某个人或房间时，就需要去服务台查询人员信息与房间信息，而 Linux 系统也需要通过一个页面信息表（Page Table）来定位具体的数据位置，但是因为 4KB 的小页面太多，就会导致完整的映射表太大，检索和查询数据的速度变慢。为了解决这个问题，Linux 系统提供了两个内核参数可以开启大页（Huge Page）功能。hugepagesz=N 用来设置页大小，hugepages=N 用来设置大页的数量，也就是将房间设计得更大些，这样房间的个数自然就减少了，房间的个数减少，需要查询的信息表就更简洁，查询房间信息的速度也就加快了。

如果我们不需要在系统中使用 IPv6 网络，还可以通过 ipv6.disable=1 参数禁用 IPv6 功能。

为了防止其他人修改 GRUB 参数，我们还可以为 GRUB 设置密码，这样可以防止其他人在启动时修改 GRUB 参数。有两种方法可以为 GRUB 设置密码：交互方式和非交互方式。使用 grub2-setpassword 可以自动完成设置密码的所有步骤，但执行该命令需要我们交互式地输入两次密码，该工具会自动将密码对应的密文信息写入/boot/grub2/user.cfg 文件中。另外一种方式是先使用 grub2-mkpasswd-pbkdf2 命令生成一个密码的密文信息，然后使用脚本将该密文信息写入/etc/grub.d/01_users 文件中，最后使用 grub2-mkconfig 重新生成 GRUB 配置文件即可，优点是非交互、适合批量操作。

我们可以将上面这些功能全部写入脚本，编写自动化调优内核启动参数的脚本。

```
[root@centos7 ~]# vim kernel.sh
```

```
#!/bin/bash
#功能描述(Description):编写脚本修改 Linux 内核启动参数

#使用传统的 eth0、eth1 风格的网卡名称
sed -i '/CMDLINE/s/"/ biosdevname=0 net.ifnames=0"/2' /etc/default/grub

#禁用 SELinux
sed -i '/CMDLINE/s/"/ selinux=0"/2' /etc/default/grub

#开启内存大页(Huge Page),调整大页容量为 4MB,大页个数为 100 个
#可以/proc/meminfo 查看大页的信息
sed -i '/CMDLINE/s/"/ hugepagesz=4M hugepages=100"/2' /etc/default/grub

#禁用 IPv6 网络
sed -i '/CMDLINE/s/"/ ipv6.disable=1"/2' /etc/default/grub

#配置 Grub 密码:用户名(root),密码(123456)
#手动执行 grub2-mkpasswd-pbkdf2 获取加密信息,然后将密码写入 01_users 文件
#下面是 123456 的密文信息
#grub.pbkdf2.sha512.10000.BE5B2CAB43F2F513ED696C5EB15A8072F0744F123CBA0C
16C4285C80507E1192236EFB3CBF21A23D384F1C63AD65DCEE1676ECE5A8DB065741E3CB
D58E9C256F.163A3FF46D1935CB9A08FC42FCCC7285E34B789CC006B94195DF42EC53458
277C1BBA6A26BD8460C15E6986001EBE10F5F3D6F81E4ED8893AACBFE3351F3A85F
echo '#!/bin/sh -e
cat << EOF
    set superusers="root"
    export superusers
```

```
  password_pbkdf2 root
grub.pbkdf2.sha512.10000.BE5B2CAB43F2F513ED696C5EB15A8072F0744F123CBA0C1
6C4285C80507E1192236EFB3CBF21A23D384F1C63AD65DCEE1676ECE5A8DB065741E3CBD
58E9C256F.163A3FF46D1935CB9A08FC42FCCC7285E34B789CC006B94195DF42EC534582
77C1BBA6A26BD8460C15E6986001EBE10F5F3D6F81E4ED8893AACBFE3351F3A85F
EOF' > /etc/grub.d/01_users

#利用 grub2-mkconfig 生成新的 grub 配置文件/boot/grub2/grub.cfg
grub2-mkconfig -o /boot/grub2/grub.cfg
```

6.9 实战案例：网络爬虫脚本

网络爬虫又被称为网络蜘蛛或网络机器人，是按照某种规则自动到网络上抓取数据的程序或脚本。例如，我们在网络上面发现了大量的图片或视频等资料，如果你使用鼠标去一张一张地右击进行下载，会消耗大量的时间与精力，此时我们可以设计一个脚本自动抓取网络上的图片或视频的链接，自动批量下载数据。根据网页数据抓取的深度、数据的复杂度不同，设计网络爬虫的难度也有所不同。

首先来看看 http://www.tmooc.cn/这个网站，该网站的一个特色就是网页基本由图片构成，网页效果如图 6-9 所示。

图 6-9　网页效果

如果我们想一次性将这些图片都下载下来，如何操作呢？首先我们需要分析网页源码，可以使用 curl 下载源码，然后慢慢分析网页的数据构成。

```
[root@centos7 ~]# curl http://www.tmooc.cn/ > tmp.txt              #下载网页源码
% Total % Received    % Xferd    Average Speed     Time      Time    TimeCurrent
Dload  Upload   Total   Spent    Left  Speed
100 81123    0 81123    0      0  1221k       0 --:--:-- --:--:-- --:--:-- 1237k
[root@centos7 ~]# more tmp.txt                                    #查看网页源码
[root@centos7 ~]# wc -l tmp.txt                                   #统计文件行数
1388 tmp.txt
```

整个网页的所有源码有一千多行，通过查看网页源码就可以找到图片数据的原始链接，也就是种子 URL，而我们需要的就是这些种子 URL。仔细观察分析源文件可知，这个网站的图片链接在源码文件中的展现形式如下：

<img class=" logo" src="http://cdn.tmooc.cn/tmooc-web/css/img/logo.png"/>。

因此我们需要将包含<img 的数据过滤出来，然后将多余的数据清洗掉即可。

```
[root@centos7 ~]# sed -n '/<img/p' tmp.txt | wc -l #过滤包含 img 的行
54
[root@centos7 ~]# sed -i '/<img/!d' tmp.txt          #将不包含<img 的行都删除
```

数据被处理到这里还不是最终需要的种子 URL，我们还需要继续将多余的字符串清洗掉，源码文件在<img 前面有大量的空格需要删除，另外就是<img class=" logo" src="这些字符串需要删除，最后还有类似于 logo.png 这样的图片文件后面的所有数据都需要删除。

使用.*可以匹配任意长度的任意字符，将.*src="替换为空就可以实现删除的效果。再将".*替换为空就可以将双引号及其后面的所有内容删除。这样最终就成功获取了需要的种子 URL，也就是这些图片的真实下载链接。

```
[root@centos7 ~]# sed -i 's/.*src="//' tmp.txt
[root@centos7 ~]# sed -i 's/".*//' tmp.txt
[root@centos7 ~]# head -3 tmp.txt
http://cdn.tmooc.cn/tmooc-web/css/img/tmooc-logo.png
http://cdn.tmooc.cn/tmooc-web/css/img/tmooc-logo2.png
http://cdn.tmooc.cn/tmooc-web/css/img/user-head.jpg
```

最后我们将上面的这些命令和脚本结合就可以循环自动下载所有图片了。完整的参考脚本如下。

```
[root@centos7 ~]# vim tmooc.sh
#!/bin/bash
#功能描述(Description):编写脚本抓取单个网页中的图片数据

#需要抓取数据的网页链接与种子 URL 文件名
page="http://www.tmooc.cn"
URL="/tmp/spider_$$.txt"

#将网页源代码保存到文件中
curl -s http://www.tmooc.cn/ > $URL

#对文件进行过滤和清洗,获取需要的种子 URL 链接
echo -e "\033[32m 正在获取种子 URL,请稍后...\033[0m"
sed -i '/<img/!d' $URL                #删除不包含<img 的行
sed -i 's/.*src="//' $URL             #删除 src="及其前面的所有内容
sed -i 's/".*//' $URL                 #删除双引号及其后面的所有内容
echo

#检测系统如果没有 wget 下载工具则安装该软件
if ! rpm -q wget &>/dev/null;
then
   yum -y install wget
fi

#利用循环批量下载所有图片数据
#wget 为下载工具,其参数选项描述如下:
#    -P 指定将数据下载到特定目录(prefix)
#    -c 支持断点续传(continue)
#    -q 不显示下载过程(quiet)
echo -e "\033[32m 正在批量下载种子数据,请稍后...\033[0m"
for i in $(cat $URL)
do
   wget -P /tmp/ -c -q $i
done

#删除临时种子列表文件
rm -rf $URL
[root@centos7 ~]# chmod +x tmooc.sh
```

```
[root@centos7 ~]# ./tmooc.sh
正在获取种子 URL,请稍后...
正在批量获取种子数据,请稍后...
```

如果我们需要抓取的页面不止一个呢？这就需要更全面地分析网页源代码，找出规律就可以获取需要的数据。比如 www.dytt8.net 这个网站，里面全部都是视频资源，打开网站首页不难发现网站被分为了几个板块：最新电影、经典电影、国内电影等。

```
[root@centos7 ~]# curl -s https://www.dytt8.net > tmp.txt
[root@centos7 ~]# less tmp.txt
...部分输出内容...
<a href="http://www.ygdy8.net/html/gndy/dyzz/index.html">最新影片
</a></li><li>
<a href="http://www.ygdy8.net/html/gndy/index.html">经典影片</a></li><li>
<a href="http://www.ygdy8.net/html/gndy/china/index.html">国内电影
</a></li><li>
<a href="http://www.ygdy8.net/html/gndy/oumei/index.html">欧美电影
</a></li><li>
...部分输出内容...
[root@centos7 ~]# sed -i '/^<a href="http/!d' tmp.txt
[root@centos7 ~]# cat tmp.txt
<a href="http://www.ygdy8.net/html/gndy/dyzz/index.html">最新影片
</a></li><li>
<a href="http://www.ygdy8.net/html/gndy/index.html">经典影片</a></li><li>
<a href="http://www.ygdy8.net/html/gndy/china/index.html">国内电影
</a></li><li>
<a href="http://www.ygdy8.net/html/gndy/oumei/index.html">欧美电影
</a></li><li>
```

再打开其中一个链接，分析经典影片这个页面的源码可以获得如下格式的电影列表信息，该信息的网页链接仅包含路径，而缺少了网站的域名，因此需要我们添加域名，并需要清洗掉多余的数据。

```
<a href='/html/gndy/dyzz/20190411/58451.html'>视频名称 1</a><br/>
<a href='/html/gndy/dyzz/20190410/58448.html'>视频名称 2</a><br/>
<a href='/html/gndy/dyzz/20190410/58447.html'>视频名称 3</a><br/>
<a href='/html/gndy/jddy/20190406/58409.html'>视频名称 4</a><br/>
[root@centos7 ~]# sed -i 's#^#http://www.ygdy8.net#' tmp.txt
```

```
http://www.ygdy8.net/html/gndy/dyzz/20190411/58451.html
http://www.ygdy8.net/html/gndy/dyzz/20190411/58451.html
http://www.ygdy8.net/html/gndy/dyzz/20190410/58448.html
```

打开其中任意一个网页链接，查看源码后就可以获取到如下格式的视频链接格式。

```
ftp://ygdy8:ygdy8@yg90.dydytt.net:8508/电影文件名称</a></td>
```

结合 sed 和循环就可以一次性获取所有视频的原始链接，因为这些都是容量比较大的视频文件，脚本获取视频链接的路径后可以直接复制到 P2P 下载工具中以更快速地批量下载，如迅雷等下载软件。

本案例完整的参考脚本如下，本脚本仅过滤一级页面的下载链接，读者朋友们也可以根据自己的实际需求进行适当的修改。

```
[root@centos7 ~]# vim movie.sh
```

```
#!/bin/bash
#功能描述(Description):编写网络爬虫,抓取网络视频下载链接
备注：网站随时会改版，此处仅演示方法，读者可根据需要适当修改
tmpfile="/tmp/tmp_$$.txt"
pagefile="/tmp/page_"
moviefile="/tmp/movie_"
listfile="/tmp/list.txt"

#下载首页源码,并获取子页面链接列表
curl -s https://www.dytt8.net > $tmpfile
sed -i '/^<a href="http/!d' $tmpfile

#上面进行数据过滤后结果如下,需要继续使用 sed 将多余的数据清洗掉
#<a href="https://www.ygdy8.net/html/gndy/dyzz/index.html">最新影片
</a></li><li>
#<a href="https://www.ygdy8.net/html/gndy/index.html">经典影片
</a></li><li>
#<a href="https://www.ygdy8.net/html/gndy/china/index.html">国内电影
</a></li><li>
#<a href="https://www.ygdy8.net/html/gndy/oumei/index.html">欧美电影
</a></li><li>
sed -i 's/<a href="//' $tmpfile
```

```
LANG=C sed -i 's/".*//' $tmpfile
#因为数据源中有中文,LANG=C 可以临时设置语言环境,让 sed 可以处理中文
#清洗后结果如下:
#https://www.ygdy8.net/html/gndy/dyzz/index.html
#https://www.ygdy8.net/html/gndy/index.html
#https://www.ygdy8.net/html/gndy/china/index.html
#https://www.ygdy8.net/html/gndy/oumei/index.html

#利用循环访问每个子页面,分别获取电影列表信息
echo -e "\033[32m 正在抓取网站中视频数据的链接.\033[0m"
echo "根据网站数据量不同,可能需要比较长的时间,请耐心等待..."
x=1
y=1
for i in $(cat $tmpfile)
do
   curl -s $i > $pagefile$x
   #第一行到包含[start:body content]内容行之间的所有行删除
   sed -i '1,/start:body content/d' $pagefile$x
   #删除包含 index.html 的行
   sed -i "/index.html/d" $pagefile$x
   #仅保留包含<a href 的行,其他行都删除
   sed -i '/<a href/!d' $pagefile$x
   #清理除网页链接路径之外的字符数据
   sed -i 's/.*<a href="//' $pagefile$x
   LANG=C sed -i 's/".*//' $pagefile$x
   LANG=C sed -i "s/.*='//" $pagefile$x
   LANG=C sed -i "s/'.*//" $pagefile$x
   #删除包含 list 或者#的行
   sed -ri '/list|#/d' $pagefile$x
   #给数据链接路径前面添加网站,修改前后对比效果如下
   #修改前:/html/gndy/dyzz/20190411/58451.html
   #修改后:https://www.ygdy8.net/html/gndy/dyzz/20190411/58451.html
   sed -i 's#^#https://www.ygdy8.net#' $pagefile$x
   for j in $(cat $pagefile$x)
   do
      curl -s $j > $moviefile$y
      sed -i '/ftp/!d' $moviefile$y
      LANG=C sed -i 's/.*="//' $moviefile$y
      LANG=C sed -i 's/">.*//' $moviefile$y
      #将最终过滤的视频链接保存至$listfile 文件
```

```
        cat $moviefile$y >> $listfile
        let y++
    done
    let x++
done
sed -i '/^ftp:/!d' $listfile
rm -rf $tmpfile
rm -rf $pagefile
rm -rf $moviefile
```

6.10 Shell 小游戏之点名抽奖器

企业年会、学校的课堂上往往都需要随机点名器，点名器为我们节约了大量的时间与精力去完成快速抽取人员名单的任务，也是相对比较公平的一种方式。点名器首先需要一个保存所有人名列表的文件，其次就是编写程序随机从人员文件中抽取姓名，每次随机从文件中显示一行即可实现。

[root@centos7 ~]# **vim name.txt**

```
李白
杜甫
白居易
孟浩然
苏轼
李清照
欧阳修
李商隐
韩愈
柳宗元
```

[root@centos7 ~]# **vim roll.sh**

```
#!/bin/bash
#功能描述(Description):随机点名抽奖器

#按 Ctrl+C 组合键时:恢复光标,恢复终端属性,清屏,退出脚本
#防止程序意外中断导致的终端混乱
trap 'tput cnorm;stty $save_property;clear;exit' 2
```

```
#定义变量:人员列表文件名,文件的行数,屏幕的行数,屏幕的列数
name_file="name.txt"
line_file=$(sed -n '$=' $name_file)
line_screen=`tput lines`
column_screen=`tput cols`

#设置终端属性
save_property=$(stty -g)                   #保存当前终端所有属性
tput civis                                 #关闭光标

#随机抽取一个人名(随机点名)
while :
do
   tmp=$(sed -n "$[RANDOM%line_file+1]p" $name_file)
   #随机获取文件的某一行人名
   tput clear                             #清屏
   tput cup $[line_screen/4] $[column_screen/4]
   echo -e "\033[3;5H     随机点名器(按 P 停止):        "
   echo -e "\033[4;5H##############################"
   echo -e "\033[5;5H#                            #"
   echo -e "\033[6;5H#\t\t$tmp\t\t#"
   echo -e "\033[7;5H#                            #"
   echo -e "\033[8;5H##############################"
   sleep 0.1
   stty -echo
   read -n1 -t0.1 input
   if [[ $input == "p" || $input == "P" ]];then
      break
   fi
done
tput cnorm                                 #恢复光标
stty $save_property                        #恢复终端属性
```

```
[root@centos7 ~]# chmod +x roll.sh
[root@centos7 ~]# ./roll.sh
        随机点名器(按 P 停止):
   ##############################
   #                            #
   #            苏轼            #
   #                            #
   ##############################
```

7

第 7 章 不可思议的编程语言 awk

awk是专门为文本处理设计的编程语言，awk与sed类似都是以数据驱动的行处理软件，通常我们会使用它进行数据扫描、过滤、统计汇总工作，数据可以来自标准输入、管道或者文件。awk在 20 世纪 70 年代诞生于贝尔实验室，其名称源于该软件三名开发者的姓氏 [1]。awk有很多版本，在 1985—1988 年被大量修订与重写并于 1988 年发布的Gnu awk，是目前应用最广泛的版本，在CentOS7 系统中默认使用的就是Gnu awk。

7.1 awk 基础语法

1）记录与字段

awk 是一种处理文本文件的编程语言，文件的每行数据被称为记录，默认以空格或制

[1] AWK 软件的开发者分别是 Alfred Aho、Peter Weinberger、Brian Kernighan。

表符为分隔符，每条记录会被分成若干字段（列），awk 每次从文件中读取一条记录。

语法格式如下。

```
awk [选项] '条件{动作} 条件{动作} ... ...' 文件名 ...
```

2）内置变量

awk 语法由一系列条件和动作组成，在花括号内可以有多个动作，在多个动作之间使用分号分隔，在多个条件和动作之间可以有若干空格，也可以没有。awk 会逐行扫描以读取文件内容，从第一行到最后一行，寻找与条件匹配的行，并对这些匹配的数据行执行特定的动作。条件可以是正则匹配、数字或字符串比较，动作可以是打印需要过滤的数据或者其他，如果没有指定条件则可以匹配所有数据行，如果没有指定动作则默认为 print 打印操作。因为 awk 是逐行处理软件，所以这里的动作默认都隐含着循环，条件被匹配多少次，动作就被执行多少次。awk 有很多内置变量，表 7-1 为常用的 awk 内置变量。

表 7-1　常用awk内置变量

变量名	描述
FILENAME	当前输入文档的名称
FNR	当前输入文档的当前行号，尤其当有多个输入文档时有用
NR	输入数据流的当前行号
$0	当前行的全部数据内容
$n...	当前行的第*n*个字段的内容（*n*>=1）
NF	当前记录（行）的字段（列）个数
FS	字段分隔符，默认为空格或Tab制表符
OFS	输出字段分隔符，默认为空格
ORS	输出记录分隔符，默认为换行符\n
RS	输入记录分隔符，默认为换行符\n

```
[root@centos7 ~]# free                                              #查看内存
        total      used      free      shared    buff/cache   available
Mem:    2031888    350652    1554772   8820      126464       1526568
Swap:   2097148    0         2097148
[root@centos7 ~]# free | awk '{print $2}'                           #逐行打印第 2 列
used
2031888
2097148
```

上面命令的执行流程可用图表示，如图 7-1 所示。

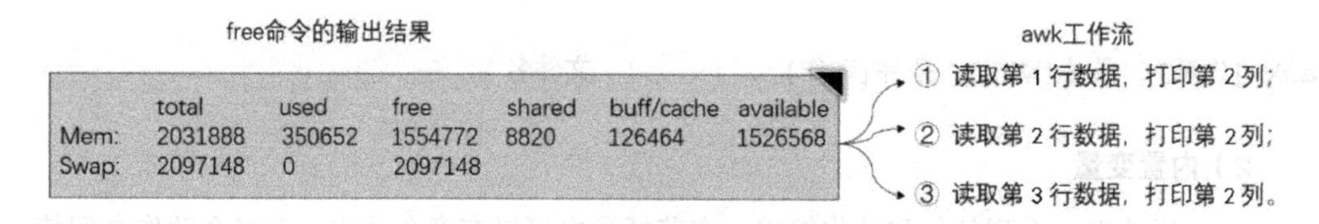

图 7-1 awk 数据处理流程图

free 命令输出的内容有 3 行，而 awk 是逐行处理工具，当读取第 1 行数据时，因为 awk 没有指定匹配条件，可以匹配所有数据行，而条件匹配成功则执行 print $2 这个动作（打印第 2 列数据），因此屏幕输出的内容为 used，接着读取第 2 行数据，再次执行 print $2 打印第 2 行的第 2 列数据，因此屏幕输出的内容是 2031888，最后读取第 3 行数据，执行 print $2 打印第 3 行的第 2 列数据，所以屏幕输出的内容是 2097148。

由此可知，动作指令 print $2 虽然只写了一次，但是 awk 隐含了循环，条件匹配多少次，动作就会被执行多少次。上面的案例因为数据源有 3 行，因此打印第 2 列的动作也被重复执行了 3 次。

```
[root@centos7 ~]# free | awk '{print NR}'                    #输出行号
1
2
3
```

awk 内置变量 NR 为当前行的行号，当 awk 读取 free 命令输出的第 1 行时，执行 print NR 后屏幕输出当前行号 1，接着读取第 2 行数据，再次执行 print NR 后屏幕输出当前行号为 2，最后读取第 3 行数据，执行 print NR 后屏幕输出当前行号为 3。

```
[root@centos7 ~]# free | awk '{print NF}'                    #输出每行数据的列数
6
7
4
```

awk 内置变量 NF 为当前行的字段数（列数），如果以空格或者 Tab 制表符为分隔符计算，free 命令输出的第 1 行有 6 列，第 2 行有 7 列，第 3 行有 4 列。

```
[root@centos7 ~]# vim test1.txt                          #创建素材文件
hello the world!
Other men live to eat, while I eat to live.
It is never too late to mend.
[root@centos7 ~]# vim test2.txt                          #创建素材文件
biscuit:crisp:chicken
salt-jam::oil,sugar
banana:lemon,pear--apple:grape
[root@centos7 ~]# awk '{print $2}' test1.txt             #打印文件每行第 2 列
the
men
is
[root@centos7 ~]# awk '{print $3}' test1.txt             #打印文件每行第 3 列
world!
live
never
[root@centos7 ~]# awk '{print $0}' test1.txt             #打印每行全部内容
hello the world!
Other men live to eat, while I eat to live.
It is never too late to mend.
[root@centos7 ~]# awk '{print}' test1.txt                #打印每行全部内容
hello the world!
Other men live to eat, while I eat to live.
It is never too late to mend.
[root@centos7 ~]# awk '{print NR}' test1.txt             #打印当前行行号
1
2
3
[root@centos7 ~]# awk '{print NR}' test2.txt             #打印当前行行号
1
2
3
[root@centos7 ~]# awk '{print NR}' test1.txt test2.txt
1
2
3
4
```

```
5
6
[root@centos7 ~]# awk '{print FNR}' test1.txt test2.txt
1
2
3
1
2
3
```

同样都是输出行号，内置变量 NR 会将所有文件的数据视为一个数据流，NR 仅保存的是这些数据流的递增行号，而 FNR 则是将多个文件的数据视为独立的若干个数据流，遇到新文件时行号会从 1 开始重新递增，也就是 FNR 保存的是某行数据在源文件中的行号。

```
[root@centos7 ~]# awk '{print NF}' test1.txt                #打印每行数据的列数
3
10
7
[root@centos7 ~]# awk '{print $NF}' test1.txt               #打印每行的最后 1 列[1]
world!
live.
mend.
[root@centos7 ~]# awk '{print $(NF-1)}' test1.txt           #打印每行倒数第 2 列
the
to
to
[root@centos7 ~]# awk '{print $(NF-2)}' test1.txt           #打印每行倒数第 3 列
hello
eat
late
[root@centos7 ~]# awk '{print FILENAME}' test1.txt          #打印文件名
test1.txt
test1.txt
test1.txt
```

1. 假设数据行有 7 列，即 NF=7，因此$NF 也就是$7（第 7 列）。

为什么输出了 3 次文件名呢？因为 awk 是逐行处理软件，满足条件则执行动作指令，上面的命令在动作指令前面没有编写条件，则默认匹配所有，而 test1.txt 文件有 3 行数据，因此屏幕最终输出了 3 次文件名信息。

3）自定义变量

awk 可以通过-v（variable）选项设置或者修改变量的值，我们可以使用-v 定义新的变量，也可以使用该选项修改内置变量的值。

```
[root@centos7 ~]# awk -v x="Jacob" '{print x}' test1.txt      #定义变量，输出变量值
Jacob
Jacob
Jacob
[root@centos7 ~]# awk -v x="Jacob" -v y=11 '{print x,y}' test1.txt
Jacob 11
Jacob 11
Jacob 11
[root@centos7 ~]# awk -v x="Jacob" -v y=11 '{print y,x}' test1.txt
11 Jacob
11 Jacob
11 Jacob
```

有时编写 awk 命令需要系统变量的值，我们也可以通过-v 选项或者组合多个引号实现这样的功能。

```
[root@centos7 ~]# x="hello"                                   #自定义系统变量
[root@centos7 ~]# awk -v i=$x '{print i}' test1.txt           #awk 调用系统变量一
hello
hello
hello
[root@centos7 ~]# i="hello"                                   #定义系统变量
[root@centos7 ~]# awk '{print "'$i'"}' test1.txt              #awk 调用系统变量二
hello
hello
hello
```

上面这条命令在变量$i 外面是双引号加单引号的组合。

```
[root@centos7 ~]# cat test2.txt                               #查看素材文件
biscuit:crisp:chicken
salt-jam::oil,sugar
banana:lemon,pear--apple:grape
[root@centos7 ~]# awk -v FS=":" '{print $1}' test2.txt  #重新定义分隔符为冒号
biscuit
banana
salt-jam
[root@centos7 ~]# awk -v FS=":" '{print $2}' test2.txt
crisp

lemon,pear--apple
```

使用-v 选项重新定义字段分隔符为冒号，读取第 1 行数据，输出第 2 列内容为 crisp；继续读取第 2 行数据，因为有两个连续的冒号::，因此以冒号为分隔符第 2 列为空；最后读取第 3 行，以冒号为分隔符，输出第 2 列内容为 lemon,pear—apple。

我们还可以使用[]定义分隔符集合，同时设置多个分隔符。比如使用[:,-]表示以冒号（：）、逗号（，）或者横线（-）为分隔符。

提示 在[]集合中的横线，放在中间位置表示范围区间，比如[a-z]。而当我们需要的是普通字符-时，就需要将其放在最前或者最后面，比如[-abc]或者[abc-]。

```
[root@centos7 ~]# awk -v FS="[:,-]" '{print $1}' test2.txt
biscuit
salt
banana
[root@centos7 ~]# awk -v FS="[:,-]" '{print $2}' test2.txt
crisp
jam
lemon
[root@centos7 ~]# awk -v FS="[:,-]" '{print $3}' test2.txt
chicken

pear
[root@centos7 ~]# awk -v FS="[:,-]" '{print $4}' test2.txt

oil
```

```
[root@centos7 ~]# awk -v FS="[:,-]" '{print $5}' test2.txt

sugar
apple
```

因为自定义数据行字段的分隔符属于经常使用的功能，为了方便自定义字段分隔符，awk 程序还替换了一个-F 选项，可以直接指定数据字段的分隔符。

```
[root@centos7 ~]# awk -F: '{print $1}' test2.txt        #定义冒号为字段分隔符
biscuit
salt-jam
banana
[root@centos7 ~]# awk -F: '{print $2}' test2.txt
crisp

lemon,pear--apple
[root@centos7 ~]# awk -F"[:,-]" '{print $2}' test2.txt #使用集合定义分隔符
crisp
jam
lemon
[root@centos7 ~]# awk -F"[:,-]" '{print $3}' test2.txt
chicken

pear
```

内置变量 RS 保存的是输入数据的记录分隔符，也就是行分隔符，默认值为\n 换行符。通过修改 RS 的值同样可以指定其他字符为记录分隔符。

```
[root@centos7 ~]# cat test1.txt                              #查看素材文件
hello the world!
Other men live to eat, while I eat to live.
It is never too late to mend.
[root@centos7 ~]# awk -v RS="," '{print $1}' test1.txt #定义以逗号为行分隔符
hello
while
```

在我们自定义使用逗号作为记录行的分隔符后，hello the world!\nOther men live to eat

就被系统识别为了文件的第 1 行数据，而 while I eat to live.\nIt is never too late to mend，则被识别为文件的第 2 行数据，因此当使用 print $1 输出每行第一列数据时，其结果分别为 hello 和 while。

另外，内置变量 OFS 保存的是输出字段的分隔符，默认为空格，而变量 ORS 保存的是输出记录的分隔符，默认为换行符\n。这些内置变量也都可以使用-v 选项来自定义修改。

```
[root@centos7 ~]# awk  '{print $3,$1,$3}' test1.txt     #默认字段分隔符为空格
world! hello world!
live Other live
never It never
[root@centos7 ~]# awk -v OFS=":" '{print $3,$1,$3}' test1.txt #定义字段分隔符为冒号
world!:hello:world!
live:Other:live
never:It:never
[root@centos7 ~]# awk -v OFS="-" '{print $3,$1,$3}' test1.txt
world!-hello-world!
live-Other-live
never-It-never
[root@centos7 ~]# awk -v OFS="\t" '{print $3,$1,$3}' test1.txt
world!  hello   world!
live        Other   live
never   It      never
```

默认输出字段（列）之间使用空格作为分隔符，但是我们也可以修改 OFS 的值为其他字符，比如冒号、横线或者 Tab 制表符。

```
[root@centos7 ~]# awk -v OFS=". " '{print NR,$0}' test1.txt
1. hello the world!
2. Other men live to eat, while I eat to live.
3. It is never too late to mend.
```

上面的命令通过修改 OFS 定义输出分隔符为点和空格，这样后面在逐行读取数据并打印 NR（行号）和$0（全行所有数据内容）时，两个数据记录之间的分隔符就是点和空格。

```
[root@centos7 ~]# awk  '{print}' test1.txt              #默认行分隔符为换行符
hello the world!
```

```
Other men live to eat, while I eat to live.
It is never too late to mend.
[root@centos7 ~]# awk -v ORS=":" '{print}' test1.txt    #自定义行分隔符为冒号
hello the world!:Other men live to eat, while I eat to live.:It is never too
late to mend.:
```

awk 为逐行处理软件，默认在读取第 1 行数据并输出该行内容后，会自动在其后追加一个\n 换行符，接着处理后续的其他数据行。但如果我们修改了 ORS 变量的值，也可以将行的分隔符（记录分隔符）修改为其他字符，比如冒号（：），上面的命令通过-v 参数修改 ORS 变量的值为冒号。

4）print 指令

使用 print 指令输出特定数据时，我们可以输出变量数据，同时也还可以直接输出常量，如果是字符串常量需要使用双引号括起来，如果是数字常量则可以直接打印。下面的命令都是 test1.txt 文件，有 3 行数据内容，因此所有的动作指令都会被循环执行 3 次。

```
[root@centos7 ~]# awk '{print "CPU"}' test1.txt
CPU
CPU
CPU
[root@centos7 ~]# awk '{print "data:",$1}' test1.txt
data: hello
data: Other
data: It
[root@centos7 ~]# awk '{print 12345}' test1.txt
12345
12345
12345
[root@centos7 ~]# awk '{print $1,12345,$3}' test1.txt
hello 12345 world!
Other 12345 live
It 12345 never
[root@centos7 ~]# awk '{print "第1列:"$1,"\t第2列:"$2}' test1.txt
第1列:hello      第2列:the
第1列:Other      第2列:men
第1列:It         第2列:is
```

5）条件匹配

前面的案例都没有编写条件匹配，awk 支持使用正则进行模糊匹配，也支持字符串和数字的精确匹配，并且支持逻辑与和逻辑或。awk 比较符号如表 7-2 所示。

表 7-2　awk比较符号

比较符号	描述
//	全行数据正则匹配
!//	对全行数据正则匹配后取反
~//	对特定数据正则匹配
!~//	对特定数据正则匹配后取反
==	等于
!=	不等于
>	大于
>=	大于等于
<	小于
<=	小于等于
&&	逻辑与，如A&&B，要求满足A并且满足B
||	逻辑或，如A||B，要求满足A或者满足B

```
[root@centos7 ~]# awk '/world/{print}' test1.txt        #打印包含 world 的行
hello the world!
[root@centos7 ~]# awk '/world/' test1.txt               #打印包含 world 的行
hello the world!
```

上面两条命令都是输出包含 world 的数据行，当没有动作指令时则默认指令是 print 打印当前行所有数据内容。awk 会逐行读取所有数据，对每行数据都进行正则匹配，匹配到包含 word 的数据行时则打印全部所有内容。awk 数据处理流程如图 7-2 所示。

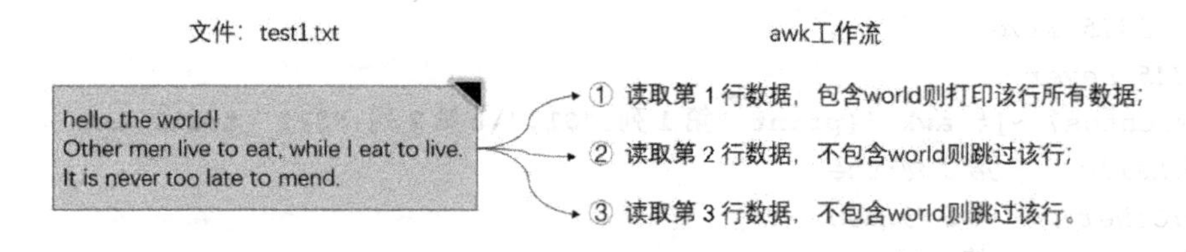

图 7-2　awk 数据处理流程

```
[root@centos7 ~]# awk '/the/' test1.txt                 #每行正则包含 the
hello the world!
Other men live to eat, while I eat to live.
```

第 1 行的“hello the world！”包含关键词 the，第 2 行也包含 the 关键词，而正则匹配仅关心是否包含 the，并不关心位置，匹配包含 the 则打印该行所有数据内容，第 3 行的数据中并不包含 the 关键词，则跳过该行不输出任何内容。

默认正则匹配是对每行所有数据内容进行匹配，但是 awk 支持仅对某列进行正则匹配，在两个数据之间进行正则匹配需要使用正则比较符（~）进行匹配比较。

```
[root@centos7 ~]# awk '$2~/the/' test1.txt              #每行第 2 列正则匹配 the
hello the world!
```

该命令仅对每行的第 2 列进行正则匹配包含 the 的数据行，第 1 行的第 2 列包含 the 则打印输出该行的所有内容，第 2 行的第 2 列为 men，不包含 the 则跳过该行，第 3 行的第 2 列为 is，不包含 the 则通过跳过该行数据，没有任何数据输出。

```
[root@centos7 ~]# awk '$3~/never/{print $1,$4,$5}' test1.txt
It too late
```

读取 test1.txt 文件的每行数据，逐行匹配第 3 列是否包含 never 关键词，如果包含则打印输出该行的第 1 列、第 4 列及第 5 列。

```
[root@centos7 ~]# awk '$4~/to/' test1.txt               #第 4 列正则匹配包含 to 的行
Other men live to eat, while I eat to live.
It is never too late to mend.
[root@centos7 ~]# awk '$4=="to"' test1.txt              #第 4 列精确匹配 to
Other men live to eat, while I eat to live.
```

当使用~进行正则匹配时，仅要求每行第 4 列包含 to 即可，因此 too 也是可以匹配成功的，最终第 2 行和第 3 行数据都被打印输出。而使用==进行精确匹配时，则仅有第 3 行才可以匹配成功，最终仅输出第 3 行的数据内容。

```
[root@centos7 ~]# awk '$2!="the"' test1.txt             #第 2 列不等于 the
Other men live to eat, while I eat to live.
```

```
It is never too late to mend.
```

精确匹配关键词 the，第 2 列不等于 the 的行则打印输出该行的所有内容。

```
[root@centos7 ~]# head -2 /etc/passwd                    #查看素材文件内容
root:x:0:0:root:/root:/bin/bash
bin:x:1:1:bin:/bin:/sbin/nologin
[root@centos7 ~]# awk -F: '$3<=10' /etc/passwd        #匹配第 3 列小于 10 的行
root:x:0:0:root:/root:/bin/bash
bin:x:1:1:bin:/bin:/sbin/nologin
daemon:x:2:2:daemon:/sbin:/sbin/nologin
adm:x:3:4:adm:/var/adm:/sbin/nologin
lp:x:4:7:lp:/var/spool/lpd:/sbin/nologin
sync:x:5:0:sync:/sbin:/bin/sync
shutdown:x:6:0:shutdown:/sbin:/sbin/shutdown
halt:x:7:0:halt:/sbin:/sbin/halt
mail:x:8:12:mail:/var/spool/mail:/sbin/nologin
```

上面这条命令逐行精确匹配/etc/passwd 文件的第 3 列，如果第 3 列的数字小于等于 10，则打印该行所有数据内容。

```
[root@centos7 ~]# awk -F: '$3>=100' /etc/passwd   #匹配第 3 列大于等于 100 的行
systemd-network:x:192:192:systemd Network Management:/:/sbin/nologin
polkitd:x:999:997:User for polkitd:/:/sbin/nologin
```

上面这条命令逐行精确匹配/etc/passwd 文件的第 3 列，如果第 3 列的数字大于等于 100，则打印该行所有数据内容。

```
[root@centos7 ~]# awk -F: '$3<=10{print $1}' /etc/passwd
root
bin
daemon
adm
lp
sync
shutdown
halt
mail
```

上面这条命令逐行精确匹配/etc/passwd 文件的第 3 列，如果第三列的数字小于等于 10 则打印该行第 1 列的数据内容。

```
[root@centos7 ~]# awk 'NR==4' /etc/passwd        ……#仅显示第 4 行数据内容
adm:x:3:4:adm:/var/adm:/sbin/nologin
[root@centos7 ~]# awk -F: '$3>1&&$3<5' /etc/passwd #逻辑与，满足两个条件
daemon:x:2:2:daemon:/sbin:/sbin/nologin
adm:x:3:4:adm:/var/adm:/sbin/nologin
lp:x:4:7:lp:/var/spool/lpd:/sbin/nologin
[root@centos7 ~]# awk -F: '$3==1||$3==5' /etc/passwd ……#逻辑或，满足两个条件之一
bin:x:1:1:bin:/bin:/sbin/nologin
sync:x:5:0:sync:/sbin:/bin/sync
```

awk 的匹配条件可以是 BEGIN 或 END（大写字母），BEGIN 会导致动作指令仅在读取任何数据记录之前执行一次，END 会导致动作指令仅在读取完所有数据记录后执行一次。利用 BEGIN 我们可以进行数据的初始化操作，而 END 则可以帮助我们进行数据的汇总操作。

```
[root@centos7 ~]# awk 'BEGIN{print "OK"}'
OK
```

BEGIN 后面的动作指令，在读取任何数据记录前就被执行且仅执行一次，因此上面的指令不需要通过文件读取任何数据即可执行，如果添加了文件也没有任何影响。

```
[root@centos7 ~]# awk 'BEGIN{print "OK"}' /etc/passwd
OK
[root@centos7 ~]# awk 'END{print NR}' /etc/passwd
18
```

END 后面的动作指令，仅在读取完所有数据流之后被执行一次，NR 变量的值为当前行的行号，读取第 1 行数据时 NR 的值为 1，读取第 2 行数据时 NR 的值为 2，依此类推。因为 END 的指令在读取完所有数据行之后才会执行，当读取完所有数据行后 NR 的值为/etc/passwd 文件最后一行的行号，此时再打印输出 18，表示/etc/passwd 文件有 18 行。

```
[root@centos7 ~]# awk -F:  \
'BEGIN{print "用户名 UID 解释器"}  \
{print $1,$3,$7} \
END {print "总计有"NR"个账户."}'   /etc/passwd
用户名 UID 解释器
root 0 /bin/bash
bin 1 /sbin/nologin
daemon 2 /sbin/nologin
adm 3 /sbin/nologin
lp 4 /sbin/nologin
...忽略部分输出内容...
总计有 47 个账户.
[root@centos7 ~]# awk -F:  \
'BEGIN{print "用户名 UID 解释器"}  \
{print $1,$3,$7}  \
END {print "总计有:"NR"个账户."}'   /etc/passwd | column -t
用户名      UID      解释器
root        0        /bin/bash
bin         1        /sbin/nologin
daemon      2        /sbin/nologin
adm         3        /sbin/nologin
...忽略部分输出内容...
总计有:47 个账户.
```

上面的命令在读取/etc/passwd 文件内容之前先在屏幕输出标题“用户名 UID 解释器”，接着逐行读取文件每行内容，每读取一行数据就以冒号进行分隔，打印输出第 1 列、第 3 列和第 7 列，当所有数据行都读取完毕后，在屏幕上打印输出常量与变量，打印常量字符串“总计有”和“个账户”，打印变量 NR，而读取完所有行后再打印 NR，NR 为最后一行的行号，47 行表示系统中有 47 个用户。

awk 还可以通过算术运算符进行数字计算。

```
[root@centos7 ~]# awk 'BEGIN{print 2+3}'                    #加法运算
5
[root@centos7 ~]# awk 'BEGIN{print 10-4}'                   #减法运算
6
[root@centos7 ~]# awk 'BEGIN{print 2*3}'                    #乘法运算
6
```

```
[root@centos7 ~]# awk 'BEGIN{print 2/10}'                   #除法运算
0.2
[root@centos7 ~]# awk 'BEGIN{print 6%3}'                    #取余运算
0
[root@centos7 ~]# awk 'BEGIN{print 2**3}'                   #幂运算
8
[root@centos7 ~]# awk 'BEGIN{print 4**3}'                   #幂运算
64
[root@centos7 ~]# awk 'BEGIN{x=8;y=2;print x-y}'            #对变量进行减法运算
6
[root@centos7 ~]# awk 'BEGIN{x=8;y=2;print x*y}'            #对变量进行乘法运算
16
[root@centos7 ~]# awk 'BEGIN{x=1;x++;print x}'              #x=x+1
2
[root@centos7 ~]# awk 'BEGIN{x=1;x--;print x}'              #x=x-1
0
[root@centos7 ~]# awk 'BEGIN{x=1;x+=8;print x}'             #x=x+8
9
[root@centos7 ~]# awk 'BEGIN{x=8;x-=2;print x}'             #x=x-2
6
[root@centos7 ~]# awk 'BEGIN{x=8;x*=2;print x}'             #x=x*2
16
[root@centos7 ~]# awk 'BEGIN{x=8;x/=2;print x}'             #x=x/2
4
[root@centos7 ~]# awk 'BEGIN{x=8;x%=2;print x}'             #x=x%2
0
```

在 awk 中变量不需要定义就可以直接使用，作为字符处理时未定义的变量默认值为空，作为数字处理时未定义的变量默认值为 0。

```
[root@centos7 ~]# awk 'BEGIN{print x+8}'                    #print 0+8
8
[root@centos7 ~]# awk 'BEGIN{print x*8}'                    #print 0*8
0
[root@centos7 ~]# awk 'BEGIN{print "["x"]","["y"]"}'        #x 和 y 变量默认为空
[] []
```

使用双引号引用的[和]被识别为常量字符串，输入什么即打印什么，x 和 y 没有引号则

被识别为变量，没有任何计算操作，awk 将其识别为字符型变量，输出结果为空，最终打印两个方括号[]，方括号中间为空。

```
[root@centos7 ~]# awk 'BEGIN{print "打印空格:"x,"打印空格:"y,"END"}'
打印空格: 打印空格: END
[root@centos7 ~]# awk '/bash$/{x++} END{print x}' /etc/passwd
2
```

逐行读取/etc/passwd 文件，x 初始值为 0，匹配以 bash 结尾的行时执行 x++，读取完所有数据行后打印 x 的值。如果第 1 行以 bash 结尾则 x++=1，如果第 2 行数据不以 bash 结尾则跳过，依此类推。上面的命令最终输出 2 表示系统中有两个账户的解释器为 bash。

```
[root@centos7 ~]# who                                          #查看当前登录信息
root      pts/0        2019-04-20 09:03 (:7)
root      pts/1        2019-04-20 14:00 (:9)
tom     pts/8        2019-04-20 14:00 (:9)
root      pts/9        2019-04-20 14:00 (:9)
jerry     pts/6        2019-04-21 09:29 (118.247.254.22)
[root@centos7 ~]# who | awk '$1=="root"{x++} END{print x}'      #统计 root 登录次数
3
[root@centos7 ~]# seq 200 | awk '$1%7==0 && $1~/7/'
7
70
77
147
175
```

打印 1～200 之间所有能被 7 整除并且包含 7 的整数数字。首先将第 1 列对 7 进行取余计算（$1%7），然后判断取余的值是否等于 0，等于 0 表示可以整除，否则无法整除，最后对第 1 列进行正则匹配，看它是否包含 7。

```
[root@centos7 ~]# df                                  #查看文件系统信息
Filesystem              1K-blocks    Used Available Use% Mounted on
/dev/mapper/centos-root  49250820 1097240  48153580   3% /
devtmpfs                  1004876       0   1004876   0% /dev
tmpfs                     1015944       0   1015944   0% /dev/shm
tmpfs                     1015944    8788   1007156   1% /run
```

```
tmpfs                  1015944        0   1015944   0% /sys/fs/cgroup
/dev/sda1               1038336  127480    910856  13% /boot
tmpfs                   203192        0    203192   0% /run/user/0
[root@centos7 ~]# df | tail -n +2                        #从第 2 行开始显示
/dev/mapper/centos-root  49250820 1097240  48153580   3% /
devtmpfs                1004876        0   1004876   0% /dev
tmpfs                  1015944        0   1015944   0% /dev/shm
tmpfs                  1015944     8788   1007156   1% /run
tmpfs                  1015944        0   1015944   0% /sys/fs/cgroup
/dev/sda1               1038336  127480    910856  13% /boot
tmpfs                   203192        0    203192   0% /run/user/0
[root@centos7 ~]# df | tail -n +2 | awk '{sum+=$4} END{print sum}'
53311548
```

上面的命令先通过 df 查看文件系统信息，使用 tail -n +2 可以从第 2 行开始显示文件系统的信息，这样就可以把不包含任何数据的标题行去除，然后将命令的输出结果作为数据流管道给 awk 进行处理，awk 每读取一行数据就执行一次 sum+=$4，sum 变量没有初始化定义，因此初始值为 0，而 df 输出的每行第 4 列为剩余容量。awk 读取数据流的第 1 行数据时执行 sum+=$4（sum=0+48153580），结果 sum 中保存的就是第一个文件系统的剩余容量，接着 awk 读取数据流的第 2 行数据再次执行 sum+=$4（sum=48153580+1004876），因此 sum 变量中保存的就是前面两个文件系统剩余容量的总和，依此类推，将所有行的第 4 列累加后，通过 END 执行 print 打印出来的 sum 变量的值就是所有文件系统剩余容量的总和。该命令的执行流程如图 7-3 所示。

图 7-3　awk 统计文件系统剩余容量流程图

```
[root@centos7 ~]# ls -l /etc/*.conf                              #查看文件详细信息
-rw-r--r--. 1 root root   55 Mar  1  2017 /etc/asound.conf
-rw-r--r--. 1 root root 1285 Aug  5  2017 /etc/dracut.conf
-rw-r--r--. 1 root root  112 Mar 16  2017 /etc/e2fsck.conf
-rw-r--r--. 1 root root   38 May  2  2017 /etc/fuse.conf
...忽略部分输出内容...
[root@centos7 ~]# ls -l /etc/*.conf | awk '{sum+=$5} END{print sum}'
31285
```

上面这条命令可以统计/etc/目录下所有以.conf 结尾的文件的容量总和，通过 ls -l 命令可以显示特定文件的详细信息，其中第 5 列为文件的容量大小。

```
[root@centos7 ~]# ls -l /etc                           #列出所有文件和目录的信息
total 1044
-rw-r--r--.  1 root root     16 Mar 12 21:30 adjtime
-rw-r--r--.  1 root root   1518 Jun  7  2013 aliases
-rw-r--r--.  1 root root  12288 Mar 12 21:50 aliases.db
drwxr-xr-x.  2 root root    236 Mar 12 21:25 alternatives
...忽略部分输出内容...
[root@centos7 ~]# ls -l /etc | awk '/^-/{sum+=$5} END{print "文件总容量:"sum"."}'
文件总容量:801003.
```

ls -l 命令的输出结果中以-开头的行代表普通文件，以 d 开头的行代表目录，以 l 开头的行代表链接文件，以-d 开头的行代表块设备文件（如磁盘、光盘等），以 c 开头的行代表字符设备文件（如鼠标、键盘等）。

7.2 awk 条件判断

7.1 节中的案例都是在使用 awk 进行数据的基本过滤和统计工作，而 awk 作为一门数据驱动的编程语言，功能远不止于此，它有自己的循环和判断语句，并且支持函数等更高级的功能。下面我们先来看看 awk 的 if 条件判断语句。

与其他所有语言一样，awk 的 if 判断语句同样支持单分支、双分支及多分支判断。

awk 的单分支 if 判断语法格式如下，if 判断后面如果只有一个动作指令，则花括号{}可以省略，如果 if 判断后面的指令为多条指令则需要使用花括号{}括起来，多个指令使用分号分隔。

```
if(判断条件){
动作指令序列;
}
```

awk 的双分支 if 判断语法格式如下。

```
if(判断条件){
动作指令序列 1;
}
else{
动作指令序列 2;
}
```

awk 的多分支 if 判断语法格式如下。

```
if(判断条件 1){
动作指令序列 1;
}
else if(判断条件 2){
动作指令序列 2;
}
... ...
else{
动作指令序列 N;
}
```

if 属于判断指令，而在 awk 中所有的动作指令都必须写在{}中。

1）单分支 if 语句的案例

```
[root@centos7 ~]# ps -eo user,pid,pcpu,comm                    #查看进程列表信息
USER        PID %CPU COMMAND
root          1  0.0 systemd
```

```
root          2  0.0 kthreadd
root          3  0.0 ksoftirqd/0
root          5  0.0 kworker/0:0H
root          7  0.0 migration/0
...忽略部分输出内容...
```

ps 命令可以查看 Linux 系统当前进程列表信息，通过-e 显示所有进程信息，-o 可以指定我们需要输出的信息内容，这里我们需要输出的是进程的用户、进程的 PID、进程占用 CPU 的百分比及进程的名称信息。

```
[root@centos7 ~]# ps -eo user,pid,pcpu,comm | awk '{ if($3>0.5) {print} }'
root        244  0.8 plymouthd
root      14177  1.3 gnome-shell
root      30691  0.6 gnome-shell
```

通过 awk 的 if 判断，我们可以将第 3 列大于 0.5 的数据行匹配出来，找到满足该条件的行后使用 print 打印该行的全部内容。这样就可以快速找出占用 CPU 较多的进程。

```
[root@centos7 ~]# ps -eo user,pid,rss,comm | awk '{ if($3>1024) {print} }'
USER        PID   RSS COMMAND
root          1  4236 systemd
root        244 15612 plymouthd
root        388 11600 systemd-journal
root        410  1296 lvmetad
...忽略部分输出内容...
```

同样的道理，ps 命令输出 rss 信息可以查看进程占用的内存容量信息，有了这些信息就可以快速找出占用内存较多的进程列表，上面的命令是找出占用内存大于 1024KB 的进程列表。

2）双分支 if 语句的案例

```
[root@centos7 ~]# useradd rick                                    #创建两个普通用户
[root@centos7 ~]# useradd vicky
[root@centos7 ~]# awk -F:    \
'{if($3<1000){x++}else{y++}}  \
END{print "系统用户个数:"x,"普通用户个数:"y}'  /etc/passwd
系统用户个数:18 普通用户个数:2
```

上面的命令逐行分析第三列用户UID的值是否小于 1000，如果小于 1000 则执行x++，否则执行y++，当所有数据行都读取完毕后，通过END将最终变量x和变量y的值打印输出，即普通用户和系统用户的个数[1]。

```
[root@centos7 ~]# ls -l /etc | awk  \
'{
if($1~/^-/) {x++}  else {y++}      \
}                          \
END {print "普通文件个数:"x,"目录个数:"y}'
普通文件个数:88 目录个数:89
```

逐行匹配 ls -l /etc/命令的输出结果，如果第 1 列以-开头则执行 x++（文件个数计数器），否则执行 y++（目录个数计数器），在所有数据行都统计完毕后，通过 END 将变量 x 和变量 y 的值打印输出，即/etc/目录下面普通文件的个数和子目录的个数（这里不包含隐藏文件或目录）。

```
[root@centos7 ~]# seq 10 | awk  \
'{   \
if($1%2==0) {print $1"是偶数";x++} else{print $1"是奇数";y++}  \
}   \
END {print "偶数个数:"x,"奇数个数:"y}'
1 是奇数
2 是偶数
3 是奇数
4 是偶数
5 是奇数
6 是偶数
7 是奇数
8 是偶数
9 是奇数
10 是偶数
偶数个数:5 奇数个数:5
```

我们通过上面这条命令可以分析数字的奇偶数，能被 2 整除就输出该数字是偶数并执

[1] 在 CentOS7 系统环境下普通用户的 UID 从 1000 起。

行 x++，否则输出该数字是奇数并执行 y++，x 变量是偶数的计数器，y 变量为奇数的计数器，在所有数据后都读取并处理完毕后，通过 END 将变量 x 和 y 的值输出。

3）多分支 if 语句的案例

先创建一个素材文件，在文件中包含若干行学生姓名和考试成绩，第 1 列为学生姓名，第 2 列为考试成绩。我们需要使用 awk 分析每个人的成绩，根据如下等级范围，输出考试的等级标准。

```
0-59    差强人意
60-69   勉强合格
70-79   良好中庸
80-89   优良品质
90-100  完美人生
[root@centos7 ~]# vim test.txt                                    #创建素材文件
Vicky   100
Rick        100
Jacob   90
Rose    91
Tom    88
lucy        40
John    75
Leo    68
Daisy   59
[root@centos7 ~]# awk  \
'{
if($2>=90) {print $1,"\t 完美人生"}      \
else if($2>=80) {print $1,"\t 优良品质"}  \
else if($2>=70) {print $1,"\t 良好中庸"}  \
else if($2>=60) {print $1,"\t 勉强合格"}  \
else {print $1,"\t 差强人意"}
}'  test.txt
Vicky   完美人生
Rick    完美人生
Jacob   完美人生
Rose    完美人生
Tom     优良品质
lucy    差强人意
```

```
John     良好中庸
Leo      勉强合格
Daisy    差强人意
```

7.3 awk 数组与循环

1）关联数组

awk 支持关联数组，数组的索引下标可以不是连续的数字，索引下标可以是任意字符或数字，当使用数组作为索引时 awk 会自动将数字转换为字符，如果直接使用字符作索引则需要使用引号括起来。定义数组的语法格式如下。

```
一维数组：
数组名[索引]=值
多维数组：
数组名[索引 1][索引 2]=值
或者
数组名[索引 1,索引 2]=值
```

直接使用数组名加索引下标即可调用数组的值。因为数字索引会被自动转换为字符，所以在定义数组使用数字的情况下，调用数组时也可以使用字符的形式调用。

```
[root@centos7 ~]# awk 'BEGIN{a[0]=11;print a[0]}'        #定义数组，调用数组
11
[root@centos7 ~]# awk 'BEGIN{a[0]=88;print a["0"]}'
88
[root@centos7 ~]# awk 'BEGIN{a[0]=11;a[1]=22;print a[0],a[1]}'
11 22
[root@centos7 ~]# awk 'BEGIN{a[0]=11;a[10]=22;print a[10],a[0]}'
22 11
[root@centos7 ~]# awk 'BEGIN{  \
tom["age"]=22; \
tom["addr"]="beijing"; \
print tom["age"],tom["addr"] \
}'
22 beijing
[root@centos7 ~]# awk 'BEGIN{  \
```

```
tom["age"]=22;  \
tom["addr"]="beijing";  \
print tom["addr"],tom["age"]  \
}'
beijing 22
[root@centos7 ~]# awk 'BEGIN{  \
a[0][0]=11;a[0][1]=22; \
print a[0][1],a[0][0] \
}'                                                    #创建二维数组
22 11
[root@centos7 ~]# awk 'BEGIN{  \
a["a"]["a"]=11;a["a"]["b"]=22;   \
print a["a"]["b"],a["a"]["a"]  \
}'                                                    #创建关联二维数组
22 11
[root@centos7 ~]# awk 'BEGIN{ a[0,1]=11;a[0,8]=88;a[1,3]=44;print
a[0,8],a[1,3]}'
88 44
```

如果数组有多个元素，逐行读取数组元素比较麻烦，我们可以使用 for 循环获取数组元素的索引下标，然后在循环体内将数组元素取出，其语法格式如下。for 循环后面的指令如果只有一个，则花括号{}可以省略。

```
for(变量 in 数组名) {
动作指令序列
}
```

```
[root@centos7 ~]# awk 'BEGIN{  \
a[10]=11;a[88]=22;a["book"]=33;a["work"]="home";  \
for(i in a){print i}
}'                                              #通过循环获取数组索引 1
book
work
10
88
[root@centos7 ~]# awk 'BEGIN{  \
a[10]=11;a[88]=22;a["book"]=33;a["work"]="home";   \
```

1. 这种通过循环的方式输出数组索引或者元素值时并不会按照输入的顺序输出，它是无序的。

```
for(i in a){print a[i]}  \
}'                                              #通过循环获取数组元素的值
33
home
11
22
[root@centos7 ~]# awk 'BEGIN{  \
a[10]=11;a[88]=22;a["book"]=33;a["work"]="home";   \
for(i in a){print i,a[i]}  \
}'
book 33
work home
10 11
88 22
[root@centos7 ~]# awk 'BEGIN{  \
a[10]=11;a[88]=22;a["book"]=33;a["work"]="home";  \
for(i in a){print i"="a[i]}  \
}'
book=33
work=home
10=11
88=22
```

上面几条命令都是使用 for 循环读取数组，在 for 循环中定义任意变量如 i，循环 a 数组的所有索引下标，每循环一次变量 i 的值就提取数组 a 的一个索引值，直到将所有索引读取完毕则循环结束。而在循环体内，如果我们 print 打印的是 i，则最终输出的就是所有数组的索引值，如果我们 pirnt 打印的是 a[i]，当 i 提取索引值 book 时，就相等于 print a["book"]，当 i 提取索引值 88 时，就相等于 print a[88]，因此输出的是数组元素的值。

结合 awk 的 if 语句，我们还可以进行成员关系判断，判断一个索引是否存在为数组成员，语法格式如下。

```
if (索引 in 数组)
```

```
[root@centos7 ~]# awk 'BEGIN{   \
a[88]=55;a["book"]="pen";       \
if("pen" in a){print "Yes"} else {print "No"}  \
}'
No
```

```
[root@centos7 ~]# awk 'BEGIN{   \
a[88]=55;a["book"]="pen";       \
if("88" in a){print "Yes"} else {print "No"}  \
}'
Yes
[root@centos7 ~]# df | awk 'NR!=1 {disk[$1]=$4}     \
END { for(i in disk) {printf "%-20s %-10s\n",i,disk[i] }   \
}'
/dev/sda1            128006208
/dev/sdb1            40049540
/dev/sda2            1317596
tmpfs                1616560
/dev/loop0           0
devtmpfs             8068352
```

在上面的命令中，awk 会逐行读取 df 输出的数据行，并定义数组 disk，将每行第 1 列作为数组的索引下标，第 4 列作为数组元素的值，NR!=1 可以防止将第 1 行标题行写入数组。等所有数据行都读取完毕后，再通过 for 循环将 disk 数组的所有元素值逐一打印出来。

2) for 循环

awk 的 for 循环采用与 C 语言一样的语法格式，具体格式如下。

```
for(表达式1;表达式2;表达式3) {
动作指令序列
}
```

```
[root@centos7 ~]# awk 'BEGIN{ for (i=1;i<=5;i++) {print i}}'
1
2
3
4
5
[root@centos7 ~]# awk 'BEGIN{ for (i=5;i>=1;i--) {print i}}'
5
4
3
2
1
```

在处理有些不规则数据时可以使用循环逐一读取所有数据，下面判断一个不规则数据文件的每列是否匹配关键词 apple，统计 apple 在文件中出现的次数。

```
[root@centos7 ~]# vim test.txt                                #创建素材文件
That is an apple, This is an apple.
Hello apple.
I like apple.
[root@centos7 ~]# awk '{    \
for(i=1;i<=NF;i++)          \
 {if($i~/apple/) x++ }      \
}                           \
END {print x}'  test.txt
4
```

上面这条命令包含两个循环，其中一个循环是隐含循环，awk 读取一行数据动作指令就会执行一次，test.txt 文件包含 3 行数据，也就是指令（for(i=1;i<=NF;i++) {if($i~/apple/) x++ }）会被重复执行 3 次，而每执行一次动作指令又会触发 for 循环被执行，而 for 循环以 NF 列数为标准定义循环次数，如果数据行有 8 列，则 for 循环中的变量 i 就会从 1 循环到 8，循环 8 次的目的就是逐列判断是否包含关键词 apple。这样就可以实现一个循环是对行循环，一个循环是对列循环，就可以读取所有数据行的所有数据列，并逐一判断匹配是否包含 apple，如果某列数据包含 apple，则执行 x++指令，最终变量 x 中保存的就是文件中 apple 出现的次数。其数据处理流程如图 7-4 所示。

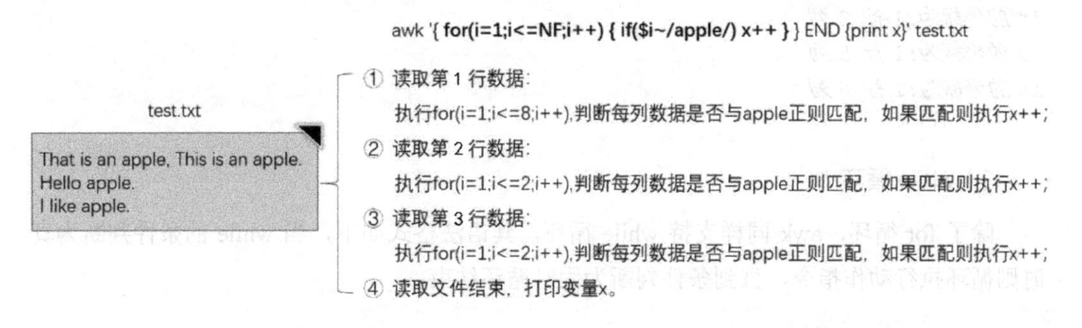

图 7-4　awk 数据处理流程

同样的道理，也可以进行精确的字符匹配，统计文件中 is 单词出现的次数。

```
[root@centos7 ~]# awk '{for(i=1;i<=NF;i++) {if($i=="is") x++ }} END{print
x}' test.txt
2
```

下面我们结合脚本，编写一个定义特定数据坐标的脚本，用户输入一个关键词，脚本就可以反馈该关键词在文件中的行和列的坐标。

```
[root@centos7 ~]# vim location.sh
```

```
#!/bin/bash
#功能描述(Description):给定关键词,脚本输出该关键词在文件中的行与列坐标

#正则表达式\<可以匹配单词的开始,\>可以匹配单词的结尾
#\<the\>可以匹配单词 the,而不会匹配 then 或者 other 等单词
#key=$1 可以读取脚本的第一个位置参数

key=$1

awk '{ for(i=1;i<=NF;i++) {if($i~/'$key'/) print "'$key'的坐标为:"NR"行",i"
列"} }' $2
```

```
[root@centos7 ~]# chmod +x location.sh
[root@centos7 ~]# ./location.sh Hello test.txt
Hello 的坐标为:2 行 1 列
[root@centos7 ~]# ./location.sh like test.txt
like 的坐标为:3 行 2 列
[root@centos7 ~]# ./location.sh is test.txt
is 的坐标为:1 行 2 列
is 的坐标为:1 行 5 列
is 的坐标为:1 行 6 列
```

3）while 循环

除了 for 循环，awk 同样支持 while 循环，其语法格式如下，当 while 的条件判断为真时则循环执行动作指令，直到条件判断为假时循环结束。

```
while(条件判断) {
动作指令序列;
}
```

```
[root@centos7 ~]# awk 'BEGIN{ i=1; while(i<=5) {print i;i++} }'
```

```
1
2
3
4
5
```

上面这条命令，首先定义变量 i 的初始值为 1，接着通过 while 循环判断变量 i 是否小于等于 5，如果变量 i 小于等于 5 则打印变量 i 的值，并对变量 i 进行自加 1 运算，运算完成后继续下一次 while 循环，再次判断变量 i 的值是否小于等于 5，依此类推，直到变量 i 大于 5 时循环结束。

```
[root@centos7 ~]# awk 'BEGIN{ i=10; while(i>=5) {print i;i--} }'
10
9
8
7
6
5
[root@centos7 ~]# vim test.txt                                    #新建素材文件
```

```
1 1 1 1 1 1 1 1 1 1
2 2 2 2 2 2 2 2 2 2
3 3 3 3 3 3 3 3 3 3
4 4 4 4 4 4 4 4 4 4
5 5 5 5 5 5 5 5 5 5
6 6 6 6 6 6 6 6 6 6
7 7 7 7 7 7 7 7 7 7
8 8 8 8 8 8 8 8 8 8
9 9 9 9 9 9 9 9 9 9
```

```
[root@centos7 ~]# awk '{i=1; while(i<=NR) {printf "%-2d",$i;i++} ;print ""}' test.txt
1
2 2
3 3 3
4 4 4 4
5 5 5 5 5
6 6 6 6 6 6
7 7 7 7 7 7 7
8 8 8 8 8 8 8 8
9 9 9 9 9 9 9 9 9
```

上面的命令逐行读取文件的每行数据，每读取一行数据，就以当前行的行号为标准定义 while 循环次数，读取第 1 行数据则 while 循环 1 次，读取第 2 行数据则 while 循环 2 次，依此类推，在 while 循环体内将特定的数据列打印输出。读取第 1 行就循环 1 次打印该行的第 1 列，读取第 2 行就循环 2 次打印该行数据的第 1 和第 2 列。默认 printf 打印输出完特定的内容后不换行，因此在每次 while 循环结束后通过 print 指令打印一个空字符实现换行的效果。我们可以把 i=1 看作一个指令，将整个 for 循环看作一个指令，将最后的 print 看作一个指令，也就是每读取一行数据就执行一遍这 3 个指令，直到文件读取完毕。

通过重新换行排版的上面命令可能更容易理解。

```
[root@centos7 ~]# awk '{    \
i=1;                        \
while(i<=NR) {              \
   printf  "%-2d",$i;       \
   i++                      \
   };                       \
print ""                    \
                      }'  test.txt
```

4）中断循环

与 Shell 脚本类似 awk 提供了 continue、break 和 exit 循环中断语句，方便我们在特定环境下对循环进行中断操作。continue 可以中断本次循环加入下一次循环，break 中断整个循环体，exit 可以中断整个 awk 动作指令，直接跳到 END 的位置。这些指令既可以中断 for 循环，也可以中断 while 循环。

```
[root@centos7 ~]# awk 'BEGIN{           \
i=0;                                    \
while(i<=5) {                           \
   i++;                                 \
   if(i==3) {continue} ;                \
   print i                              \
      };                                \
print "over"                            \
                              }         \
END { print "end"} ' /etc/hosts
```

```
1
2
4
5
6
over
end
```

上面这条 awk 的 BEGIN 中包含 3 个动作指令，i=0，while 循环，print over，END 中包含一个动作指令 print over。从上面的输出结果可知，continue 仅仅是在变量 i 等于 3 时不再执行本次循环后续的指令，而是直接跳入下一次循环，while 循环中 continue 后续的指令只有一个 print i，因此当 i==3 时，系统并没有来得及显示 3 就已经跳入了第 4 次循环中。但是 continue 对循环体外部的命令没有任何影响，因此最终输出的是 1、2、4、5、6、over 和 end。

```
[root@centos7 ~]# awk 'BEGIN{                    \
i=0;                                             \
while(i<=5) {                                    \
   i++;                                          \
   if(i==3) {break} ;                            \
   print i                                       \
      };                                         \
print "over"                                     \
                                    }            \
END { print "end"} ' /etc/hosts
1
2
over
end
```

break 比 continue 中断得更彻底，它可以把整个循环中断，但是对循环体外部的命令也没有任何影响，这次屏幕在显示完数字 1 和 2 后，就中断了整个 while 循环，但是依然可以执行 print over 和 print end。

```
[root@centos7 ~]# awk 'BEGIN{                    \
i=0;                                             \
while(i<=5) {                                    \
```

```
    i++;                                    \
    if(i==3) {exit} ;                       \
    print i                                 \
        };                                  \
print "over"                                \
                                    }       \
END { print "end"} ' /etc/hosts
1
2
End
```

使用 exit 不仅可以中断循环，还会中断 awk 其他所有动作指令，直接跳到并执行 END 的指令。因此上面的命令在循环两次输出 1 和 2 后，直接结束 awk 指令，但是不影响 END 中指令的执行，屏幕依然显示 end。

7.4 awk 函数

awk 内置了大量的函数可供我们直接调用实现更丰富的功能，同时还允许自定义函数。下面为大家介绍一些常用的内置函数，以及如何编写自定义函数。

1）内置 I/O 函数

getline 函数可以让 awk 立刻读取下一行数据（读取下一条记录并复制给$0，并重新设置 NF、NR 和 FNR）。

在有些使用了逻辑卷分区的 Linux 系统中，通过 df 输出文件系统信息时，逻辑卷分区的信息往往都跨行显示，而普通的分区则可以一行显示一个分区的信息，这样当我们需要提取分区的磁盘空间容量时，就会出现字段列数不一致的问题。

```
[root@centos7 ~]# df -h
Filesystem Size  Used   Avail  Use%   Mounted on
/dev/mapper/VolGroup00-LogVol00
           19G   3.6G   15G    21%    /
/dev/sda1  99M   14M    81M    15%    /boot
tmpfs      141M  0      141M   0%     /dev/shm
```

可以很明显地看出，在上面的 df 命令的输出结果中，逻辑卷分区的信息是跨行显示的，而普通的 sda1 分区信息仅使用一行即可显示完整数据。此时，如果我们需要提取所有磁盘剩余空间，直接打印$4 肯定是不可以的！

```
[root@centos7 ~]# df -h | awk '{print $4}'
Avail

21%
81M
141M
```

df 命令输出的第 2 行仅包含一列数据，因此打印$4 返回的就是空白，而第 3 行数据的第 4 列是 21%的磁盘使用率，只有到后续的普通磁盘分区打印$4 可以正确地输出磁盘剩余容量。

我们需要判断当读取的某一行数据只有一列时，执行 getline 函数直接读取下一行的数据，然后打印第 3 列磁盘剩余容量的数值，而如果读取的数据行包含 6 列数据，则直接打印输出第 4 列磁盘剩余容量的数值。

```
[root@centos7 ~]# df -h | awk '{ if(NF==1){getline;print $3} ; if(NF==6) {print $4} }'
15G
81M
141M
```

上面这条命令的执行流程如下。

- 读取第 1 行数据，该行数据包括 7 个字段，与 NF==1 和 NF==6 都不匹配，因此不打印任何数据。
- 读取第 2 行数据，该行数据包括 1 个字段，与 NF==1 匹配，因此先执行 getline，没有执行 getline 之前$0 的值是/dev/mapper/VolGroup00-LogVol00，执行 getline 之后，$0 被重新附值为"19G 3.6G 15G 21% /"，此时再打印第 3 列刚好是磁盘的剩余空间 15GB。
- 读取第 3 行数据，该行数据包括 6 个字段，与 NF==6 匹配，因此直接输出第 4 列的数值。
- 读取第 4 行数据，该行数据包含 6 个字段，与 NF==6 匹配，因此直接输出第 4 列的数值。

通过在getline之前和之后分别打印输出$0,可以观察出getline对当前行数据$0的影响。

```
[root@centos7 ~]# df -h | awk 'NR==2{print $0;getline;print $0}'
/dev/mapper/VolGroup00-LogVol00
19G     3.6G         15G     21%     /
```

next 函数可以停止处理当前的输入记录，立刻读取下一条记录并返回 awk 程序的第一个模式匹配重新处理数据。getline 函数仅仅读取下一条数据，而不会影响后续 awk 指令的执行。但是 next 不仅读取下一行数据，会导致后续的指令都不再执行，而是重新读取数据后重新回到 awk 指令的开始位置，重新匹配，重新执行动作指令。

```
[root@centos7 ~]# vim test.txt                                    #新建素材文件
Plants are living things.
Plants need sunshine, air and water.
I like to read and draw.
How many boxes are there?
[root@centos7 ~]# awk '/air/{getline;print "next line:",$0} {print "noraml
line"}' test.txt
noraml line
next line: I like to read and draw.
noraml line
noraml line
[root@centos7 ~]# awk '/air/{next;print "next line:",$0} {print "noraml
line"}' test.txt
noraml line
noraml line
noraml line
```

对比上面两条命令的区别，对于无法匹配正则条件/air/的行都不会执行 getline 或 next 指令，都执行 print "noraml line"。对于匹配正则条件/air/的行，如果执行 getline 函数则并不影响后续的 print "next line:",$0 指令的执行，如果执行的是 next 函数，则通过最终的输出结果可知 next 后续的 print 指令都不再执行，而是跳回 awk 的开始处重新匹配条件执行动作指令。

```
[root@centos7 ~]# awk '/Plants/{next;print "next line:",$0} {print "noraml"}'
test.txt
noraml
noraml
```

```
[root@centos7 ~]# awk '/Plants/{getline;print "next line:",$0} {print
"noraml"}' test.txt
air next line: Plants need sunshine, air and water.
noraml
noraml
noraml
```

system(命令)函数可以让我们在 awk 中直接调用 Shell 命令。awk 会启动一个新的 Shell 进程执行命令。

```
[root@centos7 ~]# awk 'BEGIN{system("ls")}'
anaconda-ks.cfg  test.txt
[root@centos7 ~]# awk 'BEGIN{system("echo test")}'
test
[root@centos7 ~]# awk 'BEGIN{system("uptime")}'
23:08:47 up  1:10,  1 user,  load average: 0.00, 0.01, 0.05

[root@centos7 ~]# awk '{system("echo date:"$0)}' test.txt
date:Plants are living things.
date:Plants need sunshine, air and water.
date:I like to read and draw.
date:How many boxes are there?
[root@centos7 ~]# awk '{system("echo date:"$0 " >> /tmp/test")}' test.txt
[root@centos7 ~]# cat /tmp/test
date:Plants are living things.
date:Plants need sunshine, air and water.
date:I like to read and draw.
date:How many boxes are there?
```

2）内置数值函数

cos(expr)函数返回 expr 的 cosine 值。

```
[root@centos7 ~]# awk 'BEGIN{print cos(50)}'
0.964966
[root@centos7 ~]# awk 'BEGIN{print cos(10)}'
-0.839072
[root@centos7 ~]# awk 'BEGIN{print cos(180)}'
-0.59846
```

sin (expr)函数返回 expr 的 sine 值。

```
[root@centos7 ~]# awk 'BEGIN{print sin(90)}'
0.893997
[root@centos7 ~]# awk 'BEGIN{print sin(45)}'
0.850904
```

sqrt(expr)函数返回 expr 的平方根。

```
[root@centos7 ~]# awk 'BEGIN{print sqrt(2)}'
1.41421
[root@centos7 ~]# awk 'BEGIN{print sqrt(4)}'
2
[root@centos7 ~]# awk 'BEGIN{print sqrt(8)}'
2.82843
```

int(expr)函数为取整函数，仅截取整数部分数值。

```
[root@centos7 ~]# awk 'BEGIN{print int(6.8)}'
6
[root@centos7 ~]# awk 'BEGIN{print int(6.1)}'
6
[root@centos7 ~]# awk 'BEGIN{print int(6.13453)}'
6
[root@centos7 ~]# awk 'BEGIN{print int(6)}'
6
[root@centos7 ~]# awk 'BEGIN{print int(3.13453)}'
3
```

rand()函数可以返回 0 到 1 之间的随机数 *N*（0<=*N*<1）。

```
[root@centos7 ~]# awk 'BEGIN{print rand()}'
0.237788
[root@centos7 ~]# awk 'BEGIN{for(i=1;i<=5;i++)print rand()}'
0.237788
0.291066
0.845814
```

```
0.152208
0.585537
[root@centos7 ~]# awk 'BEGIN{for(i=1;i<=5;i++)print 100*rand()}'
23.7788
29.1066
84.5814
15.2208
58.5537
[root@centos7 ~]# awk 'BEGIN{for(i=1;i<=5;i++)print int(100*rand())}'
23
29
84
15
58
```

srand([expr])函数可以使用 expr 定义新的随机数种子，没有 expr 时则使用当前系统的时间为随机数种子。

```
[root@centos7 ~]# awk 'BEGIN{print rand()}'                #没有新种子随机数固定
0.237788
[root@centos7 ~]# awk 'BEGIN{print rand()}'
0.237788
[root@centos7 ~]# awk 'BEGIN{print rand()}'
0.237788
[root@centos7 ~]# awk 'BEGIN{srand();print rand()}'   #使用时间做随机数种子
0.325548
[root@centos7 ~]# awk 'BEGIN{srand();print rand()}'
0.769117
[root@centos7 ~]# awk 'BEGIN{srand();print rand()}'
0.769117
[root@centos7 ~]# awk 'BEGIN{srand(777);print rand()}' #使用数值做随机数种子
0.478592
[root@centos7 ~]# awk 'BEGIN{srand(777);print rand()}'
0.478592
[root@centos7 ~]# awk 'BEGIN{srand(888);print rand()}'
0.850364
[root@centos7 ~]# awk 'BEGIN{srand(99);print rand()}'
0.508567
```

3）内置字符串函数

length([s])函数可以统计字符串 s 的长度，如果不指定字符串 s 则统计$0 的长度。

```
[root@centos7 ~]# awk 'BEGIN{test="hello the world";print length(test)}'
15
[root@centos7 ~]# awk 'BEGIN{t[0]="hi";t[1]="the";t[2]="world";print
length(t)}'
3                                                    #返回数组元素个数（长度）
[root@centos7 ~]# awk 'BEGIN{t[0]="hi";t[1]="the";t[2]="world";print
length(t[0])}'
2                                                    #返回 t[0]值的长度
[root@centos7 ~]# awk 'BEGIN{t[0]="hi";t[1]="the";t[2]="world";print
length(t[1])}'
3                                                    #返回 t[1]值的长度
[root@centos7 ~]# awk 'BEGIN{t[0]="hi";t[1]="the";t[2]="world";print
length(t[2])}'
5                                                    #返回 t[2]值的长度
[root@centos7 ~]# cat /etc/shells
/bin/sh
/bin/bash
/sbin/nologin
/usr/bin/sh
/usr/bin/bash
/usr/sbin/nologin
[root@centos7 ~]# awk '{print length()}' /etc/shells    #返回文件每行的字符长度
7
9
13
11
13
17
```

index(字符串 1,字符串 2)函数返回字符串 2 在字符串 1 中的位置坐标。

```
[root@centos7 ~]# awk 'BEGIN{test="hello the world";print index(test,"h")}'
1                                                    #h 在 test 变量的第 1 个位置
[root@centos7 ~]# awk 'BEGIN{test="hello the world";print index(test,"t")}'
7                                                    #t 在 test 变量的第 7 个位置
[root@centos7 ~]# awk 'BEGIN{test="hello the world";print index(test,"w")}'
```

```
11
[root@centos7 ~]# awk 'BEGIN{print index("Go to meat section","t")}'
4
[root@centos7 ~]# awk 'BEGIN{print index("Go to meat section","o")}'
2
```

match(s,r)函数根据正则表达式 r 返回其在字符串 s 中的位置坐标。

```
[root@centos7 ~]# awk 'BEGIN{print match("How much? 981$","[0-9]")}'
11                                                          #数字在第 11 个位置出现
[root@centos7 ~]# awk 'BEGIN{print match("How much? 981$","[a-z]")}'
2
[root@centos7 ~]# awk 'BEGIN{print match("How much? 981$","[A-Z]")}'
1
```

tolower(str)函数可以将字符串转换为小写。

```
[root@centos7 ~]# awk 'BEGIN{print tolower("THIS IS A TEst")}'
this is a test
[root@centos7 ~]# awk 'BEGIN{apple="ReD APPle";print tolower(apple)}'
red apple
[root@centos7 ~]# awk 'BEGIN{apple[0]="ReD APPle";print tolower(apple[0])}'
red apple
```

toupper(str)函数可以将字符串转换为大写。

```
[root@centos7 ~]# awk 'BEGIN{apple[0]="red aPPle";print toupper(apple[0])}'
RED APPLE
[root@centos7 ~]# awk 'BEGIN{apple="red aPPle";print toupper(apple)}'
RED APPLE
[root@centos7 ~]# awk 'BEGIN{print toupper("this is a test")}'
THIS IS A TEST
```

split(字符串,数组,分隔符)函数可以将字串按特定的分隔符切片后存储在数组中，如果没有指定分隔符，则使用 FS 定义的分隔符进行字符串切割。

```
[root@centos7 ~]# awk 'BEGIN{split("hello the world",test);print
test[3],test[2],test[1]}'
```

```
world the hello
```

这条命令以空格或 Tab 键为分隔符，将 hello the world 切割为独立的三个部分，分别存入 test[1]、test[2]、test[3]数组中，最后通过 print 指令可以按照任意顺序打印显示这些数组元素的值。

```
[root@centos7 ~]# awk 'BEGIN{split("hello:the:world",test);print
test[1],test[2]}' hello:the:world                        #test[2]为空值
[root@centos7 ~]# awk 'BEGIN{split("hello:the:world",test,":");print
test[1],test[3]}'
hello world                                              #自定义分隔符为冒号
[root@centos7 ~]# awk 'BEGIN{split("hi8the9world3!",test,"[0-9]");print
test[3],test[4]}'
world  !                                                 #使用正则定义分隔符
```

gsub(r,s,[,t])函数可以将字符串 t 中所有与正则表达式 r 匹配的字符串全部替换为 s，如果没有指定字符串 t，默认对$0 进行替换操作。

```
[root@centos7 ~]# awk 'BEGIN{hi="hello world";gsub("o","O",hi);print hi}'
hellO wOrld                                              #所有 o 替换为 O
[root@centos7 ~]# awk 'BEGIN{hi="Hello World";gsub("[a-z]","*",hi);print hi}'
H**** W****                                              #所有小写字母替换为星
[root@centos7 ~]# awk 'BEGIN{hi="Hello World";gsub("[A-Z]","*",hi);print hi}'
*ello *orld                                              #所有大写字母替换为星
[root@centos7 ~]# head -1 /etc/passwd
root:x:0:0:root:/root:/bin/bash
[root@centos7 ~]# head -1 /etc/passwd | awk '{gsub("[0-9]","**");print $0}'
root:x:**:**:root:/root:/bin/bash
```

sub(r,s,[,t])函数与 gsub 类似，但仅替换第一个匹配的字符串，而不是替换全部。

```
[root@centos7 ~]# head -1 /etc/passwd | awk '{sub("[0-9]","**");print $0}'
root:x:**:0:root:/root:/bin/bash
[root@centos7 ~]# head -1 /etc/passwd | awk '{sub("root","XX");print $0}'
XX:x:0:0:root:/root:/bin/bash
[root@centos7 ~]# awk 'BEGIN{hi="Hello World";sub("[A-Z]","*",hi);print
hi}'
*ello World
```

substr(s,i[,n])函数可以对字符串 s 进行截取，从第 i 位开始，截取 n 个字符串，如果 n 没有指定则一直截取到字符串 s 的末尾位置。

```
[root@centos7 ~]# awk 'BEGIN{hi="Hello World";print substr(hi,2,3)}'
ell                                                    #从第 2 位开始截取 3 个字符
[root@centos7 ~]# awk 'BEGIN{hi="Hello World";print substr(hi,2)}'
ello World                                             #从第 2 位开始截取到末尾
```

4）内置时间函数

systemtime()返回当前时间距离 1970-01-01 00:00:00 有多少秒。

```
[root@centos7 ~]# awk 'BEGIN{print systime()}'
1556205414
[root@centos7 ~]# awk 'BEGIN{print systime()}'
1556205416
```

5）用户自定义函数

awk 用户自定义函数格式如下。

```
function 函数名(参数列表) { 命令序列 }
[root@centos7 ~]# awk 'function myfun() { print "hello"}  BEGIN{ myfun() }'
hello
[root@centos7 ~]# awk '      \
function max(x,y)  {         \
if(x>y) {print x}            \
else {print y} }             \
BEGIN { max(8,9) }'
9
```

上面的命令首先定义了一个名称为 myfun 的函数，函数体内只有一条指令，就是打印输出 hello。因为是在 BEGIN{}中调用的 myfun 函数，所以该函数仅被执行一次。

```
[root@centos7 ~]# awk '      \
function max(x,y) {          \
if(x>y) {print x}            \
```

```
else {print y} }                    \
BEGIN{ max(18,9) }'
18
```

上面这个示例定义了一个可以接受传递参数（简称传参）的函数，定义函数时还定义了两个形式参数 x 和 y（简称形参）。在调用函数时再输入实际参数（简称实参），max(18,9)中的 18 和 9 就是实参，按照前后顺序，awk 会在调用执行函数时将 18 赋值给变量 x，将 9 赋值给变量 y。这样我们就可以将对比最大值或其他类似的功能写成一个函数，这种函数可以反复被调用，每次调用都可以传递不同的参数，对比不一样的数字大小。我们也可以设计一些功能更加强大的函数，这个就需要根据实际的应用环境灵活应变了。

7.5 实战案例：awk 版网站日志分析

在前面的 4.3 节中我们已经编写了一个日志分析脚本，但是因为没有 sed 和 awk 这样的工具，所以在过滤和处理数据方面使用了一些非常规手段，虽然也可以实现我们需要的效果，但是当我们掌握了 sed 和 awk 工具后，这里就有必要重写该脚本了，让脚本更加简洁、直观和高效。

例如，上一版脚本中读取日志文件的某一列数据，我们使用的是在 while 循环中通过 read 读取多列数据，如果一个文件有几十列，这是无法容忍的。但是，如果通过 awk 重写该功能，我们就可以直接精准地获取特定的数据列，并对其进行后续的分析。

另外，在做一些统计工作时，上一版脚本普遍都在循环中定义关联数组，然后通过对数组元素值的累加进行统计。而使用 awk 的数组重写这些代码会让脚本更简洁、执行效率更高。

如何使用 awk 统计访问次数呢？首先我们需要分析日志文件的数据结构，如果是统计每个用户的访问次数，则我们需要关心的就是日志文件的第 1 列；如果要统计每个页面被访问的次数，就需要关心文件的第 7 列；如果需要统计 HTTP 状态码的次数，就需要关心文件的第 9 列数据。因为每台主机的日志文件具体内容都不尽相同，这里我们查看某一台主机的日志文件内容作为后面命令的数据范本。

```
[root@centos7 ~]# cat /usr/local/nginx/logs/access.log
```

```
172.40.58.144 - - [16/Apr/2019:19:36:18 +0800] "GET / HTTP/1.1" 304 0 "-"
"Mozilla/5.0 (X11; Linux x86_64) AppleWebKit/537.36 (KHTML, like Gecko)
Chrome/60.0.3112.113 Safari/537.36"
172.40.58.212 - - [16/Apr/2019:19:39:23 +0800] "GET /favicon.ico HTTP/1.1"
200 81145 "http://172.40.50.118/" "Mozilla/5.0 (X11; Linux x86_64)
AppleWebKit/537.36 (KHTML, like Gecko) Chrome/60.0.3112.113 Safari/537.36"
172.40.58.48 - - [16/Apr/2019:19:36:45 +0800] "GET /index.html HTTP/1.1" 200
32988 "http://172.40.50.120/" "Mozilla/5.0 (X11; Linux x86_64)
AppleWebKit/537.36 (KHTML, like Gecko) Chrome/60.0.3112.113 Safari/537.36"
172.40.58.212 - - [16/Apr/2019:19:36:56 +0800] "GET /test.html HTTP/1.1" 404
571 "http://172.40.50.118/" "Mozilla/5.0 (X11; Linux x86_64)
AppleWebKit/537.36 (KHTML, like Gecko) Chrome/60.0.3112.113 Safari/537.36"
...忽略部分文件内容...
```

了解了源文件的内容结构后，如何对特定的数据进行统计并计数呢？前面我们学习过 awk 支持数组和算术运算，使用这些就够了！

```
[root@centos7 ~]# awk '{IP[$1]++}' /usr/local/nginx/logs/access.log
```

上面这条神奇的命令已经将每个 IP 的访问次数统计完了！如何实现的？我们来分析一下其处理流程，因为放在花括号{}中的动作指令隐含着循环，所以日志文件有多少行，上面这个 IP[$1]++就会被重复执行多少次。

- awk读取日志文件的第 1 行，定义关联数组，数组名称为IP，使用该行第 1 列数据作为数组的索引下标（即 172.40.58.114），而IP['172.40.58.114']++则是对该数组元素进行自加一运算，因为默认该数组元素的值为 0[1]，所以自加一后的值为 1，也可以理解为 172.40.58.114 的访问次数为 1 次。
- 接着，继续读取第 2 行数据，定义关联数组，数组名称为 IP，使用该行第 1 列数据作为数组的索引下标（即 172.40.58.212），继续执行 IP['172.40.58.212']++，因为该数组元素也是未定义直接调用的，进行自加一运算后为 1，代表 172.40.58.212 访问服务器的次数为 1。
- 继续读取第 3 行数据，定义关联数组，数组名称为 IP，使用该行第 1 列数据作为数组的索引下标（即 172.40.58.48），继续执行 IP['172.40.58.48']++，进行自加一运算后也是 1，代表 172.40.58.48 访问服务器的次数为 1。

1. awk 支持在不定义变量的情况下直接变量，运算处理时其初始值为 0，字符处理时其默认值为空。

- 继续读取第 4 行数据，定义关联数组，数组名称为 IP，使用该行第 1 列数据作为数组的索引下标（即 172.40.58.212），继续执行 IP['172.40.58.212']++，因为该数组元素前面已经定义且赋值为 1，所以这里进行自加一运算后，其值变成了 2，代表 172.40.58.212 访问服务器的次数为 2。
- 依此类推，就可以将所有客户端的访问次数都统计处理，数组的索引就是客户端的 IP 地址，数组元素的值就是访问次数。

虽然仅使用上面的命令已经可以统计每个用户的访问次数了，但是，如果有一万个客户端 IP 的访问记录，也就代表有一万个数组元素，如何最终将结果显示出来呢？这就需要在所有数据文件都读取完毕后，通过一个循环批量将数组元素的值显示出来。

```
[root@centos7 ~]# awk '          \
{IP[$1]++}                       \
END{                             \
for(i in IP) {print i,IP[i]}     \
}' /usr/local/nginx/logs/access.log.bak
127.0.0.1 363
172.40.50.118 3017
172.40.0.71 2
172.40.58.212 3
192.168.4.254 6
172.40.62.173 2
172.40.58.145 4
172.40.62.167 134
172.40.1.18 2208
...忽略部分输出内容...
```

上面的输出结果中第 1 列是客户端的 IP 地址，第 2 列是该客户端 IP 的访问次数。

同样的道理，我们也可以统计 HTTP 各种状态码的个数，我们先输出次数，再输出 HTTP 状态码。

```
[root@centos7 ~]# awk '          \
{ IP[$9]++ }                     \
END {                            \
for(i in IP){print IP[i],i}      \
}' /usr/local/nginx/logs/access.log.bak
32 302
```

```
945 304
1 400
4639 200
126 404
6 499
...忽略部分输出内容...
```

结合条件匹配我们还可以分析特定时间段内的日志数据，比如统计 10:00 至 10:30 的日志数据。

```
[root@centos7 ~]# awk -F"[: /]"    \
'$7":"$8>="10:00"&&$7":"$8<="10:30"'  /usr/local/nginx/logs/access.log
```

上面的命令首先通过-F 定义数据字段的分隔符为冒号、空格或斜线，因此第 7 列和第 8 列就对应的是小时和分钟，通过将$7:$8 与指定的时间进行对比即可过滤有个时间段内的日志数据。如果是以冒号和空格为分隔符呢？那么我们需要提取的就是第 5 列和第 6 列数据。

```
[root@centos7 ~]# awk -F"[: ]"    \
'$5":"$6>="10:00"&&$5":"$6<="10:30"{ print $13} ' /usr/local/nginx/logs/
access.log
```

下面是重写后的网站日志分析脚本。

```
[root@centos7 ~]# vim nginx_log.sh
```

```
#!/bin/bash
#功能描述(Description):Nginx 标准日志分析脚本
#统计信息包括:
#1.页面访问量 PV
#2.用户量 UV
#3.人均访问量
#4.每个 IP 的访问次数
#5.HTTP 状态码统计
#6.累计页面字节流量
#7.热点数据

GREEN_COL='\033[32m'
NONE_COL='\033[0m'
line='echo ++++++++++++++++++++++++++++++++++'
```

```
#read -p "请输入日志文件:" logfile
logfile="$1"
echo

#判断日志文件是否存在
if [ ! -f $logfile ];then
    echo "$logfile 文件不存在."
    exit
fi

#统计页面访问量(PV)
PV=$(sed -n '$=' $logfile)

#统计用户数量(UV)
UV=$(awk '{IP[$1]++} END{ print length(IP)}' $logfile)

#统计人均访问次量
Average_PV=$(echo "scale=2;$PV/$UV" | bc)

#统计每个 IP 的访问次数
#sort 选项:
# -n 可以按数字排序,默认为升序
# -r 为倒序排列,降序
# -k 可以指定按照第几列排序,k3 按照第三列排序
IP=$(awk '{IP[$1]++} END{ for(i in IP){print i,"\t 的访问次数为:",IP[i]}"\r"}'
$logfile | sort -rn -k3)

#统计各种 HTTP 状态码的个数,如 404 报错的次数、500 错误的次数等
STATUS=$(awk '{IP[$9]++} END{ for(i in IP){print i"状态码的次数:",IP[i]}"\r"}'
$logfile | sort -rn -k2)

#统计网页累计字节大小
Body_size=$(awk '{SUM+=$10} END{ print SUM }' $logfile)


#统计热点数据,将所有页面的访问次数写入数组,
#如果访问次数大于 500,则显示该页面文件名与具体访问次数
# awk '                                \
# {IP[$7]++}                           \
# END{                                 \
#     for(i in IP){                    \
#         if(IP[i]>=500) {             \
```

```
#        print i"的访问次数:",IP[i]   \
#        }                            \
#   }                                 \
# }' $logfile
URI=$(awk '{IP[$7]++} END{ for(i in IP){ if(IP[i]>=500) {print i"的访问次数:",IP[i]}}}' $logfile)

#从这里开始显示前面获取的各种数据
echo -e "\033[91m\t日志分析数据报表\033[0m"

#显示 PV 与 UV 访问量,平均用户访问量
$line
echo -e "累计 PV 量: $GREEN_COL$PV$NONE_COL"
echo -e "累计 UV 量: $GREEN_COL$UV$NONE_COL"
echo -e "平均用户访问量: $GREEN_COL$Average_PV$NONE_COL"

#显示累计网页字节数
$line
echo -e "累计访问字节数: $GREEN_COL$Body_size$NONE_COL Byte"

#显示指定的 HTTP 状态码数量
#变量 STATUS 的值为多行数据,包含有换行符
#注意:调用变量时必须使用双引号,否则将无法处理换行符号
$line
echo "$STATUS"

#显示每个 IP 的访问次数
$line
echo "$IP"

#显示访问量大于 500 的 URI
echo -e "$GREEN_COL 访问量大于 500 的 URI:$NONE_COL"
echo "$URI"
```

```
[root@centos7 ~]# chmod +x nginx_log.sh
[root@centos7 ~]# ./nginx_log.sh /usr/local/nginx/logs/access.log
```

7.6　实战案例：监控网络连接状态

部署在 Linux 服务器上的业务一般都是支持高并发连接的服务，如 HTTP、FTP、DNS

等服务都可以提供成百上千的并发连接数。虽然日志文件可以为我们提供历史数据，但是如果想了解服务器实时的网络连接状态呢？从 CentOS7 开始系统默认包含了 ss 这个工具，它可以实现类似 netstat 的功能，但是比 netstat 更高效，也可以显示更多有关网络连接状态的信息。但是要想监控网络连接状态，熟悉 TCP 与 UDP 是必要的前提条件。

首先，我们需要学习的是 UDP，UDP（User Datagram Protocol）的中文名称是用户数据报协议，属于 OSI 参考模型的 4 层（传输层）协议，它是一种非面向连接的协议，使用 UDP 通信时，发送数据方不需要与接收数据方建立连接，不需要经对方的同意，甚至不需要确认对方是否存在，就可以随时将数据直接传输给对方，因为不需要烦琐的三次握手，所以其通信效率非常高。但是，UDP 报文没有可靠性保证、顺序保证和流量控制字段等，因此数据通信的可靠性较差。不可靠是不是就没人使用了呢？当然不是，有些应用在数据丢失后是可以重传的，而且有些软件即使在丢失少量数据包的情况下也不影响业务的正常使用。目前基于 UDP 的服务主要有 DNS（域名解析系统）、DHCP（动态主机配置协议）、TFPT（简单文件传输协议）、SNMP（简单网络管理协议）等。

其次，还需要学习 TCP 的相关知识，TCP（Transmission Control Protocol）的中文名称是传输控制协议，属于 OSI 参考模式的 4 层（传输层）协议，是一种面向连接的协议，使用 TCP 通信前，发送数据方与接收数据方必须先通过三次握手建立连接才可以发送数据，通信结束后，还需要进行四次断开。像我们打电话一样，通话前必须先拨号，与对方建立一个连接通道，连接通道建立后才可以通话，彼此传递信息，通话结束后需要挂断电话。图 7-5 为 TCP 的三次握手流程及其对应的状态，图 7-6 为 TCP 的四次断开流程及其对应的状态。

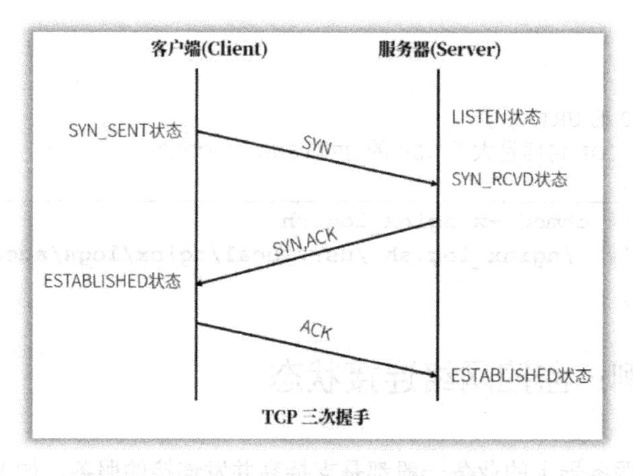

图 7-5　TCP 的三次握手流程及其对应的状态

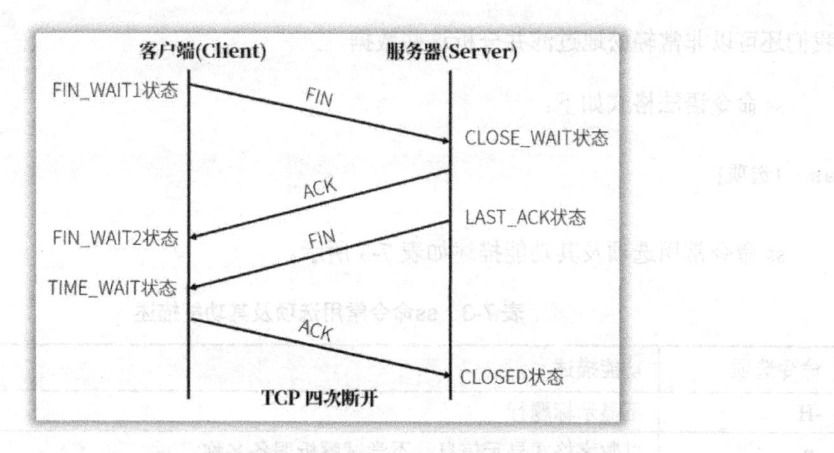

图 7-6　TCP 的四次断开流程及其对应的状态

可以看出，建立连接前服务器需要先启动服务，让服务处于 LISTEN 监听状态，随时接收用户的连接请求。当有客户端需要与服务器建立连接时，客户端就需要发送一个 SYN 请求包给服务器，请求建立连接，此时客户端处于 SYN_SENT 状态，服务器处于 SYN_RCVD 状态。服务器在接收到客户端的请求后会给客户端发送一个 SYN/ACK 的回应包，客户端收到该回应后确定可以与服务器建立连接，最后客户端再给服务器发送一个 ACK 的确认包，双方都进入了 ESTABLISHED 状态（已连接状态），到此握手完毕。

单工模式的网卡在某一时刻仅可以有一端发送数据，另一端则只能接收而不能发送数据。全双工模式的网卡可以在客户端与服务器之间双向同时传递数据，而目前的网卡都支持全双工模式，因此在断开 TCP 连接时需要客户端和服务器各发送一次断开请求。首先，客户端通过发送 FIN 数据包请求断开连接，此时客户端处于 FIN_WAIT1 状态（等待断开），服务器处于 CLOSE_WAIT 状态，接着服务器会发送给客户端一个 ACK 的确认包，此时客户端会处于 FIN_WAIT2 状态，这样客户端后续就不会再给服务器发送任何有效数据，但是服务器却依然可以给客户端传递未完成的数据。等服务器将所有数据都传递完成后，服务器会向客户端发送断开请求 FIN，此时服务器处于 LAST_ACK 状态（最后确认状态），客户端则处于 TIME_WAIT 状态，客户端接收到服务器发来的 FIN 包后，客户端会再次给服务器发送一个断开的 ACK 确认包，最终双方的连接断开，而 CLOSED 并不是一种真正的状态。

对于服务器的维护人员来说，监控这些服务的实时状态、统计实时并发量、分析客户端 IP 都是非常重要且必须完成的任务。使用 ss 命令可以实时查看网络连接状态，借助于 awk

我们还可以非常轻松地过滤并分析这些数据。

ss 命令语法格式如下。

```
ss  [选项]
```

ss 命令常用选项及其功能描述如表 7-3 所示。

表 7-3　ss命令常用选项及其功能描述

命令选项	功能描述
-H	不显示标题行
-n	以数字格式显示信息，不尝试解析服务名称
-a	显示所有侦听和非侦听的连接状态
-p	显示进程信息
-s	显示汇总信息
-4	仅显示IPv4版本数据连接的信息
-6	仅显示IPv6版本的数据连接信息
-t	显示TCP连接的信息
-u	显示UDP连接的信息
-x	显示Unix sockets信息，主要用于同一台主机进程之间通信

```
[root@centos7 ~]# ss -at                                       #显示所有 TCP 连接状态
State       Recv-Q  Send-Q        Local Address:Port          Peer Address:Port
LISTEN      0       128           127.0.0.1:cslistener        *:*
LISTEN      0       50            *:mysql                     *:*
LISTEN      0       128           *:http                      *:*
LISTEN      0       128           *:ssh                       *:*
ESTAB       0       0             192.168.2.11:ssh
    192.168.2.254:40990
```

输出结果包含 4 列，分别对应的是连接状态、接收和发送的队列长度（对于 ESTAB 而言是未复制和未得到客户端确认的数据字节数）、服务本地监听的 IP 与端口信息及最后输出的远程主机的 IP 与端口信息。

从输出结果中可以看出，有些服务仅处于 LISTEN 监听的状态，并没有任何客户端连接该服务（如 mysql、http 等服务），而有些服务处于 ESTAB 状态，表示有客户端已经与服务器建立完成了 TCP 握手连接（如 ssh 服务）。上面的输出信息说明本机 ssh 服务正在监听所有网卡的 22 端口，等待用户的连接，目前有一个客户端主机 192.168.2.254 使用它的 40990 端口连接到了服务器 192.168.2.11 的 22 端口。

```
[root@centos7 ~]# ss -atn                                          #以数字格式显示
State      Recv-Q  Send-Q       Local Address:Port          Peer
Address:Port
LISTEN       0      128          127.0.0.1:9000                *:*
LISTEN       0      50           *:3306                        *:*
LISTEN       0      128          *:80                          *:*
LISTEN       0      128          *:22                          *:*
ESTAB        0      0            192.168.2.11:22          192.168.2.254:40990
[root@centos7 ~]# ss -atnp                                     #显示对应的进程信息



[root@centos7 ~]# ss -anup                                     #显示所有 UDP 连接
State      Recv-Q  Send-Q  Local Address:Port                  Peer Address:Port
UNCONN     0       0       127.0.0.1:323                       *:*
users:(("chronyd",pid=403,fd=1))
[root@centos7 ~]# ss -antu                                     #所有 TCP 和 UDP 连接
Netid  State    Recv-Q  Send-Q  Local Address:Port             Peer Address:Port
udp    UNCONN      0      0           127.0.0.1:323                 *:*
tcp    LISTEN      0      128         127.0.0.1:9000                *:*
tcp    LISTEN      0      50          *:3306                        *:*
tcp    LISTEN      0      128         *:80                          *:*
tcp    LISTEN      0      128         *:22                          *:*
tcp    ESTAB       0      164         192.168.2.11:22  192.168.2.254:40990
[root@centos7 ~]# ss -antuH                                       #不显示标题行
udp    UNCONN      0      0           127.0.0.1:323        *:*
tcp    LISTEN      0      128         127.0.0.1:9000       *:*
tcp    LISTEN      0      50          *:3306               *:*
tcp    LISTEN      0      128         *:80                 *:*
tcp    LISTEN      0      128         *:22                 *:*
tcp    ESTAB       0      164         192.168.2.11:22
   192.168.2.254:40990
[root@centos7 ~]# ss -antul                                #仅显示正在 Listen 的信息
Netid  State    Recv-Q  Send-Q  Local Address:Port                 Peer Address:Port
udp    UNCONN   0       0       127.0.0.1:323                        *:*
```

```
tcp     LISTEN  0       128          127.0.0.1:9000        *:*
tcp     LISTEN  0       50           *:3306                *:*
tcp     LISTEN  0       128          *:80                  *:*
tcp     LISTEN  0       128          *:22                  *:*
[root@centos7 ~]# ss -an                                   #显示所有连接的信息
[root@centos7 ~]# ss -s                                    #显示数据汇总信息
Total: 104 (kernel 244)
TCP:   5 (estab 1, closed 0, orphaned 0, synrecv 0, timewait 0/0), ports 0

Transport  Total     IP        IPv6
*          244       -         -
RAW        0         0         0
UDP        1         1         0
TCP        5         5         0
INET       6         6         0
FRAG       0         0         0
```

对于ss命令的输出结果，我们还需要使用awk等工具进行过滤和统计分析工作，下面我们来编写一个监控网络连接状态的脚本。

```
[root@centos7 ~]# vim netstat.sh
#!/bin/bash
#功能描述(Description):监控网络连接状态脚本

#所有 TCP 连接的个数
TCP_Total=$(ss -s | awk '$1=="TCP"{print $2}')
#所有 UDP 连接的个数
UDP_Total=$(ss -s | awk '$1=="UDP"{print $2}')
#所有 UNIX sockets 连接个数
Unix_sockets_Total=$(ss -ax | awk 'BEGIN{count=0} {count++} END{print
count}')
#所有处于 Listen 监听状态的 TCP 端口个数
TCP_Listen_Total=$(ss -antlpH | awk 'BEGIN{count=0} {count++} END{print
count}')
#所有处于 ESTABLISHED 状态的 TCP 连接个数
TCP_Estab_Total=$(ss -antpH | awk 'BEGIN{count=0} /^ESTAB/{count++}
END{print count}')
#所有处于 SYN-RECV 状态的 TCP 连接个数
TCP_SYN_RECV_Total=$(ss -antpH | awk 'BEGIN{count=0} /^SYN-RECV/{count++}
```

```
END{print count}')
#所有处于 TIME-WAIT 状态的 TCP 连接个数
TCP_TIME_WAIT_Total=$(ss -antpH | awk 'BEGIN{count=0} /^TIME-WAIT/{count++}
END{print count}')
#所有处于 TIME-WAIT1 状态的 TCP 连接个数
TCP_TIME_WAIT1_Total=$(ss -antpH | awk 'BEGIN{count=0}
/^TIME-WAIT1/{count++} END{print count}')
#所有处于 TIME-WAIT2 状态的 TCP 连接个数
TCP_TIME_WAIT2_Total=$(ss -antpH | awk 'BEGIN{count=0}
/^TIME-WAIT2/{count++} END{print count}')
#所有远程主机的 TCP 连接次数
TCP_Remote_Count=$(ss -antH | awk '$1!~/LISTEN/{IP[$5]++} END{ for(i in
IP){print IP[i],i} }' | sort -nr)
#每个端口被访问的次数
TCP_Port_Count=$(ss -antH | sed -r 's/ +/ /g' | awk -F"[ :]"
'$1!~/LISTEN/{port[$5]++} END{for(i in port){print port[i],i}}' | sort -nr)

#定义输出颜色
SUCCESS="echo -en \\033[1;32m"   #绿色
NORMAL="echo -en \\033[0;39m"    #黑色

#显示 TCP 连接总数
tcp_total(){
    echo -n "TCP 连接总数: "
    $SUCCESS
    echo "$TCP_Total"
    $NORMAL
}

#显示处于 LISTEN 状态的 TCP 端口个数
tcp_listen(){
    echo -n "处于 LISTEN 状态的 TCP 端口个数: "
    $SUCCESS
    echo "$TCP_Listen_Total"
    $NORMAL
}

#显示处于 ESTABLISHED 状态的 TCP 连接个数
tcp_estab(){
    echo -n "处于 ESTAB 状态的 TCP 连接个数: "
```

```
    $SUCCESS
    echo "$TCP_Estab_Total"
    $NORMAL
}

#显示处于 SYN-RECV 状态的 TCP 连接个数
tcp_syn_recv(){
    echo -n "处于 SYN-RECV 状态的 TCP 连接个数："
    $SUCCESS
    echo "$TCP_SYN_RECV_Total"
    $NORMAL
}

#显示处于 TIME-WAIT 状态的 TCP 连接个数
tcp_time_wait(){
    echo -n "处于 TIME-WAIT 状态的 TCP 连接个数："
    $SUCCESS
    echo "$TCP_TIME_WAIT_Total"
    $NORMAL
}

#显示处于 TIME-WAIT1 状态的 TCP 连接个数
tcp_time_wait1(){
    echo -n "处于 TIME-WAIT1 状态的 TCP 连接个数："
    $SUCCESS
    echo "$TCP_TIME_WAIT1_Total"
    $NORMAL
}

#显示处于 TIME-WAIT2 状态的 TCP 连接个数
tcp_time_wait2(){
    echo -n "处于 TIME-WAIT2 状态的 TCP 连接个数："
    $SUCCESS
    echo "$TCP_TIME_WAIT2_Total"
    $NORMAL
}

#显示 UDP 连接总数
udp_total(){
    echo -n "UDP 连接总数："
```

```
    $SUCCESS
    echo "$UDP_Total"
    $NORMAL
}

#显示 UNIX sockets 连接总数
unix_total(){
    echo -n "Unix sockets 连接总数: "
    $SUCCESS
    echo "$Unix_sockets_Total"
    $NORMAL
}

#显示每个远程主机的访问次数
remote_count(){
    echo "每个远程主机与本机的并发连接数: "
    $SUCCESS
    echo "$TCP_Remote_Count"
    $NORMAL
}

#显示每个端口的并发连接数
port_count(){
    echo "每个端口的并发连接数: "
    $SUCCESS
    echo "$TCP_Port_Count"
    $NORMAL
}

print_info(){
    echo -e "------------------------------------------------------"
    $1
}

print_info tcp_total
print_info tcp_listen
print_info tcp_estab
print_info tcp_syn_recv
print_info tcp_time_wait
print_info tcp_time_wait1
```

```
print_info tcp_time_wait2
print_info udp_total
print_info unix_total
print_info remote_count
print_info port_count
echo -e "---------------------------------------------------"
```

7.7 实战案例：获取 SSH 暴力破解攻击黑名单列表

SSH 是 Secure Shell 的简称，是一种可以用来加密连接服务器的标准协议，使用 SSH 远程管理服务器，可以有效防止信息泄露，目前几乎所有类 UNIX 服务器都会支持该协议。

虽然 SSH 属于加密连接，但是如果攻击者使用暴力破解的方式破解远程密码，服务器中的数据依然有被盗取的危险，特别是在使用弱密码的情况下更是如此。暴力破解是攻击者使用密码字典中的密码逐一枚举，分别尝试每个密码是否可以登录服务器，如果字典中的密码足够多，并且不限制时间，理论上一定是可以破解成功的。

作为管理员，我们需要识别这种攻击并能够拦截。CentOS 系统中有一个独立的登录日志文件/var/log/secure，该文件中记录了系统的登录日志。某些其他的 Linux 系统该日志文件的名称也可能是/var/log/auth.log。

如果使用 SSH 远程登录服务器时密码错误，日志文件中就会包含如下的记录信息，说明在 5 月 8 日 15:29:05 这个时间，有一台 IP 地址为 192.168.2.12 的主机使用 37370 端口连接本机的 SSH（22）端口，远程连接使用的账户名称为 root，但是连接时密码错误。

```
May  8 15:29:05 localhost sshd[5595]: Failed password for root from
192.168.2.12 port 37370 ssh2
```

如果使用 SSH 远程登录服务器时账户名错误，日志文件就会包含如下的记录信息，说明在 5 月 8 日 15:34:00 这个时间，有一台 IP 地址为 192.168.2.12 的主机使用 37372 端口连接本机的 SSH（22）端口，远程时使用的是无效的账户名称 test。

```
May  8 15:34:00 localhost sshd[5597]: Invalid user test from 192.168.2.12 port
37372
```

如果使用 SSH 远程登录服务器时成功，日志文件就会包含如下的记录信息，说明在 5 月 8 日 15:41:24 这个时间，有一台 IP 地址为 192.168.2.11 的主机使用 38562 端口连接本机的 SSH 端口，登录账户名称为 root，密码校验成功。

```
May  8 15:41:24 localhost sshd[5650]: Accepted password for root from
192.168.2.11 port 38562 ssh2
```

了解了这些日志内容后，就可以编写脚本过滤异常登录的信息，并提取远程 IP 地址，然后将提取的 IP 地址写入黑名单，禁止该 IP 地址再次攻击服务器。编写脚本时我们可以创建 3 个函数，分别判断最近 1 分钟、5 分钟、15 分钟的日志内容，查看是否能异常记录，如果相同的异常记录超过 3 次，则提取产生该异常的 IP 地址并将其写入黑名单，最终可以根据黑名单文件编写防火墙策略，禁止该 IP 的再次攻击。像银行的密码系统一样，如果我们输入错误密码大于 *N* 次之后，当天账户会被锁定，但是第二天又可以继续测试密码。针对远程登录也是同样的道理，针对失败次数大于等于 3 次的 IP 地址，我们可能只需要禁用该 IP 特定的时间，比如 20 分钟，这样我们就需要再编写一个函数，用来清理黑名单中时间大于 20 分钟的 IP 地址。

```
[root@centos7 ~]# vim blockip.sh
```

```
#!/bin/bash
#功能描述(Description):分析系统登录日志,过滤异常 IP 地址,并通过防火墙禁用该 IP

#强制退出时关闭所有后台进程
trap 'kill $one_pid; kill $five_pid; kill $fifteen_pid; exit' EXIT INT

#日志文件路径
LOGFILE=/var/log/secure
BLOCKFILE=/tmp/blockip.txt

one_minute(){
    while :
    do
        #获取计算机当前时间,以及 1 分钟前的时间,时间格式:
        #%b(月份简写,Jan)  %e(日期,1) %T(时间 18:00:00)
        #LANG=C 的作用是否防止输出中文
        #使用 local 定义局部变量的好处是多个函数使用相同的变量名也不会冲突
```

```
    local curtime_month=$(LANG=C date  +"%b")
    local curtime_day=$(LANG=C date  +"%e")
    local curtime_time=$(LANG=C date  +"%T")
    local one_minus_ago=$(LANG=C date -d "1 minutes ago" +"%T")
    #将当前时间转换为距离 1970-01-01 00:00:00 的秒数,方便后期计算
    local curtime_seconds=$(LANG=C date +"%s")
    #分析 1 分钟内所有的日志,如果密码失败则过滤倒数第 4 列的 IP 地址
    #通过管道对过滤的 IP 进行计数统计,提取密码失败次数大于等于 3 次的 IP 地址
    #awk 调用外部 Shell 的变量时,双引号在外面表示字符串("'"),
    #单引号在外边表示数字('"')
    pass_fail_ip=$(awk '
                $1=="'$curtime_month'" &&  \
                $2=='"$curtime_day"'   &&   \
                $3>="'$one_minus_ago'" &&   \
                $3<="'$curtime_time'"       \
                { if($6=="Failed" && $9!="invalid") {print $(NF-3)}}'
$LOGFILE | \
                awk '{IP[$1]++} END{ for(i in IP){ if(IP[i]>=3) {print
i} } }')
    #将密码失败次数大于 3 次的 IP 写入黑名单文件,
    #每次写入前都需要判断黑名单中是否已经存在该 IP
    #写入黑名单时附加时间标记,实现仅将 IP 放入黑名单特定的时间,
    #如:密码失败 3 次后,禁止该 IP 在 20 分钟内再次访问服务器
    for i in $pass_fail_ip
    do
       if ! grep -q "$i" $BLOCKFILE ;then
          echo "$curtime_seconds $i" >> $BLOCKFILE
       fi
    done
    #提取无效账户登录服务器 3 次的 IP 地址,并将其加入黑名单
    user_invalid_ip=$(awk '
                $1=="'$curtime_month'" &&   \
                $2=='"$curtime_day"'   &&   \
                $3>="'$one_minus_ago'" &&   \
                $3<="'$curtime_time'"       \
                { if($6=="Invalid") {print $(NF-2)}}' $LOGFILE | \
                awk '{IP[$1]++} END{ for(i in IP){ if(IP[i]>=3) {print
i} } }')
    for j in $user_invalid_ip
    do
```

```
        if ! grep -q "$j" $BLOCKFILE ;then
            echo "$curtime_seconds $j" >> $BLOCKFILE
        fi
      done
      sleep 60
   done
}

five_minutes(){
   while :
   do
      #获取计算机当前时间,以及 5 分钟前的时间,时间格式:
      #%b(月份简写,Jan)  %e(日期,1) %T(时间 18:00:00)
      #使用 local 定义局部变量的好处是多个函数使用相同的变量名也不会冲突
      local curtime_month=$(LANG=C date +"%b")
      local curtime_day=$(LANG=C date  +"%e")
      local curtime_time=$(LANG=C date  +"%T")
      local one_minus_ago=$(LANG=C date -d "5 minutes ago" +"%T")
      #将当前时间转换为距离 1970-01-01 00:00:00 的秒数,方便后期计算
      local curtime_seconds=$(LANG=C date +"%s")
      #分析 5 分钟内所有的日志,提取 3 次密码错误的 IP 地址并加入黑名单
      pass_fail_ip=$(awk '
                  $1=="'$curtime_month'" && \
                  $2=='"$curtime_day"' && \
                  $3>="'$one_minus_ago'" && \
                  $3<="'$curtime_time'"  \
                  { if($6=="Failed" && $9!="invalid") {print $(NF-3)}}' 
$LOGFILE | \
                  awk '{IP[$1]++} END{ for(i in IP){ if(IP[i]>=3) {print 
i} } }')
      for i in $pass_fail_ip
      do
        if ! grep -q "$i" $BLOCKFILE ;then
            echo "$curtime_seconds $i" >> $BLOCKFILE
        fi
      done
      #提取错误用户名登录服务器 3 次的 IP 地址,并将其加入黑名单
      user_invalid_ip=$(awk '
                   $1=="'$curtime_month'" &&   \
                   $2=='"$curtime_day"' && \
```

```
                    $3>="'$one_minus_ago'" &&  \
                    $3<="'$curtime_time'"      \
                    { if($6=="Invalid") {print $(NF-2)}}' $LOGFILE | \
                    awk '{IP[$1]++} END{ for(i in IP){ if(IP[i]>=3) {print
i} } }')
        for j in $user_invalid_ip
        do
           if ! grep -q "$j" $BLOCKFILE ;then
              echo "$curtime_seconds $j" >> $BLOCKFILE
           fi
        done
        sleep 300
    done
}

fifteen_minutes(){
    while :
    do
        #获取计算机当前时间,以及 15 分钟前的时间,时间格式:
        #%b(月份简写,Jan)  %e(日期,1) %T(时间 18:00:00)
        #使用 local 定义局部变量的好处是多个函数使用相同的变量名也不会冲突
        local curtime_month=$(LANG=C date  +"%b")
        local curtime_day=$(LANG=C date  +"%e")
        local curtime_time=$(LANG=C date  +"%T")
        local one_minus_ago=$(LANG=C date -d "15 minutes ago" +"%T")
        #将当前时间转换为距离 1970-01-01 00:00:00 的秒数,方便后期计算
        local curtime_seconds=$(LANG=C date +"%s")
        #分析 15 分钟内所有的日志,提取 3 次密码错误的 IP 地址并加入黑名单
        pass_fail_ip=$(awk '
                    $1=="'$curtime_month'" &&   \
                    $2=='"$curtime_day"'   &&  \
                    $3>="'$one_minus_ago'" &&   \
                    $3<="'$curtime_time'"      \
                    { if($6=="Failed" && $9!="invalid") {print $(NF-3)}}'
$LOGFILE | \
                    awk '{IP[$1]++} END{ for(i in IP){ if(IP[i]>=3) {print
i} } }')
        for i in $pass_fail_ip
        do
           if ! grep -q "$i" $BLOCKFILE ;then
```

```
            echo "$curtime_seconds $i" >> $BLOCKFILE
         fi
      done
      #提取错误用户名登录服务器 3 次的 IP 地址,并将其加入黑名单
      user_invalid_ip=$(awk '
                        $1=="'$curtime_month'" &&   \
                        $2=='"$curtime_day"'   &&   \
                        $3>="'$one_minus_ago'" &&   \
                        $3<="'$curtime_time'"        \
                        { if($6=="Invalid") {print $(NF-2)}}' $LOGFILE | \
                        awk '{IP[$1]++} END{ for(i in IP){ if(IP[i]>=3) {print
i} } }')
      for j in $user_invalid_ip
      do
         if ! grep -q "$j" $BLOCKFILE ;then
            echo "$curtime_seconds $j" >> $BLOCKFILE
         fi
      done
      sleep 1200
   done
}

#每隔 20 分钟检查一次黑名单,清理大于 20 分钟的黑名单 IP
clear_blockip(){
   while :
   do
      sleep 1200
      #将当前时间转换为距离 1970-01-01 00:00:00 的秒数,方便后期计算
      local curtime_seconds=$(LANG=C date +"%s")
      #awk 调用外部 shell 变量的另一种方式是使用-v 选项
      #当前时间减去黑名单中的时间标记,
      #大于等于 1200 秒(20 分钟)则将其从黑名单中删除
      tmp=$(awk -v now=$curtime_seconds '(now-$1)>=1200 {print $2}'
$BLOCKFILE)
      for i in $tmp
      do
         sed -i "/$i/d" $BLOCKFILE
      done
   done
}
```

```
> $BLOCKFILE
one_minute  &
one_pid="$!"
five_minutes &
five_pid="$!"
fifteen_minutes &
fifteen_pid="$!"
clear_blockip
```

该脚本最终仅生成黑名单文件，如果需要拒绝黑名单 IP 地址的访问，还可以编写脚本读取黑名单文件并结合 iptables 防火墙规则，即可实现拒绝特定的 IP 访问本机。

7.8 实战案例：性能监控脚本

2.6 节已经编写过一个性能监控脚本，在学习完 awk 工具后我们准备再次重写该脚本，优化其功能和性能。在脚本中为了让代码更整洁，在必要的地方会使用\转义字符强制将一条比较长的命令分割为多行命令。

```
[root@centos7 ~]# vim monitor.sh
```

```
#!/bin/bash
#功能描述(Description):监控服务器主要性能参数指标
#监控项目:内核信息、主机名称、IP 地址、登录账户、内存与 swap 信息、磁盘信息、CPU 负载

kernel=$(uname -r)                                    #内核信息
release=$(cat /etc/redhat-release)                    #操作系统版本
hostname=$HOSTNAME                                    #主机名称
localip=$(ip a s | awk '/inet /{print $2}')           #本地 IP 地址列表
mem_total=$(free | awk '/Mem/{print $2}')             #总内存容量
mem_free=$(free | awk '/Mem/{print $NF}')             #剩余内存容量
swap_total=$(free | awk '/Swap/{print $2}')           #总 swap 容量
swap_free=$(free | awk '/Swap/{print $NF}')           #剩余 swap 容量
disk=$(df | awk '/^\/dev/{print $1,$2,$4}'|column -t)#磁盘信息
load1=$(uptime | sed 's/,//g' | awk '{print $(NF-2)}')#CPU 最近 1 分钟的平均负载
load5=$(uptime | sed 's/,//g' | awk '{print $(NF-1)}')#CPU 最近 5 分钟的平均负载
load15=$(uptime | sed 's/,//g' | awk '{print $NF}')  #CPU 最近 15 分钟的平均负载
login_users=$(who | wc -l)                            #登录用户数量
```

```
procs=$(ps aux | wc -l)                                    #进程数量
users=$(sed -n '$=' /etc/passwd)                           #系统总账户数量
cpu_info=$(LANG=C lscpu | awk -F: '/Model name/ {print $2}')
#CPU 型号
cpu_core=$(awk '/processor/{core++} END{print core}' /proc/cpuinfo)
#CPU 内核数量

yum -y -q install sysstat &>/dev/null                      #安装性能监控软件
echo -e "\033[34m提取磁盘性能指标,请稍后...\033[0m"
tps=$(LANG=C sar -d -p 1 6 | awk '/Average/' | \
tail -n +2 | awk '{print "["$2"]磁盘平均 IO 数量:"$3}') &
read_write=$(LANG=C sar -d -p 1 6 | awk '/Average/' | \
tail -n +2 | awk '{print "["$2"]平均每秒读写扇区量:"$4,$5}') &

irq=$(vmstat 1 2 | tail -n +4 | awk '{print $11}')              #中断数量
cs=$(vmstat 1 2 | tail -n +4 | awk '{print $12}')               #上下文切换数量

top_proc_mem=$(ps --no-headers -eo comm,rss | sort -k2 -n | tail -10)
#占用内存资源最多的 10 个进程列表
top_proc_cpu=$(ps --no-headers -eo comm,pcpu | sort -k2 -n | tail -5)
#占用 CPU 资源最多的 5 个进程列表

#获取网卡流量,接收|发送的数据流量,单位为字节(bytes)
net_monitor=$(cat /proc/net/dev | tail -n +3 | \
   awk 'BEGIN{ print "网卡名称 入站数据流量(bytes) 出站数据流量(bytes)" } \
    { print $1,$2,$10 }' | column -t)

#输出数据信息
echo -e "\033[32m---------------本机主要数据参数表------------------\033[0m"
echo -e "本机 IP 地址列表:\033[32m$localip\033[0m"
echo -e "本机主机名称:\033[32m$hostname\033[0m"
echo -e "操作系统版本:\033[32m$release\033[0m,内核版
本:\033[32m$kernel\033[0m"
echo -e "CPU 型号为:\033[32m$cpu_info\033[0m,\
CPU 内核数量:\033[32m$cpu_core\033[0m"
echo -e "本机总内存容量:\033[32m$mem_total\033[0m,\
剩余可用内存容量:\033[32m$mem_free\033[0m"
echo -e "本机 swap 总容量:\033[32m$swap_total\033[0m,\
剩余容量:\033[32m$swap_free\033[0m"
echo -e "CPU 最近 1 分钟,5 分钟,15 分钟的平均负载分别为:\
```

```
\033[32m$load1 $load5 $load15\033[0m"
echo -e "本机总账户数量为:\033[32m$users\033[0m,\
当前登录系统的账户数量:\033[32m$login_users\033[0m"
echo -e "当前系统中启动的进程数量:\033[32m$procs\033[0m"
echo -e "占用 CPU 资源最多的 10 个进程列表为:"
echo -e "\033[32m$top_proc_cpu\033[0m"
echo -e "占用内存资源最多的 10 个进程列表为:"
echo -e "\033[32m$top_proc_mem\033[0m"
echo -e "CPU 中断数量:\033[32m$irq\033[0m,\
CPU 上下文切换数量:\033[32m$cs\033[0m"
echo -e "每个磁盘分区的总容量与剩余容量信息如下:"
echo -e "$disk"
echo -e "$tps"
echo -e "$read_write"
echo -e "$net_monitor"
echo -e "\033[32m-------------------The End-------------------------\033[0m"
```

7.9 实战案例：数据库监控脚本

企业的很多决策都需要依赖于数据的支撑，对于海量的数据而言，高效、稳定地管理好这些数据就需要一款优秀的数据库管理软件，CentOS 系统中默认提供的数据库管理软件有 MariaDB、PostgreSQL 和 SQLite。其中 MariaDB 是 MySQL 的一个分支产品，安全兼容 MySQL 数据库。目前在互联网企业中比较流行的数据库解决方案都是采用 MySQL 或基于 MySQL 分支的产品方案，有些企业为了提升数据读写的性能还会引入一些 NoSQL 的产品，如 Memcached、Redis 和 MongoDB 等数据库软件。

既然数据库软件是企业业务的核心，实时监控数据库的可用性、稳定性及性能也就变成了同样重要的一项工作，而这种监控工作使用脚本自动化完成再合适不过。

对于 MySQL 或者 MariaDB 而言，如果我们需要监控其服务的可用性，可通过 mysqladmin 工具的 ping 子命令实现监控。该命令有三个非常重要的参数-u、-p 和-h，-u 用来指定访问数据库的用户名称，-p 用来指定范围数据库的密码，在空密码时可以不使用-p 参数，-h 可用指定需要监控的数据库服务器主机，可用使用 IP 地址或主机名称。ping 返回信息"alive"说明数据库可用正常连接，返回"Can't connect to local MySQL server"说明数据库服务器无法连接。

```
[root@centos ~]# mysqladmin -u'root'  ping                      #空密码检测
mysqld is alive
[root@centos ~]# mysqladmin -u'root' -p'123456' ping            #有密码检测
mysqld is alive
[root@centos ~]# mysqladmin -u'root' -p'123456' -hlocalhost ping
mysqld is alive
```

其他的没有提供类似 mysqldmin 工具的数据库软件我们还可用 ps、ss 等命令检查服务是否可用。

通过 mysqladmin 工具的 processlist 子命令可用查看所有数据库连接线程列表，可用查询什么账户从哪台主机正在连接数据库服务器、正在使用的数据库名称是什么、该账户正在执行的 SQL 指令是什么等信息。

```
[root@centos ~]# mysqladmin -u'root' -p'123456' processlist
```

使用 mysql 命令的-e 选项可以非交互式地执行各种 SQL 指令。通过执行 SQL 指令可以对数据库进行基本的增、删、改、查等操作，还可以查询数据库的各种性能参数。

show databases 指令可以查询所有的数据库名称列表。

```
[root@centos ~]# mysql -uroot -p123456 -e "SHOW DATABASES"
+----------------------+
| Database             |
+----------------------+
| information_schema   |
| bbs                  |
| mysql                |
| performance_schema   |
| test                 |
| wordpress            |
+----------------------+
```

MySQL 或 MariaDB 维护着大量的环境变量，我们可以通过配置文件或命令修改这些变量的值，使用 show variables 指令可以查看数据库管理系统的各种变量及值。

show variables like 'max_connections'可以在所有的变量中查找 max_connections 变量及

其值，查看数据库的最大并发连接数。

```
[root@centos ~]# mysql -uroot -p123456 -e \
"SHOW VARIABLES LIKE 'max_connections'"
+-----------------+-------+
| Variable_name   | Value |
+-----------------+-------+
| max_connections | 151   |
+-----------------+-------+
```

show variables like 'max_user connections'可以在所有变量中查找 max_user_connections 变量及其值，查看每个用户的最大并发连接数。

```
[root@centos ~]# mysql -uroot -p123456 -e \
"SHOW VARIABLES LIKE 'max_user_connections'"
+----------------------+-------+
| Variable_name        | Value |
+----------------------+-------+
| max_user_connections | 0     |
+----------------------+-------+
```

show variables like 指令支持使用通配符进行模糊匹配，查看所有与 connections 有关的参数。

```
[root@centos ~]# mysql -uroot -p123456 -e "SHOW VARIABLES LIKE
'%connections%'"
+-----------------------+-------+
| Variable_name         | Value |
+-----------------------+-------+
| extra_max_connections | 1     |
| max_connections       | 151   |
| max_user_connections  | 0     |
+-----------------------+-------+
```

除 show variables 外，我们还可以使用 show status 查看 MySQL 或 MariaDB 数据库系统的实时状态信息，show variables 查看的数据可以通过 set 指令修改变量的值，而 show status 查询的值无法修改。

show status like 'Threads_connected'可以查看当前实时客户端连接数。

```
[root@centos ~]# mysql -uroot -p123456 -e \
"SHOW STATUS LIKE 'Threads_connected'"
+-------------------+-------+
| Variable_name     | Value |
+-------------------+-------+
| Threads_connected | 1     |
+-------------------+-------+
```

show status like 'Max_used_connections'可以查看曾经的最大客户端连接数。

```
[root@centos ~]# mysql -uroot -p123456 -e \
"SHOW STATUS LIKE 'Max_used_connections'"
+----------------------+-------+
| Variable_name        | Value |
+----------------------+-------+
| Max_used_connections | 20    |
+----------------------+-------+
```

show status like 'com_select'可以查看 select 指令被执行的次数。

```
[root@centos ~]# mysql -uroot -p123456 -e "SHOW STATUS LIKE 'com_select'"
+---------------+-------+
| Variable_name | Value |
+---------------+-------+
| Com_select    | 1     |
+---------------+-------+
```

show status like 'com_insert'可以查看 insert 指令被执行的次数。

```
[root@centos ~]# mysql -uroot -p123456 -e "SHOW STATUS LIKE 'com_insert'"
+---------------+-------+
| Variable_name | Value |
+---------------+-------+
| Com_insert    | 5     |
+---------------+-------+
```

show status like 'com_update'可以查看 update 指令被执行的次数。

```
[root@centos ~]# mysql -uroot -p123456 -e "SHOW STATUS LIKE 'com_update'"
+--------------+-------+
| Variable_name | Value |
+--------------+-------+
| Com_update    | 7     |
+--------------+-------+
```

show status like 'com_delete'可以查看 delete 指令被执行的次数。

```
[root@centos ~]# mysql -uroot -p123456 -e "SHOW STATUS LIKE 'com_delete'"
+--------------+-------+
| Variable_name | Value |
+--------------+-------+
| Com_delete    | 2     |
+--------------+-------+
```

show status like 'slow_queries'可以查看数据库慢查询的数量。

```
+--------------+-------+
[root@centos ~]# mysql -uroot -p123456 -e "SHOW STATUS LIKE 'slow_queries'"
+--------------+-------+
| Variable_name | Value |
+--------------+-------+
| Slow_queries  | 9     |
+--------------+-------+
```

show global status like 'Questions'可以查看服务器执行的总指令数，不包括存储过程。

```
[root@centos ~]# mysql -uroot -p123456 -e \
"SHOW GLOBAL STATUS LIKE 'Questions'"
+--------------+-------+
| Variable_name | Value |
+--------------+-------+
| Questions     | 1946  |
+--------------+-------+
```

Show global status like 'uptime'可以查看数据库软件启动的时间。

```
[root@centos ~]# mysql -uroot -p123456 -e "SHOW GLOBAL STATUS LIKE 'uptime'"
+--------------+-------+
| Variable_name | Value |
+--------------+-------+
| Uptime        |259748 |
+--------------+-------+
```

Show global status like 'Com_commit'可以查看数据库执行 commit 指令的次数。

```
[root@centos ~]# mysql -uroot -p123456 -e \
"SHOW GLOBAL STATUS LIKE 'Com_commit'"
+--------------+-------+
| Variable_name | Value |
+--------------+-------+
| Com_commit    | 6     |
+--------------+-------+
```

Show global status like 'Com_rollback'可以查看数据库执行 rollbak 指令的次数。

```
[root@centos ~]# mysql -uroot -p123456 -e \
"SHOW GLOBAL STATUS LIKE 'Com_rollback'"
+--------------+-------+
| Variable_name | Value |
+--------------+-------+
| Com_rollback  | 3     |
+--------------+-------+
```

数据库还有两个重要的性能指标：QPS 和 TPS。QPS（Query Per Second）是指每秒查询量，TPS（Transaction Per Second）是指每秒事务量。

QPS=总指令量/uptime，QPS=Questions/uptime。

TPS=(事务 commit+事务 rollback)/uptime，TPS=(Com_commit+Com_rollback)/uptime。

下面我们需要结合 awk 等工具编写一个完整的数据库监控脚本。

```
[root@centos ~]# vim mysql_monitor.sh
```

```
#!/bin/bash

#定义数据库相关变量
MYSQL_USER=root
MYSQL_PASS=123456
MYSQL_PORT=3306
MYSQL_HOST=localhost
MYSQL_ADMIN="mysqladmin -u$MYSQL_USER -p$MYSQL_PASS \
-P$MYSQL_PORT -h$MYSQL_HOST"
MYSQL_COMM="mysql -u$MYSQL_USER -p$MYSQL_PASS \
-P$MYSQL_PORT -h$MYSQL_HOST -e"

#定义变量:显示信息的颜色属性
SUCCESS="echo -en \\033[1;32m"   #绿色
FAILURE="echo -en \\033[1;31m"   #红色
WARNING="echo -en \\033[1;33m"   #黄色
NORMAL="echo -en \\033[0;39m"    #黑色

#检查数据库服务器的状态
$MYSQL_ADMIN ping &> /dev/null
if [ $? -ne 0 ];then
    $FAILURE
    echo "无法连接数据库服务器"
    $NORMAL
    exit
else
    echo -n "数据库状态: "
    $SUCCESS
    echo "[OK]"
    $NORMAL
fi

#过滤数据库的启动时间
RUN_TIME=$($MYSQL_COMM "SHOW GLOBAL STATUS LIKE 'uptime'" | \
awk '/Uptime/{print $2}')
echo -n "数据库已运行时间(秒): "
$SUCCESS
echo $RUN_TIME
$NORMAL
```

```
#过滤数据库列表
DB_LIST=$($MYSQL_COMM "SHOW DATABASES")
DB_COUNT=$($MYSQL_COMM "SHOW DATABASES" | \
awk 'NR>=2&&/^[^+]/{db_count++} END{print db_count}')
echo -n "该数据库有$DB_COUNT 个数据库,分别为:"
$SUCCESS
echo $DB_LIST
$NORMAL

#查询 MySQL 最大并发连接数
MAX_CON=$($MYSQL_COMM "SHOW VARIABLES LIKE 'max_connections'" \
| awk '/max/{print $2}')
echo -n "MySQL 最大并发连接数: "
$SUCCESS
echo $MAX_CON
$NORMAL

#查看 SELECT 指令被执行的次数
NUM_SELECT=$($MYSQL_COMM "SHOW GLOBAL STATUS LIKE 'com_select'" \
| awk '/Com_select/{print $2}')
echo -n "SELECT 被执行的次数: "
$SUCCESS
echo $NUM_SELECT
$NORMAL

#查看 UPDATE 指令被执行的次数
NUM_UPDATE=$($MYSQL_COMM "SHOW GLOBAL STATUS LIKE 'com_update'" \
| awk '/Com_update/{print $2}')
echo -n "UPDATE 被执行的次数: "
$SUCCESS
echo $NUM_UPDATE
$NORMAL

#查看 DELETE 指令被执行的次数
NUM_DELETE=$($MYSQL_COMM "SHOW GLOBAL STATUS LIKE 'com_delete'" \
| awk '/Com_delete/{print $2}')
echo -n "DELETE 被执行的次数: "
$SUCCESS
echo $NUM_DELETE
$NORMAL
```

```
#查看 INSERT 指令被执行的次数
NUM_INSERT=$($MYSQL_COMM "SHOW GLOBAL STATUS LIKE 'com_insert'" \
| awk '/Com_insert/{print $2}')
echo -n "INSERT 被执行的次数: "
$SUCCESS
echo $NUM_INSERT
$NORMAL

#查看 COMMIT 指令被执行的次数
NUM_COMMIT=$($MYSQL_COMM "SHOW GLOBAL STATUS LIKE 'com_commit'" \
| awk '/Com_commit/{print $2}')
echo -n "COMMIT 被执行的次数: "
$SUCCESS
echo $NUM_COMMIT
$NORMAL

#查看 ROLLBACK 指令被执行的次数
NUM_ROLLBACK=$($MYSQL_COMM "SHOW GLOBAL STATUS LIKE 'com_rollback'" \
| awk '/Com_rollback/{print $2}')
echo -n "ROLLBACK 被执行的次数: "
$SUCCESS
echo $NUM_ROLLBACK
$NORMAL

#查看 ROLLBACK 指令被执行的次数
NUM_ROLLBACK=$($MYSQL_COMM "SHOW GLOBAL STATUS LIKE 'com_rollback'" \
| awk '/Com_rollback/{print $2}')
echo -n "ROLLBACK 被执行的次数: "
$SUCCESS
echo $NUM_ROLLBACK
$NORMAL

#查看服务器执行的指令数量
NUM_QUESTION=$($MYSQL_COMM "SHOW GLOBAL STATUS LIKE 'Questions'" \
| awk '/Questions/{print $2}')
echo -n "Questions 服务器执行的指令数量: "
$SUCCESS
echo $NUM_QUESTION
$NORMAL
```

```
NUM_SLOW_QUERY=$($MYSQL_COMM "SHOW GLOBAL STATUS LIKE 'slow_queries'" \
| awk '/Slow_queries/{print $2}')
echo -n "SLOW Query 慢查询数量: "
$SUCCESS
echo $NUM_SLOW_QUERY
$NORMAL

echo -n "数据库 QPS: "
$SUCCESS
awk 'BEGIN{print '"$NUM_QUESTION/$RUN_TIME"'}'
$NORMAL

echo -n "数据库 TPS: "
$SUCCESS
awk 'BEGIN{print '"($NUM_COMMIT+$NUM_ROLLBACK)/$RUN_TIME"'}'
$NORMAL
```

7.10　实战案例：awk 版网络爬虫

6.9 节介绍了如何使用 sed 实现网络爬虫的功能，在学习完本章后你会发现其实使用 awk 在互联网中过滤数据会更简单、简洁。

这里我们再次重写网络爬虫脚本，这次我们使用 awk 过滤自己需要的数据，代码可以更简洁。

```
[root@centos ~]# vim movie.sh
```

```
[root@room9pc01 ~]# cat movie.sh
#!/bin/bash
#功能描述(Description):编写网络爬虫,抓取网络视频下载链接

tmpfile="/tmp/tmp_$$.txt"
pagefile="/tmp/page_"
moviefile="/tmp/movie_"
listfile="/tmp/list.txt"

#下载首页源码,并获取子页面链接列表(从 id=menu 到/div 中间的行为子页面的链接)
```

```
curl -s https://www.dytt8.net > $tmpfile
sed -i '/id="menu"/,/\/div/!d' $tmpfile

#进行数据过滤后结果如下,需要继续使用 awk 将多余的数据清洗掉
#awk 通过-F 选项指定以双引号"为分隔符
#<a href="http://www.ygdy8.net/html/gndy/dyzz/index.html">最新影片
</a></li><li>
#<a href="http://www.ygdy8.net/html/gndy/index.html">经典影片</a></li><li>
#<a href="http://www.ygdy8.net/html/gndy/china/index.html">国内电影
</a></li><li>
#<a href="http://www.ygdy8.net/html/gndy/oumei/index.html">欧美电影
</a></li><li>
URL=$(sed -n '/id="menu"/,/\/div/p' $tmpfile | awk -F\" '/href/&&/http/{print
$2}')

#清洗后结果如下:
#http://www.ygdy8.net/html/gndy/dyzz/index.html
#http://www.ygdy8.net/html/gndy/index.html
#http://www.ygdy8.net/html/gndy/china/index.html
#http://www.ygdy8.net/html/gndy/oumei/index.html

#利用循环访问每个子页面,分别获取电影列表信息
echo -e "\033[32m正在抓取网站中视频数据的链接.\033[0m"
echo "根据网站数据量不同,可能需要比较长的时间,请耐心等待..."
x=1
y=1
for i in $URL
do
    curl -s $i > $pagefile$x
    #过滤 class="co_content8 到 class="x"之间的行,其他行都删除
    sed -i '/class="co_content8"/,/class="x"/!d' $pagefile$x

    #过滤包含 href 的链接行,默认链接只有路径,没有网站主域名
    #修改前:/html/gndy/dyzz/20190411/58451.html
    #修改后:http://www.ygdy8.net/html/gndy/dyzz/20190411/58451.html
    SUB_URL=$(awk -F\" '/href/{print "http://www.ygdy8.net"$2}' $pagefile$x)

    for j in $SUB_URL
    do
        curl -s $j > $moviefile$y
```

```
        sed -i '/ftp/!d' $moviefile$y
        #将最终过滤的视频链接保存到$listfile 文件中
        awk -F\" '{print $6}' $moviefile$y >> $listfile
        let y++
    done
    let x++
done
rm -rf $tmpfile
rm -rf $pagefile
rm -rf $moviefile
```

反侵权盗版声明